MiG-23

Michael Normann

Motor
buch
Verlag

Einbandgestaltung: Joachim Schreiber

ISBN 978-3-613-04632-0

1. Auflage 2024

Ein Unternehmen der Paul Pietsch-Verlage GmbH & Co.

Sie finden uns im Internet unter
www.motorbuch-verlag.de

Lektorat: Günther Nord
Innengestaltung: Günther Nord, Heddesbach
Druck und Bindung: Conzella, 85609 Aschheim-Dornach
Printed in Germany

Inhalt

Vorwort

Es gibt Flugzeuge, die sind so konstruiert, dass jeder einigermaßen begabte Pilot sie bis zur Leistungsgrenze ausfliegen kann. Beispiele sind die Fokker D.VII, die MiG-17 oder die F-16.

Und dann gibt es Flugzeuge, die so anspruchsvoll sind, dass durchschnittlich befähigte Piloten mit ihnen eher unterdurchschnittliche Leistungen erbringen. Mit denen echte Könner jedoch Außergewöhnliches erreichen können. Zu diesen Flugzeugen gehören die Fokker DR.1, die Lockheed F-104 Starfighter und eben die MiG-23.

Und um das letztgenannte Flugzeug, die MiG-23, geht es in diesem Buch. Sie war das sowjetische Standardjagdflugzeug der 1970er- und 80er-Jahre und wurde auch von den verbündeten Streitkräften im Warschauer Vertrag eingesetzt. Darüber hinaus wurde die MiG-23 in etliche Länder exportiert.

Bei ihren Kampfeinsätzen erzielte die MiG-23 sehr durchwachsene Ergebnisse. Sie reichten vom Totalversagen bis zu beeindruckenden Leistungen. Wie sie aus einem Gefecht herauskam hing stark von den Fähigkeiten ihres Piloten ab. Und in etlichen Fällen war es um diese nicht gut bestellt. Dementsprechend schlecht war das internationale Renommee der MiG-23.

Doch wenn man mit ehemaligen Piloten dieses Flugzeugs redet, so stellt man schnell fest, dass sie überzeugt sind, dass ihr Flugzeug eine hervorragende Kampfmaschine gewesen sei.

Michael Normann

Die MiG-23 und ich

Das erste Mal, dass ich von der MiG-23 erfuhr, war an einem Tag der Nationalen Volksarmee, irgendwann in den späten 1970er- oder frühen 1980er-Jahren. So genau kann ich mich heute nicht mehr daran erinnern.

Der Tag der NVA wurde stets am 1. März begangen und zumindest in meiner Schule war es gängige Praxis, dass dieser Tag für einen Schulausflug zum Besuch einer Kaserne genutzt wurde. Ob das in jedem Jahr der Fall gewesen ist, kann ich mich nicht mehr erinnern. Ich weiß aber, dass ich in diesem Rahmen mehrmals die Kaserne in Eilenburg und die Militärtechnische Schule Bad Düben besucht habe.

Für uns Jungs war das natürlich etwas. Das Militär präsentierte sich stets von seiner besten Seite und ließ uns ein paar Blicke hinter die Kulissen werfen. Und ich fand das interessant. So erklärte mir z.B. ein Spezialaufklärer in Eilenburg was man tun müsse, wenn man bei einem Fallschirmsprung in einem Baum landen würde. Nämlich die Hände zur Faust ballen, die Arme vor der Brust kreuzen und die Fäuste fest auf die Augen pressen. So seien Augen, Gesicht und Kehle geschützt. Dann solle man die Knie gegeneinander drücken und die Beine anhocken. So schütze man die empfindlichen Teile

MiG-23ML im Langsamflug vor Kap Arkona. (Foto: Stefan Petersen)

des Mannes. Die Frage, ob die Landung in einem Baum nicht weh tue, beantwortete der Spezialaufklärer mit einem ehrlichen »Natürlich!«, was meine Motivation jemals mit einem Fallschirm aus einem Flugzeug oder Hubschrauber zu springen gegen Null tendieren ließ.

In der Unteroffiziersschule Bad Düben drehten sich die Präsentationen naturgemäß um etwas ganz anderes, nämlich die Luftstreitkräfte der NVA, wurden an dieser Schule doch Techniker der LSK/LV, der Luftstreitkräfte/Luftverteidigung ausgebildet.

Hier durfte ich zum ersten Mal in das Cockpit einer MiG-21 klettern und fand es sehr eng. Ich durfte in einen Transporthubschrauber Mi-8 steigen und empfand ihn als sehr geräumig. Ich konnte mir eine Radarstation anschauen und ein Radaroperateur zeigte mir, wie ein Radarschirm aussieht, wenn der Gegner passive und aktive Störmaßnahmen einsetzt, nämlich gesprenkelt beim ersten und grell leuchtend beim zweiten. Wenn also jemand behauptet der Radarschirm wird bei aktiver Störung schwarz ... nun zumindest damals in den 1980ern war das nicht der Fall.

Der Tag der Volksarmee war für die NVA eine große Werbeveranstaltung, ging es ihr doch darum Offiziersnachwuchs und zukünftige Unteroffiziere auf Zeit zu gewinnen. Und wie bei jeder Werbeveranstaltung, die es auch heutzutage gibt, wurden auch damals schon Werbemittel, sprich Broschüren verteilt. In einer dieser Broschüren wurde die Kampftechnik der NVA vorgestellt. Darunter war auch ein modernes sowjetisches Abfangjagdflugzeug mit variabler Tragflächengeometrie. Dieses Flugzeug wurde in den höchsten Tönen gelobt und die NVA war sichtlich stolz darauf dieses Flugzeug zu besitzen. Das Flugzeug sah schnittig aus und hieß MiG-23.

Jedes Jahr gab es eine neue Broschüre und deshalb fiel es auf, dass die MiG-23 eines Jahres plötzlich nicht mehr in der Broschüre vorhanden war, sondern das Vorgängermodell MiG-21. Und weil man aus den Westmedien wusste, dass sich die MiG-23 im Libanonkrieg 1982 nicht wirklich bewährt hatte, wurde gemutmaßt, dass auch die NVA mit der MiG-23 nicht zufrieden war. So zumindest dachten wir uns das.

Ein paar Jahre später landete ich während meines Wehrdienstes bei einer Hubschraubereinheit. Sie war recht klein, weshalb es eher familiär zuging. Man kannte sich, hatte dort ein Gesicht und einen Namen und war keine namenlose Nummer, wie es in großen Einheiten vielerorts üblich war und ist. Und weil es so familiär zuging konnte man die Offiziere auch Dinge fragen, die über den üblichen Dienstalltag hinausgingen.

Und viele Offiziere, natürlich nicht alle, waren gern bereit zu reden und ihr Wissen weiterzugeben. Meist geschah das in den Abendstunden, wenn man UvD-Dienst hatte, also Unteroffizier von Dienst war, und der OvD, der Offizier vom Dienst, auf seiner Kontrollrunde vorbeikam. Unter diesen Offizieren waren auch Ljotschiks. Ljotschik, so nannten wir damals die Piloten. Offiziell war der Begriff »Pilot« verpönt, weil amerikanisch angehaucht und der deutsche Begriff »Hubschrauberführer« war zu unhandlich. Deshalb das griffige russische Wort »Ljotschik«. Und unter den Ljotschiks gab es, neben eingebildeten Typen, die ihre Nase so hoch trugen, dass ihnen der Regen sprichwörtlich in die Nasenlöcher lief, auch solche, die sehr umgänglich waren. Und diese umgänglichen Offiziere gaben gern ihr Fachwissen zum Besten.

So hörte ich sehr interessante Dinge über unsere Hubschrauber und die Hubschraubertypen der Jungs von der anderen Feldpostnummer. Ich erfuhr etwas über unsere Jagdflugzeuge, wie gut sie waren und wie ihre Chancen gegen westliche Maschinen standen. Dabei lernte ich, dass mein aus dem Westfernsehen geschultes Wissen, dass die MiG-23 im Libanonkrieg total versagt hätte, wohl nicht ganz der Wahrheit entsprach. *»Ganz so schlecht hat sich die MiG-23 im Libanon nämlich nicht geschlagen.«*, sagte einer der Ljotschiks, *»Und in Angola hat sie den südafrikanischen Mirages ganz schön den A... versohlt!«*

Dann erzählte der Ljotschik von der MiG-23, ihren Vorzügen und Schwächen, ihren Stärken und ihren Schwachpunkten. Und die Schwachpunkte sprach er vorbehaltlos an. Dabei fiel auch der Satz: *»So einen Schrott kann nur eine Frau konstruiert haben.«*, wobei er sich auf das Fahrwerk der MiG-23 bezog. Er erzählte, dass ein Pilot der MiG-23 sehr gut ausgebildet sein musste, weil sich das Flugverhalten des Flugzeugs je nach Tragflächenstellung dramatisch änderte. Und er war stolz darauf, dass die MiG-23 einen Gegner im Gegenkursanflugverfahren abschießen konnte, etwas, was die F-4F der Bundesluftwaffe damals nicht vermochte.

Und irgendwann sagte der Ljotschik, dass es nicht nur eine MiG-23 gab. Es seien insgesamt drei unterschiedliche Flugzeuge gewesen, die die Bezeichnung MiG-23 getragen hätten oder sie hätten tragen sollen.

Hier irrte sich der Ljotschik.
Es waren nämlich vier.

MiG-23ML dreht ab. Man sieht schön die schwarze Fläche vor dem Wärmepeiler. (Foto: Stefan Petersen)

MiG-23ML über der Küstenlinie. (Foto: Stefan Petersen)

Der lange Weg zur MiG-23

Je-2A von oben links. (Foto: OKB MiG)

MiG-23 Pjerwaja[1], NATO-Code: Faceplate

Die Typenbezeichnung MiG-23 wurde mehrfach vergeben. Das erste Mal im Jahr 1956. Und das kam so:

Während des Koreakrieges, der von 1950 bis 1953 ausgefochten wurde, trafen erstmals strahlgetriebene Kampfflugzeuge in großer Zahl aufeinander. Auch wenn in westlichen Publikationen stets von einem großen Sieg der amerikanischen Jagdflieger die Rede ist und auch heute noch die Wunschvorstellung gepflegt wird, dass die US-Boys ihre Gegner im Verhältnis 14:1 vom Himmel gefegt hätten, so sah die Realität doch etwas anders aus. Sowjetische Elitepiloten, deren Einsatz in Korea stets ein offenes Geheimnis war, hatten den Amerikanern gehörig zugesetzt. Nicht ohne Grund kamen die erfolgreichsten Jagdflieger dieses Krieges aus der Sowjetunion. Und dieser Grund lag in den Fähigkeiten des Jagdflugzeugs MiG-15. Es konnte schneller steigen, als alle Flugzeuge der Konkurrenz und es erreichte eine größere Gipfelhöhe.

Nicht umsonst wurden Steiggeschwindigkeit und Gipfelhöhe von den Amerikanern zum Nonplusultra für ihre nächste Jagdflugzeuggeneration erklärt. Nur so ist zu erklären, warum die F-104 Starfighter als »*geflügelte Rakete*« konstruiert wurde.

Den sowjetischen Verantwortlichen war bewusst, dass sie völlig neue Flugzeuge benötigen würden, um der nächsten amerikanischen Jagdflugzeuggeneration

1 Pjerwaja ... russ.: Die Erste.

Die Je-2A aus verschiedener Perspektive. (Foto: OKB MiG)

Paroli bieten zu können. Mehrere Konstruktionsbüros erhielten deshalb den Auftrag ein neues Jagdflugzeug zu entwickeln. Die Forderungen, die an dieses Flugzeug gestellt wurden, waren einerseits schwammig formuliert, jedoch auch sehr anspruchsvoll.

So sollte es eine Gipfelhöhe von 18.000 m erreichen, eine hohe Steiggeschwindigkeit besitzen und schneller als Mach 1,8 fliegen können. Als Reichweite wurden 1.000 km für ausreichend erachtet. Als Bewaffnung waren Kanonen und Raketen angedacht.

Im Versuchskonstruktionsbüro Mikojan-Gurjewitsch, kurz OKB MiG, begann man deshalb zwei Projekte auszuarbeiten. Einen schweren Jäger mit der Bezeichnung »I-7« und ein Projekt für ein leichtes Jagdflugzeug. Dieses Projekt erhielt die Bezeichnung »isdelije Je«[2].

Mit beiden Projekten betrat das OKB Mikojan-Gurjewitsch Neuland.

Alle vorhergehenden sowjetischen Jagdflugzeugentwicklungen der Nachkriegsära hatten von erbeuteten deutschen Forschungsergebnissen bezüglich der Aerodynamik profitiert. Bei Amerikanern und Franzosen war das übrigens genauso, weshalb sich sowjetische, französische und amerikanische Jagdflugzeuge dieses Zeitabschnitts erstaunlich ähnlich sahen.[3] Doch je mehr man sich der doppelten Schallgeschwindigkeit näherte, desto weiter drangen die Forscher auf Neuland vor, auf unerforschtes Terrain, von dem niemand wusste welcher Weg der richtige sei. Und weil die beschrittenen Wege unterschiedlich waren, begannen sich die Jagdflugzeuge auch deutlich voneinander zu unterscheiden.

Die sowjetischen Forscher des ZAGI, des weltweit hochangesehenen Zentralen Aero- und Hydrodynamischen Instituts, sahen im Prinzip drei Tragflächenformen als geeignet an, um einen Flug im hohen Überschallbereich zu ermöglichen.

Die erste Form war ein schlanker Trapezflügel, wie ihn die Amerikaner bei der F-104 Starfighter verwendeten. Die zweite Form war eine Deltatragfläche, die man in kleiner Form mit einem separaten Höhenleitwerk verwenden konnte, oder als großes Delta ohne Höhenleitwerk. Und die dritte Variante war ein stark gepfeilter Tragflügel, wie er bereits bei der MiG-19 zum Einsatz gekommen war.

Alle drei Varianten wurden den Flugzeugkonstrukteuren vorgelegt. Artjom Mikojan und Michail Gurjewitsch sonderten den Trapezflügel gleich aus. Er schien ihnen nicht zukunftsträchtig genug. Bei den beiden anderen Tragflächenformen waren sie sich nicht sicher. Deshalb beschlossen sie das Projekt Je zweigleisig voranzutreiben. Eine Version des Flugzeugs Je sollte mit einer Deltatragfläche ausgestattet werden, die andere eine geometrisch verkleinerte Variante der stark gepfeilten MiG-19 Tragfläche erhalten.

Der Grundgedanke des Projektes Je bestand darin ein möglichst kleines und leichtes Flugzeug zu bauen, um mit diesem die vom Auftraggeber geforderten Flugleistungen erreichen zu können. Als Antrieb wurde von vornherein das Triebwerk AM-11 aus dem Hause Mikulin vorgesehen. Um dieses Triebwerk herum sollte ein möglichst schlanker Rumpf gebaut werden. Möglichst schlank deshalb, weil man sich so einen geringen Luftwiderstand erhoffte und ein geringer Luftwiderstand zu einer hohen Fluggeschwindigkeit verhelfen würde. In diesem schlanken Rumpf mussten noch die Treibstofftanks, das Cockpit und die Kanonenbewaffnung untergebracht werden.

Um die Arbeiten zu vereinfachen sollten die Rümpfe der unterschiedlichen Versionen des Flugzeugs Je möglichst gleich aufgebaut sein. Der Hauptunterschied wären die Tragflächen.

Weil das Triebwerk AM-11 noch nicht fertig entwickelt war entschloss man sich im OKB MiG, das bereits in der MiG-19 verwendete Triebwerk AM-9 auch im Flugzeug Je zu verwenden. Und später, wenn das AM-11 einsatzbereit war, sollten dann Je-Prototypen mit dem neuen Triebwerk gebaut werden.

Der erste Prototyp mit Pfeilflügel wurde Je-2 genannt, sein Konkurrent mit Deltatragflächen war die Je-4. Artjom Mikojan war der Meinung, dass die Deltatragfläche bessere Flugergebnisse erbringen würde. Doch stellte sich bei der Flugerprobung heraus, dass das nicht der der Fall war. Die Je-2 war klar überlegen. Sie war schneller und konnte engere Kurven fliegen.

Mikojan war konsterniert. So hatte er sich die Sache nicht vorgestellt.

Allerdings ging bei der Je-2 auch nicht alles glatt.

2 Isdelije .... russ. Erzeugnis, Je ... deutsche Transkription des kyrillischen Buchstabens »E«, die amerikanische Transkription lautet »Ye«. Zur Aussprache: »Je« wird kurz gesprochen, ähnlich wie im Stadtnamen »Jessen« und nicht lang wie bei »Jena«.

3 Man schaue sich nur die sowjetische MiG-19, die französische Super Mystere B2 und die amerikanische F-100 Super Sabre an. Die Ähnlichkeit der Flugzeugentwürfe ist augenfällig.

Die Je-2 von oben. Der erste Prototyp mit AM-9-Triebwerk. Man erkennt ihn am Fehlen der Grenzschichtzäune auf den Tragflächen. (Foto: OKB MiG)

So zeigte sie die unangenehme Tendenz plötzlich Rollen fliegen zu wollen. Es dauerte eine Weile bis man herausfand, dass dieses Verhalten durch ein asymmetrisches Ausfahren der Vorflügel hervorgerufen wurde. Noch länger als die Ursachenforschung dauerte die Ursachenbehebung. Die OKB-Spezialisten quälten sich mit der Aufgabe ab und es dauerte ewig bis sie das Problem einigermaßen zufriedenstellend lösen konnten.

In der Zwischenzeit war das AM-11 Triebwerk verfügbar und es wurde Zeit neue Prototypen zu bauen. Während für die Deltamaschine der komplett neue Prototyp Je-5 gebaut wurde, entstand die Je-2A durch den Umbau der ursprünglichen Je-2.

Deren gesamtes Rumpfvorderteil blieb erhalten. Die Hecksektion wurde vergrößert, um Platz für das dickere und längere Triebwerk zu schaffen. Die Tragflächen wurden ebenfalls überarbeitet. Die Vorflügel, die bei der Je-2 für einigen Ärger gesorgt hatten, ließ man einfach weg, getreu dem Motto: *»Was nicht vorhanden ist kann auch nicht kaputt gehen!«* Stattdessen wurde auf den Tragflächen jeweils ein überdimensionierter, grobschlächtiger Grenzschichtzaun angebracht. Dieser Grenzschichtzaun war ein eindeutiges äußeres Unterscheidungsmerkmal zwischen der Je-2 und der Je-2A. Außerdem war er hässlich.

Marcel Dassault, der bekannte französischen Flugzeugkonstrukteur, soll einmal gesagt haben: *»Nur ein schönes Flugzeug ist ein gutes Flugzeug!«* Bezogen auf die Je-2A stimmte sein Bonmot durchaus.

Am 17. Februar 1956 startete Testpilot G. Sedow mit der Je-2A zum Jungfernflug. Die Flugerprobung verlief zufriedenstellend. Das Flugzeug war leicht zu handhaben und zeigte ein sehr angenehmes Flugverhalten. Beschleunigungs- und Steigwerte hatten sich im Vergleich zur Je-2 merklich verbessert. Bei der Höchstgeschwindigkeit lag die Je-2A jedoch eine Winzigkeit gegenüber der Je-5 zurück. Die Je-2A erwies sich der Deltamaschine Je-5 gegenüber auch noch in einigen anderen Aspekten als unterlegen. Artjom Mikojan gefiel das. Das von ihm bevorzugte Deltakonzept hatte sich durchgesetzt. Aus der Je-5 wurde wenig später die Je-6 abgeleitet, die zum Prototyp für den Serienjäger MiG-21F wurde.

Die Flugleistungen der Je-2A lagen aber nicht zu weit hinter denen der Je-5 zurück, so dass sich die Verantwortlichen entschlossen auch dieses Flugzeug in Serie gehen zu lassen. Als Produktionsstandort wurde das Flugzeugwerk Gorki auserkoren. Dort begann man mit der Produktion einer Vorserie von fünf, nach anderer Quelle zehn Flugzeugen. Diese Flugzeuge sollten nach Abschluss der staatlichen Flugerprobung die Bezeichnung MiG-23 erhalten. Etwa zu dieser Zeit bekam die Westspionage Wind von der Je-2A, alias MiG-23. Man glaubte im Westen einen neuen sowjetischen Jägertyp entdeckt zu haben und gab ihm den NATO-Code »Faceplate«.

Im sowjetischen Militär kam es aber Mitte der 1950er-Jahre zu einem Umdenken und man stellte sich berechtigter maßen die Frage, ob es denn wirklich nötig sei eine Vielzahl unterschiedlicher Flugzeugtypen im Dienst zu haben. Wäre es aus ökonomischer und logistischer Sicht nicht sinnvoller die Zahl der Einsatztypen zu reduzieren? Und die Antwort auf dieses Frage lautete: Ja!

Nun stellte man sich die Frage, ob man wirklich zwei Leichtjäger mit ähnlichen taktisch-technischen Kenndaten benötigte, oder ob nicht ein einziger Jägertyp ausreichen würde? Auch diese Fragen wurde bejaht. Daraufhin wurde die Beschaffung der Je-2A, alias MiG-23 gestrichen.

Die Bezeichnung MiG-23 konnte deshalb für neue Projekte wiederverwendet werden.

Am 24. Juni 1956 wurde die Je-2A der Weltöffentlichkeit vorgestellt, als sie zusammen mit der Je-4 und der Je-5 an der offiziellen Luftparade in Tuschino teilnahm. Die Herkunft der Je-2A gab dem Westen jedoch Rätsel auf. Sie wurde sowohl als Su-16 angesprochen, als auch als MiG-23.

Technische Beschreibung:

Die Je-2A war ein einstrahliges Versuchsjagdflugzeug, mit stark gepfeilten Tragflächen und einem Normalleitwerk.

Der Rumpf der Je-2A besaß einen kreisrunden Querschnitt mit einem relativ kleinen Durchmesser. Im Bug des Flugzeugs befand sich der kreisrunde Lufteinlauf. In seiner Mitte gab es einen Stoßwellendiffusor in Kegelform. Dieser Lufteinlaufkegel konnte in Abhängigkeit von der Fluggeschwindigkeit in drei Positionen gefahren werden. So wurde der Luftzufluss zum Triebwerk optimiert. Im Inneren des Kegels befand sich ein Funkentfernungsmesser, der seine Daten an das im Cockpit befindliche Kreiselvisier weitergab.

Technische Daten: Je-2A / MiG-23 Pjerwaja	
Bezeichnung OKB / NATO	isdelije 63 / Faceplate
Abmessungen	
Spannweite	8,11 m
Rumpflänge	13,23 m
Höhe	4,15 m
Flügelfläche	21,00 m²
Massen	
Leermasse	4.340 kg
Startmasse	6.250 kg
max. Startmasse	7.300 kg
max. Waffenlast	500 kg
Treibstoffmenge	1.800 l + 1 x 400 l Zusatzbehälter
Antrieb	1 x R-11
Schub	37,28 kN trocken / 50,03 kN Nachbrenner
Flugleistungen	
Höchstgeschwindigkeit	1.900 km/h in 12.000 m
Marschgeschwindigkeit	1.000 km/h
Reichweite	1.400 km
Gipfelhöhe	18.000 m
Steiggeschwindigkeit	180 m/s
Bewaffnung	
Bordkanonen	2 (3?) x 30 mm NR-30 je 60 Schuss
Waffenstation	1 x Raketenbehälter ARS-57
	1 x 500 kg Bomben
	1 x Zusatzbehälter 400 l

Das Cockpit der Je-2A war eng. In ihm befanden sich ein Schleudersitz des Typs SK, das Armaturenbrett, ein Kreiselvisier, Steuerknüppel, Pedale und Gassteigerungshebel. Die Frontscheibe der aerodynamisch geformten Cockpitverglasung bestand aus Panzerglas. Die Cockpithaube öffnete nach vorn.

Hinter dem Cockpit waren Tanks untergebracht, denen sich das Triebwerk R-11 anschloss. Das ursprünglich unter der Bezeichnung AM-11 entwickelte Triebwerk war mit einem Nachbrenner ausgestattet.

Beiderseits des Rumpfes waren die Tragflächen in Mitteldeckeranordnung angebracht. Die Tragflächen ähnelten denen der MiG-19 sehr, waren sie doch eine geometrische Verkleinerung derselben. Sie hatten einen Pfeilwinkel von 57° und besaßen einen großen Grenzschichtzaun, der das Flugverhalten bei hohen Anstellwinkeln verbessern sollte. An der Tragflächenhinterkante waren innen die Landeklappen und außen die Querruder angebracht. Im Inneren der Tragflächen waren flexible Tanks untergebracht.

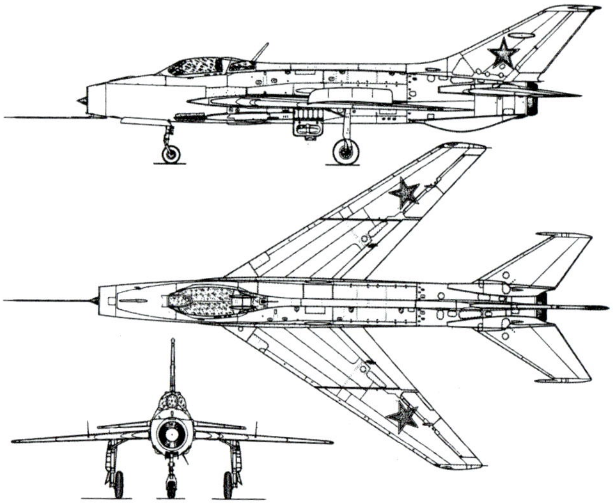

Je-2A in der Dreiseitenansicht.

Das Leitwerk der Je-2A bestand aus einem stark gepfeilten Pendelhöhenleitwerk und einem schmalen, ebenfalls stark gepfeilten Seitenleitwerk. Das Seitenleitwerk teilte sich in Seitenflosse und Seitenruder.

Die gesamte Hecksektion des Rumpfes, samt Leitwerk, konnte vom Rest des Rumpfes getrennt und abgezogen werden. So war ein einfacher Zugang zum Triebwerk gewährleistet.

Das Fahrwerk der Je-2A bestand aus einem einfach bereiften Bugfahrwerk, das nach vorn in den Rumpf eingezogen wurde und einfach bereiften Hauptfahrwerksbeinen, die unterhalb der Tragflächen angeordnet waren und in diese, nach innen, eingefahren wurden. Die Räder waren groß dimensioniert, damit das Flugzeug auch in der Lage war von Graspisten und Behelfsflugplätzen aus zu operieren.

Bewaffnet war die Je-2A mit zwei, nach anderer Quelle drei, Bordkanonen des Typs NR-30. Unter dem Rumpf befand sich ein Pylon, der für die Mitnahme eines Treibstoffzusatzbehälters geeignet war. Er konnte auch Bomben, bis zu einem Gewicht von 500 kg oder einen Behälter für ungelenkte Raketen transportieren.

MiG-23 Wtaraja[4], Je-8

Die MiG-21 hatte sich im Truppendienst bewährt. In der Variante als Tagjagdflugzeug, MiG-21F-13, war sie hochgradig agil und spritzig. Ihre Piloten liebten es mit diesem Flugzeug unterwegs zu sein. Ein ehemaliger NVA-Pilot, der seine Karriere auf der MiG-21F-13 begonnen hatte, erzählte dem Verfasser dieser Zeilen, dass es ein Traum gewesen sei die MiG-21F-13 zu steuern. *»Selbst wenn man nur daran dachte eine Kehre fliegen zu wollen, legte sich die MiG bereits in die Kurve. So beweglich war sie!«*

Amerikanische Aggressorpiloten, die die MiG-21F-13 bei Red Flag Manövern in der Wüste Nevadas flogen, waren von der Agilität dieses Flugzeugs ebenfalls begeistert, ermöglichte sie es ihnen doch *»jegliches amerikanisches Jagdflugzeug gehörig zu vertrimmen«*.[5]

Trotz aller Vorteile, die der MiG-21F-13 innewohnten, hatte sie jedoch auch ein großes Manko: Sie war ein reiner Tagjäger und außerdem nur für den Schönwettereinsatz geeignet. Des Nachts oder bei starker Bewölkung konnte sie einen Luftgegner nur schwer entdecken und bekämpfen.

Die Lösung des Problems bestand darin ein Radargerät in die MiG-21 zu integrieren. Dies geschah erstmalig im Prototyp Je-7, der nach bestandener Flugerprobung als MiG-21P in kleiner Stückzahl gebaut wurde. Der P folgte bald die in Großserie gefertigte MiG-21PF.

Die MiG-21PF hatte im Gegensatz zur F-13 einiges an Agilität verloren. Außerdem war das Radargerät nicht wirklich gut. Es konnte ein großes Luftziel, wie einen Bomber des Typs Tu-16, auf einer Distanz von 18 bis 20 Kilometern entdecken. Luftziele in Jägergröße tauchten jedoch erst bei deutlich weniger als 10 Kilometer Abstand auf dem Radarschirm auf. Und in Erdbodennähe funktionierte das Radar so gut wie gar nicht. Der Pilot einer MiG-21PF war deshalb bei der Zielfindung dringend auf die Unterstützung durch die bodengebundene Radarüberwachung angewiesen. Ohne die Jägerleitoffiziere war der Einsatz einer MiG-21PF wenig erfolgversprechend.

Im Vergleich zur F-4 Phantom, die etwa zur selben Zeit in die Truppe kam, war das Radar der MiG-21PF

Der erste Prototyp der Je-8. (Foto OKB)

4 Wtaraja ... russ.: Die Zweite.
5 Nur mit der F-16 klappte das nicht so gut. Ansonsten gab es kein US-Flugzeug, das die Aggressorpiloten fürchteten.

Je-8. Gut zu erkennen der sechseckige Lufteinlauf. (Foto: OKB MiG)

mehr als unterentwickelt. Das Radar der Phantom konnte etwa dreimal soweit »sehen«, wie das der MiG-21PF. Außerdem ermöglichte es die Steuerung von halbaktiv gelenkten Luftkampfraketen mittlerer Reichweite.

So etwas wollte das sowjetische Militär auch haben. Deshalb erhielt das OKB MiG den Auftrag ein leichtes Jagdflugzeug zu entwickeln, das ein Radargerät erhalten sollte, welches in der Leistungsklasse des F-4 Phantom Radars spielte.

Damit war der Grundstein zum Projekt Je-8 gelegt.

Artjom Mikojan schwebte die Idee vor, das Flugzeug auf Basis der MiG-21PF zu entwickeln. Dabei sollten so viele Komponenten wie möglich übernommen und nur das wirklich Notwendige neu entwickelt werden. Durch dieses schrittweise Vorgehen wollte er mögliche Entwicklungsrisiken minimieren. Das Grundproblem bei der Entwicklung der Je-8 bestand darin eine Lösung zu finden, wie man das noch in der Entwicklung befindliche Radar Sapfir-23 in das Flugzeug integrieren könne. Der bisher verwendete Ansatz, das Radar im Inneren des Lufteinlaufkonus zu platzieren, war für das doch ziemlich große, neue Radar unpraktisch. Er hätte zu einer weiteren Aufdickung des Rumpfbugs geführt und die Aerodynamik des Flugzeugs stark beeinträchtigt, wenn nicht sogar ruiniert.

Deshalb wurde beschlossen die Je-8 mit einer aerodynamisch geformten Radarnase auszustatten. In diese Radarnase sollte das Radar Sapfir-23 eingebaut werden.[6] Weil absehbar war, dass die Entwicklung des Sapfir-23 und des damit verbundenen Waffenkontrollkomplexes S-23 einige Zeit benötigen würde, wurde beschlossen bei der Je-8 übergangsweise das schneller verfügbare Sapfir-21 Radar[7] zu verwenden.[8]

Weil aber auch das Sapfir-21 noch nicht fertig ent-

6 Ursprünglich war der Radarkomplex »Basalt« für die Je-8 vorgesehen. Dieses Radar konnte die geforderten Parameter aber nicht erreichen, weshalb es durch das Sapfir ersetzt wurde. Zunächst wurden die zwei Versionen dieses Radars mit Sapfir-1 und 2 bezeichnet. Später wurden sie in Sapfir-21 und Sapfir-23 umbenannt.

7 Das Sapfir-21 sollte eine Reichweite von 40 km haben. Es wurde später mit verkleinerter Antenne in der MiG-21S, SM, SMT und bis verwendet. Dort hatte es, wegen einer kleineren Antenne, eine Maximalreichweite von 30 km.

8 Andere Quellen geben an, dass als Übergangslösung das RP-21 Radar der MiG-21 angedacht war.

wickelt war, behalf man sich mit dem Einbau von Masseblöcken, die das Gewicht und die Gewichtsverteilung des neuen Radarkomplexes simulieren sollten.

Nachdem das Problem mit der Unterbringung des Radars gelöst war, musste für den Lufteinlauf ein neuer Platz gefunden werden. Im Prinzip gab es drei Lösungswege. Man konnte den Lufteinlauf oberhalb des Rumpfes einbauen, oder laterale, sprich seitliche Lufteinläufe verwenden. Die dritte Lösung bestand darin den Lufteinlauf unterhalb des Rumpfes zu platzieren. Diese Position versprach die optimale Lösung zu sein, ermöglichte sie doch eine zuverlässige Luftzufuhr zum Triebwerk, egal in welcher Fluglage sich das Flugzeug befinden würde. So glaubte man ein großes Manko der mit Radar ausgestatteten MiG-21-Versionen beheben zu können.

Es ist wenig bekannt, dass die MiG-21 von ihrer Tragflächenform her noch deutlich engere Kurven hätte fliegen können, als es das Flugzeug in der Realität tatsächlich vermochte. Der Grund für diese Diskrepanz bestand darin, dass der Lufteinlauf der MiG-21 für den Manöverluftkampf nicht optimal geformt war. So passierte es regelmäßig, dass das Triebwerk in bestimmten Fluglagen ausging, wenn der Pilot zu aggressiv am Steuerknüppel zog. Und das war im Luftkampf ungesund. Mit dem neuen, unter dem Rumpf platzierten Lufteinlauf hofften die Konstrukteure, dass gesamte Potential des Deltatragwerks ausnutzen zu können.

Um die Agilität noch weiter zu steigern wurde die Je-8 mit kleinen Entenflügeln beiderseits des Rumpfbugs ausgestattet. Diese »Flügelchen« wurden »Destabilisatoren« genannt. Sie waren beweglich, wurden aber nicht durch den Piloten gesteuert. Stattdessen bewegten sie sich frei im Luftstrom. Dabei konnten sie Auslenkungen von bis zu 40° nach oben oder nach unten einnehmen. Zumindest wenn im Unterschallbereich geflogen wurde. Sollte Überschall geflogen werden, wurden die Destabilisatoren vor dem Durchbrechen der Schallmauer in ihrer Nullstellung arretiert.

Die Destabilisatoren bewirkten eine Erhöhung des Auftriebskoeffizienten um den Faktor 2 bei Mach 2 und mehr als 2 bei Mach 1,5. Dies führte zu einer dramatisch verbesserten Manövrierfähigkeit im Überschallflug. So konnte die Je-8 in 15 km Höhe, bei einer Geschwindigkeit von Mach 2, Kurven mit einem Lastvielfachen von 5,1 g fliegen. Die MiG-21PF erreichte

Die Destabilisatoren der Je-8 sind auf diesem Bild gut zu erkennen. (Foto: OKB MiG)

unter den gleichen Bedingungen lediglich 2,5 g. Verbesserungen in der gleichen Größenordnung wurden auch für den Unterschallflug erwartet und während der Flugerprobung nachgewiesen. In der Kombination von neuem Lufteinlauf, vollständig ausgenutztem Potential der Deltatragflächen und den Destabilisatoren erreichte die Je-8 eine Agilität, die der der zehn Jahre später entwickelten F-16A nahe kommen sollte.

Die im Vergleich zur MiG-21PF zusätzlichen Bauteile der Je-8 führten zu einem deutlich spürbaren Gewichtsanstieg. Mit den bisherigen Triebwerk R-11F-300 wäre die Je-8 deshalb mehr als untermotorisiert gewesen. Darum setzte das OKB MiG auf eine Weiterentwicklung dieses Triebwerks, die im OKB-500 unter der Leitung des Chefkonstrukteurs Nikolai Georgiewitsch Mezchwariswili[9] entstand.

Es hieß R-21F-300. Das R-21 basierte weitestgehend auf dem R-11. Es war im Prinzip genauso aufgebaut wie das Vorgängermodell und in etwa genauso lang. Das Trockengewicht stieg um etwa 85 kg an. Um die angestrebte Leistungssteigerung zu erreichen, wurde das Triebwerk dicker gemacht. Sein Durchmesser vergrößerte sich um 73 mm, wenn man am Triebwerkseingang das Maßband anlegte und um 85 mm, wenn man am Nachbrenner nachmaß.

Der größere Durchmesser, verbunden mit einer höheren Drehgeschwindigkeit des Verdichters, ermöglichte das Ansaugen und Verdichten größerer Luftmengen, die genutzt werden konnten, um größere Treibstoffmengen effizienter zu verbrennen, was zu einen höheren Schub führen würde. So hofften die Triebwerksentwickler die Schubkraft des R-21 im Vergleich zum R-11 um 15 % steigern zu können. Das wurde in der Realität auch erreicht.

Das R-21F-300 erbrachte im Normalregime einen Schub von 4.700 kp[10], etwa 46 kN. Mit Nachbrenner waren es 7.200 kp, etwa 71 kN, was eine enorme Verbesserung im Vergleich zum R-11F-300 der MiG-21PF

Artjom Mikojan und Testpilot Fedotow vor der Je-8/2. (Foto: OKB MiG)

9 Kyrillisch: Мецхваришвили

10 Damals rechnete man noch nicht in der Größe KiloNewton (kN), sondern in Kilopond (kp). Ein kp ist die Kraft, die man aufbringen muss, um ein Gewicht von 1 kg einen Meter in die Höhe zu heben.

darstellte. Mit dem R-21F-300 erreichte die Je-8, bei normalem Startgewicht, ein Schub-Masse-Verhältnis von größer 1, was damals ein hervorragender Wert war und auch heute noch recht respektabel ist.

Der Bremsschirmcontainer der Je-8/2 war kleiner als bei der Je-8/1. (Foto: OKB MiG)

Weil das neue Triebwerk voluminöser war musste das Rumpfheck überarbeitet werden. Es wurde dicker, was den Abstand zwischen Schubdüse und Startbahn merklich reduzierte. Zu einer weiteren Reduzierung des Abstands kam es, weil die Konstrukteure beschlossen, dass sich das Flugzeug beim rollen am Boden *»mit der Nase nach oben«* vorwärts zu bewegen habe. So sollte verhindert werden, dass das Triebwerk Fremdkörper, die sich auf der Startbahn befinden mochten, ansaugen könnte und dadurch beschädigt würde.

Der geringe Abstand zwischen Schubdüse und Startbahn generierte ein weiteres Problem. Für eine Kielflosse, die im Flug die Flugstabilität verbessern sollte, war nun kein Platz mehr. Das OKB MiG löste dieses Problem, indem es die klappbare Kielflosse erfand. Solange das Fahrwerk der Je-8 ausgefahren war verharrte die Kielflosse in einer um 90° nach rechts gekippten Warteposition. Wurde das Fahrwerk eingefahren klappte die Kielflosse in ihre Normalposition und sorgte für die notwendige Längsstabilität im Flug.

Bewaffnete Je-8/2. (Foto: OKB MiG)

Von der Je-8 wurden zwei Prototypen gebaut, Je-8/1 und Je-8/2. Der Bau des ersten Prototyps, Je-8/1, näherte sich im März 1962 seiner Vollendung. Am 10. März 1962 wurde das Erprobungsteam zusammengestellt. Georgi Mossolow sollte als Testpilot der Je-8/1 die Erprobung des neuen Jägers durchführen. Für den zweiten Prototypen, Je-8/2, wurde Alexander Fedotow ausgewählt. Am 6. April 1962 waren schließlich alle Vorbereitungen abgeschlossen und der Methodische Rat des OKB gab die Einwilligung zum Beginn der Flugerprobung. Elf Tage später, am 17. April 1962, startete die Je-8/1 zu ihrem Jungfernflug.

Während der Erprobung brachte die Je-8 ausgezeichnete Leistungen und bestätigte alle in sie gesetzten Erwartungen. Die Piloten liebten ihr ausgezeichnetes Flugverhalten. Sie war ein Traum von einem Flugzeug. Allerdings nur wenn das Triebwerk mitspielte. Und das R-21F-300 erwies sich als äußerst zickig.

Das Triebwerk neigte zum *»Pumpen«*. Es bekam in bestimmten Flugsituationen nicht genügend Luft und ging aus. Daraufhin wurde mit verschieden geformten Lufteinlaufkeilen experimentiert. Doch das Problem war nicht so einfach in den Griff zu bekommen. Es wurde noch dadurch verstärkt, dass die automatische Positionsverschiebung des Lufteinlaufkeils nicht zuverlässig arbeitete. Wenn sie ausfiel musste der Pilot die Verstellung von Hand vornehmen. Und das musste rasch geschehen, damit das Triebwerk nicht abstarb.

Eine frühe Aufnahme des zweiten Prototyps. (Foto: OKB MiG)

Bei elf Testflügen kam es zur gefürchteten Pompage, das heißt zu starkem Pumpen des Verdichters. Dabei versucht das Triebwerk mehr Luft anzusaugen, als der Lufteinlauf hergibt, weshalb sich die Flugzeugzelle zu verbiegen beginnt.

Beim Auftauchen der Pompage erfassten vom Triebwerk ausgehende seitliche Schwingungen das Flugzeug, so dass der Testpilot den Flug abbrechen musste. Die Ingenieure waren sich über die Ursachen des Pumpens nicht im Klaren. Fieberhaft bemühten sie sich den Fehler zu finden. So wurden Veränderungen am Lufteinlaufleitapparat durchgeführt.[11] Sie veränderten auch die Treibstoffregelung und noch vieles anderes mehr. Schließlich hatten sie die Nase voll und wechselten das ganze Triebwerk aus. Doch als man das Problem der Pompage im Griff zu haben glaubte, tauchten neue Schwierigkeiten auf. Während des 21. Fluges lief das R-21F-300 gefährlich heiß. Beim 25. Flug wiederholte sich der Vorfall. Immer wieder versagte das Triebwerk bei hohen Geschwindigkeiten.

Das Triebwerk R-21F-300 war also noch ziemlich grün und verursachte wieder und wieder Probleme.[12]

Am 11. September 1962 startete Georgi Mossolow zum 40. Testflug der Je-8/1. Punkt 12:24 Uhr, bisher war die Maschine ganze 16 Stunden und 22 Minuten in der Luft gewesen, erschütterte eine starke Explosion das Heck der Je-8/1. Schlagartig fiel der Schub aus. Das Flugzeug begann zu pumpen und brach seitlich aus. Der Pilot wurde im Cockpit buchstäblich hin und her geschleudert. Rauch drang in die Kabine. Versuche die Maschine zu retten brachten keinen Erfolg. Innerhalb weniger Augenblicke begann die Je-8/1 heftig zu rollen. Es blieb nur noch der Notausstieg. Doch es gab noch ein Problem: Mossolow jagte in etwa 15.000 Metern Höhe mit Mach 1,8 dahin. Das war eindeutig zu schnell für den Einsatz des Schleudersitzes SK. Beim SK war ein sicherer Ausstieg nur bis 800 km/h möglich.

Dem Testpiloten blieb jedoch keine Wahl. Er musste aussteigen, ob er wollte oder nicht. Und so kam es wie es kommen musste. Er wurde beim Katapultieren schwer verletzt. Seine Füße krachten gegen irgendein Cockpitteil. Die Fliegerstiefel wurden ihm von den Füßen gerissen und ein Bein brach. Mossolow verlor das Bewusstsein. Am Fallschirm hängend kam er wieder zu sich und musste miterleben, wie er sich bei der Lan-

11 Durch die Umbauarbeiten am Lufteinlauf reduzierte sich der Nachbrennerschub des Triebwerks auf 6.800 kp.

12 Mit dem R-21F-300 gingen die Konstrukteure an die Grenze des damals technisch Machbaren. Das Triebwerk hatte nur sechs Verdichterstufen. Davon bildeten drei den Niederdruckverdichter und drei den Hochdruckverdichter. Der Druckanstieg innerhalb dieser Stufen war enorm und beanspruchte das Material bis aufs Äußerste. Und manchmal auch darüber hinaus, was zum Versagen des Triebwerks führte. Mit einer besseren Metallurgie hätten die Verdichterstufen aus beständigeren und festeren Legierungen gebaut werden können, um so die Probleme zu lösen. Doch das hätte Zeit benötigt, und niemand war bereit zu warten.

dung auch noch das andere Bein brach und weitere Verletzungen einhandelte. Es dauerte etwa eine Stunde bis herbeieilende Bauern den Flieger fanden und ihm Erste Hilfe leisten konnten. Weitere anderthalb Stunden vergingen, ehe die Rettungshubschrauber eintrafen und den Testpiloten ins Krankenhaus flogen. Es sollte etwa ein Jahr vergehen bis Georgi Mossolow wieder gesundgeschrieben wurde. Er sollte nie wieder als Testpilot fliegen können.

Bei der Untersuchung des Unfalls stellte man fest, dass die Schuld für das Versagen der Maschine wieder einmal beim Triebwerk lag. Die sechste Verdichterstufe des R-21F-300 hatte sich bei etwa 12.000 Umdrehungen pro Minute explosionsartig selbst zerlegt. Dabei hatten Bruchstücke die Außenhaut des Flugzeugs durchschlagen und die rechte Tragfläche beschädigt. Bei diesem Vorgang wurde das rechte Querruder außer Gefecht gesetzt, wodurch sich die Je-8/1 nicht mehr steuern ließ und abstürzte.

Nach diesem schweren Unfall wurde das Projekt Je-8 auf Eis gelegt und wenig später eingestellt. Nach offizieller Lesart war dies dem unzuverlässigen Triebwerk geschuldet, dessen Fehler vom Hersteller nie behoben werden konnten und deshalb nie in Serie ging,

Das scheint jedoch nur die halbe Wahrheit gewesen zu sein, denn die Erprobung des von Fedotow geflogenen zweiten Prototypen Je-8/2 verlief planmäßig. Beim Bau der Je-8/2 waren viele Erfahrungen aus der Je-8/1 eingeflossen, so dass sie sich um einiges vom ersten Prototypen unterschied. Auffälligste Änderung war die Form des Bremsschirmbehälters. Er war schlanker und hatte die Form wie sie später bei allen MiG-21 verwendet wurde. Weiterhin hatte man das System SPS[13] aktiviert und den Schleudersitz KM-1 eingebaut. Zum

Später erhielt die Je-8/2 Startschienen für Raketen. (Foto: OKB MIG)

13 Das SPS war ein System zum Anblasen der Grenzschicht, das den Auftrieb beim Landeanflug erhöhte und damit die Landegeschwindigkeit zu reduzieren half.

Zwecke von Waffentests erhielt die Je-8/2 zwei Waffenpylone unter den Tragflächen. Im Laufe der Erprobung wurde die Funkanlage der Je-8/2 modifiziert, wobei eine kleine Blattantenne auf dem Rumpfrücken montiert wurde. Die Je-8/2 unternahm 13 Testflüge die bemerkenswert reibungslos verliefen.

Viele Ingenieure des OKB MiG sahen die Einstellung des Projekts Je-8 als Fehler an. Für sie war die Je-8 das Kampfflugzeug der Zukunft, schließlich hatte das Flugzeug alle errechneten Leistungen bestätigt. Was ihm fehlte war lediglich ein zuverlässiger Antrieb.

Dieses Problem hätte mit Sicherheit gelöst werden können, denn wenige Jahre später fand man die im Vergleich zum R-11 leistungsstärkeren Triebwerke R-13 und R-25 bei der MiG-21 wieder. Beide Triebwerke hätten auch in der Je-8 zuverlässig ihren Dienst getan.

Als wahrer Grund für das Ende der Je-8 dürften neue Trends in der sowjetischen Militärwissenschaft angesehen werden. In den frühen 60er-Jahren ging man in der UdSSR, in Anlehnung an amerikanische Ideen, davon aus, dass sich das Kriegsbild dramatisch verändern würde. Hatten die Jagdflieger bis dato vornehmlich im Manöverluftkampf versucht den Gegner zu vernichten, so sagten die Theoretiker voraus, dass dies in Zukunft nicht mehr möglich sein würde. Im Kernwaffenzeitalter würden die Feindmaschinen versuchen mit hoher Überschallgeschwindigkeit zu ihren Zielen vorzustoßen, um dort ihre Nuklearwaffen einzusetzen. Die Jagdflieger müssten deshalb versuchen den Feind mit Maximalgeschwindigkeit abzufangen, um ihn noch vor Erreichen des Ziels mit ihren Raketen bekämpfen zu können. Bei Geschwindigkeiten von Mach 2 und mehr, argumentierten die Theoretiker, betrage der Kurvenradius eines Jagdflugzeuges mehrere Kilometer, so dass ein Manöverluftkampf nicht mehr stattfinden könne. Ein für diese *»veraltete«* Kampfweise prädestiniertes Flugzeug, wie die Je-8, sei deshalb nicht mehr notwendig. Die Zukunft wurde stattdessen im Schwenkflügler gesehen.

Die Kriege im Nahen Osten und in Vietnam bewiesen jedoch, dass sich die Theoretiker geirrt hatten. Der Manöverluftkampf war auch im Zeitalter der Mach 2 Jäger nicht obsolet geworden. Er blieb stattdessen die Hauptkampfform der Jagdflieger. Als man sich im OKB MiG der Fehlentscheidung bewusst wurde und sich wieder mit einem hochmanövrierfähigen Jagdflugzeug beschäftigte, war es für die Je-8 bereits zu spät. Ab 1970 liefen die Arbeiten am Projekt 9, das letztendlich zur MiG-29 führen sollte.

Auch wenn die Entwicklung der Je-8 nicht zu Ende geführt werden konnte, so wurden doch viele ihrer Komponenten in anderen MiG's wiederverwendet. Das Radar Sapfir-21, zum Beispiel, kam in modifizierter Form als RP-22 bei der MiG-21bis zum Einsatz, das Sapfir-23 wurde zum Radar der MiG-23. Die klappbare Kielflosse fand bei der MiG-23 Verwendung und auch die Raketen K-23, die für die Je-8 entwickelt worden waren, wurden als R-23 in das Arsenal der MiG-23 aufgenommen.

Interessant sind die beiden Weiterentwicklungen der Je-8, mit denen das OKB MiG versuchte einige Schwächen des Grundentwurfs zu beheben. Im Projekt Je-8M änderte man den Lufteinlauf radikal. Man verabschiedete sich vom hexagonalen, unter dem Rumpf befindlichen Lufteinlauf und ersetzte ihn durch zwei seitliche Lufteinläufe. Diese Lufteinläufe waren nahezu rechteckig und mit einer großen, beweglichen Grenzschichtschneide ausgestattet. Äußerlich ähnelten sie den Lufteinläufen der F-4 Phantom.

Die neuen Lufteinläufe sollten für eine bessere Luftzuführung für das kapriziöse Triebwerk R-21F-300 sorgen und somit dessen Betriebssicherheit erhöhen. Außerdem wollte man durch die neue Position der Lufteinläufe die Gefahr reduzieren, dass beim Rollen am Boden Fremdkörper angesaugt wurden, die potentiell das Triebwerk beschädigen konnten.

Weil die Destabilisatoren genannten Entenflügel direkt im Zustrom der neuen Lufteinläufe platziert waren und damit die Luftzuführung stören konnten, wurden sie bei der Je-8M weggelassen.

Bei der Je-8M war es möglich gewesen das Bugfahrwerk weiter in Richtung Bug zu verlegen. Durch den größeren Radstand hoffte man die starke Nickneigung des Flugzeugs beim Rollen auf unebenem Boden beseitigen zu können. Mit dem neuen Bugfahrwerk wurde das Flugzeug am Boden von seiner *»Nase oben«* Position befreit. Das ermöglichte eine größere Bodenfreiheit am Heck. Außerdem erlaubte die neue Bugfahrwerkskonfiguration beim Starten mit einem geringeren Anstellwinkel zu operieren. So konnte die Je-8M beim Start schneller beschleunigen. Außerdem hatte der Pilot beim Starten und beim Rollen am Boden eine bessere Sicht nach vorn.

Der nächste Entwicklungsschritt war die Je-8F. Diese Version wurde schon unter dem Eindruck der neu-

So wie in dieser Computersimulation hätte die MiG-23 aussehen können, wenn die Je-8 fertig entwickelt worden wäre.

en *»Kurzstart-Mode«* des sowjetischen Militärs entwickelt. Dazu war vorgesehen den Rumpf des Flugzeugs zu verlängern und zwei Hubtriebwerke einzubauen.

Das Konzept Je-8F war der gedankliche Vorläufer des Projektes 23-01, alias MiG-23PD, hatte mit diesem jedoch wenig zu tun.

Weder die Je-8M und noch die Je-8F kamen über das Entwurfsstadium hinaus, es wurden nur kleine Anschauungsmodelle gebaut. Zur Fertigung von Prototypen kam es nicht.

Technische Beschreibung:

Die Je-8 war ein einsitziges Versuchsjagdflugzeug mit Deltatragflächen, Entenflügeln und separatem Höhenleitwerk. Der Bug der Je-8 wurde durch eine voluminöse, aerodynamisch geformte Nase gebildet. An seiner Spitze befand sich ein Staurohr, das zur Geschwindigkeitsmessung verwendet wurde. Unter dem Radom sollte in der zukünftigen Serienversion das Radar Sapfir-21 und in der Finalversion das Radar Sapfir-23 untergebracht werden. Weil beide Radargeräte zum Zeitpunkt der Flugerprobung noch nicht verfügbar waren, wurden an ihrer Stelle Telemetriegeräten eingebaut. Außerdem platzierte man den Flugdatenschreiber und Ballastblöcke in der Rumpfnase, um das Gewicht des Radargerätes während der Flugerprobung zu simulieren.

Beiderseits der Rumpfnase befanden sich kleine Entenflügel, die Destabilisatoren genannt wurden. Sie hatten die Form eines gekappten Deltas und waren in der Mitte mit kleinen Flattergewichten versehen. Die Destabilisatoren waren ungesteuert, das heißt, sie konnten sich frei im Luftstrom bewegen. Das Limit ihrer Ausschläge war auf 40° nach oben und unten begrenzt. Für den Überschallflug wurden sie in ihrer Nullstellung fixiert.

Das Cockpit der Je-8 entsprach im Wesentlichen dem der MiG-21PF. In ihm fanden sich das Armaturenbrett, Steuerknüppel, Pedale und Gassteigerungshebel. Auf ein Reflexvisier wurde verzichtet, weil die Je-8 keine Bordkanone besaß. Der Pilot saß auf einem Schleudersitz.

Es war geplant, dass der vom OKB Mikojan neuentwickelte Schleudersitz KM-1[14] installiert werden sollte. Der KM-1 hatte einen erheblich größeren Einsatzbereich, als der bisher verwendete Schleudersitz des Typs SK. Er ermöglichte den Rettungsschuss bei allen Geschwindigkeiten größer 120 km/h und benötigte auch keine Mindestflughöhe mehr. Der KM-1 war, in Sachen Pilotensicherheit, ein großer Schritt nach vorn. Allerdings war er beim Bau des ersten Je-8 Prototyps noch nicht zu Ende erprobt. Deshalb ersetzte man ihn als Zwischenlösung durch den alten SK.

Die äußere Form der Kanzel war zweiteilig. Sie bestand aus einem starren Frontbereich, mit Rahmen und Panzerglasscheibe und einer beweglichen Haube. Diese Haube öffnete sich nach rechts. Die Kanzel ging in einer kleinen Rückenwulst in einen Rückenkanal über. Die Wulst enthielt, im Gegensatz zur MiG-21PF, keinen Treibstofftank, sondern beherbergte das Funkgerät und andere Avionikkomponenten.

Im schlanken Rumpf der Je-8 wurden insgesamt fünf Integraltanks untergebracht. Sie waren, erstmalig im sowjetischen Jagdflugzeugbau, nicht aus flexiblem Material gefertigt, sondern bestanden aus starrem Metall. So konnte das begrenzte Raumvolumen optimal ausgenutzt werden. Zusammen mit den vier Tragflächentanks betrug das Tankvolumen der Je-8 insgesamt 3.200 Liter.

Als Antrieb kam das Einkreis-Luftstrahltriebwerk R-21F-300 zum Einsatz. Es hatten einen Trockenschub von 4.700 kp, also 46 kN und einen Nachbrennerschub von 7.200 kp, etwa 71 kN.

Das Seitenleitwerk entsprach in seiner Form in etwa dem der MiG-21PF, war aber geringfügig größer ausgelegt. Es bestand aus Seitenflosse und Seitenruder. Neu war die Platzierung des Bremsschirms oberhalb der Schubdüse. Er war in einem großen Behälter in der Leitwerkswurzel untergebracht.

Das Höhenleitwerk war ein Pendelleitwerk und wurde direkt von der Serien-MiG-21PF übernommen. Es wurde lediglich 13,5 cm tiefer angesetzt. Unterhalb des Hecks war die Kielflosse montiert. Sie war klappbar gestalteten. Die Kinematik war mit dem Fahrwerk verbunden. Sobald das Fahrwerk ausgefahren wurde, klappte die Kielflosse automatisch nach rechts weg und wurde in dieser Position fixiert.

Die Tragflächen stammten ebenfalls von der neuesten MiG-21PF Version. Sie verfügten bereits über die Vorrichtung zur Grenzschichtbeeinflussung namens SPS. Beim SPS wurde Luft aus dem Verdichterkreis des Triebwerks abgezweigt, über ein Rohrsystem zu den Tragflächen geleitet und dort über die ausgefahrenen Landeklappen geblasen. Der dadurch erzeugte Luftstrom erhöhte die Wirksamkeit der Landeklappen. Der Auftrieb verbesserte sich, so dass das Flugzeug mit einer geringeren Geschwindigkeit landen konnte, was sich auch in einer reduzierten Landestrecke bemerkbar machte.

Allerdings war das SPS-System im ersten Je-8 Prototyp noch nicht einsatzbereit. Es wurde erst bei der Je-8/2 aktiviert.

Zum Waffentest sollten die Tragflächen der Je-8 mit jeweils einer Raketenstartschiene zur Aufnahme der Rakete R-3S NATO-Code: Atoll versehen werden. Im Serieneinsatz waren für die Je-8, alias MiG-23, zwei Pylone je Tragfläche angedacht. Als Bewaffnung sollte sie Raketen der R-23 Familie tragen, aber auch die bereits im Dienst befindliche R-3 Familie nutzen können. Dem Gusto der Zeit entsprechend besaß die Je-8 keine Bordkanone.

Der Lufteinlauf der Je-8 befand sich unterhalb des Rumpfes. Er hatte eine hexagonale Form. Sein oberer Rand war als Grenzschichtschneide ausgelegt und

14 KM-1 ... russ.: Kreslo Mikojana .... Sessel (Schleudersitz) von Mikojan

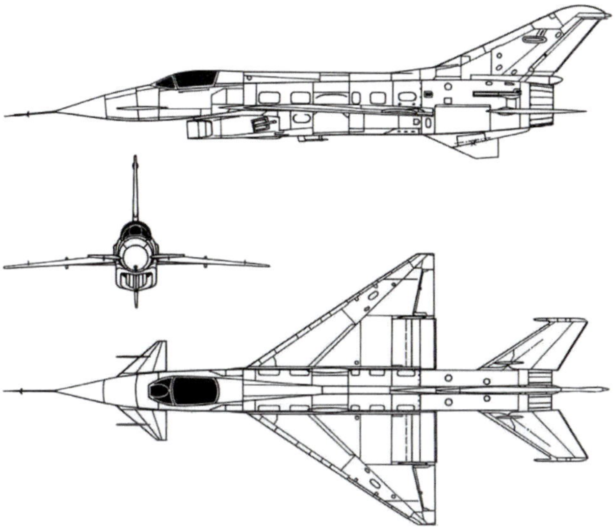

Je-8 in der Dreiseitenansicht.

war vom Rumpf etwas abgesetzt. So sollte verhindert werden, dass die Grenzschicht der Luftströmung entlang des Rumpfes die Luftzufuhr zum Triebwerk beeinflusste. Der Lufteinlauf war mit einem Stoßwellendiffusorkeil versehen. Er regulierte die Luftzufuhr zum Triebwerk in Abhängigkeit zur Fluggeschwindigkeit. Dabei ließ er sich in drei Stufen verstellen. Die Verstellung konnte automatisch erfolgen oder vom Piloten manuell geregelt werden.

Das Hauptfahrwerk wurde, wie die Tragflächen, komplett von der MiG-21 übernommen. Das Bugfahrwerk hingegen musste neu konstruiert werden. Es wurde im Vergleich zur MiG-21 drastisch gekürzt, da es seinen Platz im Lufteinlauf unterhalb des Rumpfes finden sollte. Während der Erprobung der Prototypen fand man schnell heraus, dass diese Unterbringung nicht unbedingt die günstigste Lösung darstellte. Bedingt durch den, konstruktiv nicht anders lösbaren, kurzen Radstand neigte die Je-8 zu starken Nickbewegungen während des Rollens am Boden, vor allem wenn die Rollbahn uneben war.

Die Je-8 wurde von der westlichen Spionage weder wahrend ihrer Entwicklung, noch während der Erprobung entdeckt. Deshalb erhielt sie auch nie einen NATO-Code. Als in der 1980er-Jahren erste Zeichnungen dieses Flugzeugs auftauchten hielt man die Je-8 im Westen für die sowjetische Antwort auf die F-16. In der Realität war es genau andersherum.

Technische Daten: Je-8 / MiG-23 Wtaraja	
Bezeichnung OKB / NATO	Je-8 / keine
Abmessungen	
Spannweite	7,15 m
Rumpflänge	14,90 m / 16,90 m
Höhe	3,70 m
Flügelfläche	22,95 m²
Massen	
Leermasse	5.105 kg (Je-8/1)
Startmasse	6.800 kg (Je-8/1)
max. Startmasse	8.200 kg (Je-8/1)
max. Waffenlast	1.000 kg
Treibstoffmenge	3.200 l
Antrieb	1 x R-21F-300
Schub	4.700 kp / 46,10 kN trocken
	7.200 kp / 70,63 kN Nachbrenner
Flugleistungen	
Höchstgeschwindigkeit	2.230 km/h in 12.500 m
Marschgeschwindigkeit	1.000 km/h
Aktionsradius	k. A.
Gipfelhöhe	20.300 m
Steiggeschwindigkeit	230 m/s
Bewaffnung	
Waffenstationen	2 x R-3S (K-13, AA-2 Atoll)
	2 x R-23 (AA-7 Apex)
	2 x 500 kg Bomben
	2 x ungelenkte Raketen S-24
	2 x Raketenbehälter UB-16

MiG-23 Tretii[15], alias MiG-23PD, alias MiG-23UWP, alias 23-01

Das dritte Flugzeug, für das die Bezeichnung MiG-23 vorgesehen war, war ein Deltaflügler mit Hubtriebwerken. Für diese Maschine gab es die alternativen Bezeichnungen MiG-23PD, MiG-23DPD, MiG-23UWP[16] und isdelije 23-01. Viele Namen für ein und dasselbe Flugzeug. Vergeben, um den potentiellen Gegner zu verwirren und ihn in die Irre zu leiten. Und das funktioniert bis zum heutigen Tag.

Die Geschichte des Projektes[17] 23-01 begann im Dezember 1963. In der sowjetischen Militärwissenschaft machte sich damals die Gewissheit breit, dass sich ein zukünftiger Luftkrieg deutlich von allen vorherigen Luftkriegen unterscheiden würde. Er würde ein Nuklearkrieg werden, bei dem die Jagdflieger schnell einfliegende, kernwaffentragende Feindflugzeuge abfangen und bekämpfen mussten. Wegen der zu erwartenden hohen Fluggeschwindigkeiten würde es nicht mehr zu Manöverluftkämpfen kommen.

Deshalb sollten zukünftige Jagdflugzeuge dahingehend optimiert werden, möglichst schnell zu fliegen und zu beschleunigen. Nachteilig dabei ist, dass Flugzeuge, die besonders schnell fliegen können, in der Regel besonders schlecht langsam fliegen können und somit eine hohe Start- und Landegeschwindigkeit haben. Deshalb sind Flugplätze mit langen Start- und Landebahnen notwendig. Diese Flugplätze würden, so mutmaßten die Theoretiker, bevorzugte Ziele in einem zukünftigen Krieg sein. Wenn die Startbahn durch betonbrechende Bomben getroffen wurde, konnte dort kein Flugzeug mehr starten oder landen. Fakt!

Also was tun?

Die Lösung des Problems konnte auf mehreren Wegen angestrebt werden. So konnte man die Flugplätze größer machen und so gestalten, dass sie mehrere Startbahnen hatten und die Rollwege so gut ausgebaut waren, dass sie als Start- und Landebahnen genutzt werden konnten. So würde es für jeden Gegner sehr schwer werden, einen Flugplatz komplett und auf einen Streich auszuschalten. Dieses Konzept umzusetzen war aufwändig, langwierig und vor allem teuer.

Prototyp der MiG-23PD mit R-23R-Attrappen. (Foto: OKB MiG)

Ein weiterer Lösungsansatz bestand darin Flugzeuge zu entwickeln, die mit möglichst kurzen Start- und Landebahnen auskommen konnten. Die Kurzstartfähigkeit konnte auf drei Wegen erreicht werden. Erstens durch die Anbringung von Starthilfsraketen, die für einen kurzen Zeitraum eine hohe Schubkraft erzeugten und die nach dem Start abgeworfen wurden. Das reduzierte die Startstrecke enorm, jedoch nicht die Landestrecke.

Zweitens durch die Verwendung von Schwenkflügeln, die dem Flugzeug zu optimalen Start- und Landeeigenschaften verhalfen und deren Geometrie im Flug so geändert werden konnte, dass sie exzellente Flugeigenschaften im Hochgeschwindigkeitsbereich aufwiesen.

Der dritte Weg bestand darin ein Flugzeug mit Hubtriebwerken auszustatten. Hubtriebwerke konnten einem Flugzeug, im Idealfall, zur Senkrechtstart- und -landefähigkeit verhelfen.

Prototyp der MiG-23PD von rechts hinten gesehen. (Foto: OKB MiG)

Die Idee ein Flugzeug mit Hubtriebwerken zu bauen war nicht speziell sowjetisch. Sie war in den 1960er-Jahren eher eine weltweite Mode. Man denke nur an das französische Projekt »Balzac V«, das zur Mirage IIIV[18] führte. Das war im Prinzip eine Mirage III mit sage und schreibe acht Hubtriebwerken. In Großbritannien entwickelte man das Projekt »Kestrel«, aus dem später die Harrier entstehen sollte. In der Bundesrepublik Deutschland arbeitete die Firma Dornier an einem Senkrechtstarter und auch in den USA gab es die eine und die andere Firma, die an vergleichbaren Projekten bastelte.

Im Dezember 1963 wurde also beim OKB MiG das Projekt 23-01 angeschoben. Und zwar parallel zum Schwenkflügelflugzeug 23-11. Die sowjetische Führung

15 Tretii ... russ.: ... Die Dritte.

16 MiG-23UVP in der englischsprachigen Literatur.

17 Ich bitte den Leser das Wort »Projekt« im deutschen Sinne zu verstehen, also als einen Prozess mit definiertem Beginn und definiertem Ende. Und nicht im Sinne der sowjetischen Geheimsprache. Dort wurde das Wort »Projekt« als Tarnbegriff für »Militärtechnik, die schwimmt« verwendet, genau so wie ein »Objekt« etwas war, was fuhr und ein »Isdelije«, zu Deutsch »Erzeugnis«, etwas war, was flog.

18 Das V steht hier für »Vertikal« und nicht für die römische Ziffer V.

23

23

Beim Start ist der Lufteinlauf auf dem Rücken angehoben. (Foto: OKB MiG)

verlangte per Ministerratsbeschluss ein Flugzeug, das 2.500 km/h schnell und 2.000 km weit fliegen sollte. Als Gipfelhöhe waren 20.000 m vorgegeben und die Start- und Landestrecke sollte 500 m nicht überschreiten und beim Einsatz von Hubtriebwerken nur 300 m betragen.

Bei diesen Vorgaben war es klar, dass es mit einer bloßen Weiterentwicklung des Je-8F-Konzeptes nicht getan war. Um die Reichweitenforderung erfüllen zu können, mussten größere Treibstoffmengen mitgeführt werden, die in der Je-8F niemals unterzubringen waren.

Deshalb wurde ein völlig neues Flugzeug entwickelt. Es erhielt die Projektbezeichnung Isdelije 23-01.

Der Grundgedanke des Projektes 23-01 bestand darin ein kurzstartfähiges, Mach 2+ schnelles Kampfflugzeug mit Raketenbewaffnung und einem leistungsfähigen Radarsystem zu schaffen. Als Radarsystem wurde das Sapfir-23 ausgewählt, das bereits für die Je-8 entwickelt wurde. Tragflächen und Fahrwerk sollten von der MiG-21 sein, mussten aber geometrisch vergrößert werden. Der Rumpf war komplett neu zu entwickeln. Er musste das Radar, das Cockpit, die Treibstofftanks und die Triebwerke aufnehmen. Als Triebwerke sollten zwei Hubtriebwerke RD-36-35 und ein neu zu entwickelndes Haupttriebwerk des Typs R-27-300 Verwendung finden. Das R-27-300 war deutlich größer als das in der Je-8 verwendete R-21F-300[19], weshalb das Flugzeug 23-01 auch erheblich größer und schwerer werden würde.

Das Leitwerk war ebenfalls eine Neuentwicklung.

Um die technische Machbarkeit eines Jagdflugzeugs mit Deltatragflächen und Hubtriebwerken zu erkunden wurde aus der MiG-21 ein Experimentalflugzeug abgeleitet. Es hieß Je-7PD.[20]

Die Je-7PD war ein Zwitter zwischen der MiG-21 und der MiG-23 und hatte deshalb auch zwei OKB-Bezeichnungen. Im Rahmen der MiG-21-Entwicklung wurde sie als isdelije 92 bezeichnet, während sie in der MiG-23-Chronologie als isdelije 23-31 geführt wurde.

Die Grundidee, die zur Je-7PD führte, bestand darin die Start- und Landestrecke durch den Einbau zusätzlicher Hubtriebwerke, zu verkürzen. Dazu wurde der Rumpf einer MiG-21PFM[21] aufgeschnitten und ein 90 cm langes Zwischenstück eingebaut. In dieses Teil montier-

19 Man hatte aus der Pleite mit dem R-21F-300 Triebwerk gelernt und die Zahl der Verdichterstufen von sechs auf elf erhöht. Dadurch war die Belastung für die einzelnen Verdichterstufen nicht so groß.

te man hintereinander zwei kleine RD-36-35 Triebwerke, die in einem Winkel von 85° nach unten eingebaut waren. Die Luftzufuhr zu den Hubtriebwerken wurde durch einen hinter dem Cockpit befindlichen, hochklappbaren Lufteinlauf sichergestellt. Die Abgasstrahlen der Hubtriebwerke konnten durch Ablenkbleche in einem Bereich von +10° bis -5° geschwenkt werden. Dies sollte Start und Landung unterstützen. Der Einbau der Hubtriebwerke, an der gewählten Stelle, zwang zu einigen Veränderungen am Flugzeug. Augenfällig waren die anders geformte Luftbremse, sowie die kleine Rückenfinne, die nahtlos ins Seitenleitwerk überging. Auf den ersten Blick war nicht zu bemerken, dass die im Rumpf installierten Hubtriebwerke den Platz blockierten, der gewöhnlich für die Hauptfahrwerksräder vorgesehen war. Deshalb konnte die Je-7PD ihr Fahrwerk nicht einfahren. Das war aber auch gar nicht vorgesehen, weil dieses Flugzeug nur das Verhalten während der Start- und Landephase mittels Hubtriebwerken erforschen sollte. Der Einbau der Hubtriebwerke hatte zur Entfernung eines großen Teils der Triebstofftanks geführt, so dass die Flugdauer auf 15 bis 17 Minuten beschränkt war.

Prototyp im Landeanflug. Der Lufteinlauf für die Hubtriebwerke ist geöffnet. Der Sensor am Heck ist ausgefahren. (Foto: OKB MiG)

Die Flugerprobung begann am 16. Juni 1966 und verlief mehr oder weniger erfolgreich. Es zeigte sich, dass das Flugzeug in der Lage war senkrecht zu starten und zu landen. Allerdings ließ es sich in dieser kritischen Flugphase nur schwer beherrschen. Außerdem verursachten die Hubtriebwerke Schäden an der Startbahn. Ein operieren von Rasenpisten war, wegen des durch die Hubtriebwerke herumgewirbelten Drecks, nicht möglich.

Am 9. Juli 1967 wurde die Je-7PD bei der Luftparade in Tuschino vorgeführt. NATO-Vertreter hielten diese Maschine für ein einsatzbereites Kampfflugzeug, weshalb aus der Je-7PD die MiG-21PD wurde und sie den NATO-Code Fishbed-G zugeteilt bekam.

Doch zurück zur 23-01.

Das Flugzeug 23-01 sollte mit dem noch in Entwicklung befindlichen Waffenkontrollsystem S-23 ausgerüstet werden. Zu diesem System gehörte das weitreichende Radar Sapfir-23, ein Wärmepeilgerät, ein Reflexvisier und eine Steuereinheit für die in Entwicklung befindliche Luft-Boden-Rakete Cha-23[22]. Radar und Wärmepeiler waren im voluminösen Rumpfbug unterzubringen. Weil aber absehbar war, dass die Geräte in nächster Zeit noch nicht verfügbar sein würden, wurde geplant sie beim Bau des Prototyps durch Ballastblöcke zu ersetzen. Die Ballastblöcke sollten das Gewicht des Radars simulieren. Weiterhin wurde, für die Zeit der Flugerprobung, die Unterbringung von Telemetriegeräten und Flugdatenschreiber im Bug vorgesehen. Weil das Radar noch nicht verfügbar war, war auch noch keine für Radarwel-

20 PD stand für »podjomnoje dwigatjel«, zu gut Deutsch: Hubtriebwerk
21 Nach anderer Quelle war eine MiG-21S Ausgangspunkt für den Bau der Je-7PD.

len durchlässige Radarverkleidung nötig. Man konnte den Bug stattdessen vollständig aus Metall formen, was schneller und billiger zu machen war.

Nachdem das geklärt war, ging man das Problem der Lufteinläufe an.

Es war von Anfang an klar, dass die 23-01 laterale, also seitliche Lufteinläufe erhalten sollte. Im OKB war man aber nicht sicher welche Form die günstigste war. Im OKB MiG hatte man schließlich kaum Erfahrungen mit solcherart Lufteinläufen.[23]

Womit man ausreichend Erfahrung hatte waren runde Lufteinläufe. Die waren quasi in jedem MiG-Düsenjagdflugzeug zum Einsatz gekommen. Und so kam irgendjemand auf den Gedanken einen runden Lufteinlauf zu teilen. Eine Hälfte würde man links am Rumpf befestigen, die andere Hälfte rechts am Rumpf. Die Idee gefiel und wurde umgesetzt.

Der Stoßwellendiffusorkegel wurde ebenfalls geteilt. Er sollte, genau wie bei der MiG-21, beweglich sein, um die Luftzufuhr zum Triebwerk zu optimieren. Der Luftstrom wurde über Kanäle zum Triebwerk geleitet. Um der gefürchteten Pompage entgegenzuwirken, wurden in den Luftkanälen Anti-Pompage-Klappen (Hilfslufteinlässe) eingebaut. Diese Klappen wurden durch Federkraft verschlossen und öffneten sich durch Sogwirkung selbständig, wenn das Triebwerk mehr Luft benötigte.

Etwa in der Mitte des Flugzeugs wurden die beiden Hubtriebwerke eingebaut. Ihr gesamter Aufbau, samt Steuerungstechnik, wurden direkt von der Je-7PD übernommen. Das traf auch auf die große Rückenklappe zu, die im ausgefahrenen Zustand als Lufteinlauf diente. Wenn sie ausgefahren war störte sie aber den Luftstrom zum Seitenleitwerk und reduzierte damit seine Wirksamkeit. Deshalb wurde das Seitenleitwerk sehr groß ausgelegt und seine Vorderkante weit nach vorn gezogen. Weil das große Seitenleitwerk für eine gute Längsstabilität im Flug sorgte, konnte die Kielflosse der 23-01 recht klein gehalten werden.

Die Tragflächen der 23-01 waren eine geometrische Vergrößerung der MiG-21-Tragflächen, allerdings mit dem Unterschied, dass sie keine Grenzschichtzäune besaßen. Die Landeklappen waren mit dem System zur Grenzschichtbeeinflussung SPS ausgestattet. SPS sollte die Wirksamkeit der Landeklappen erhöhen und damit die Landegeschwindigkeit senken.

Im Inneren der Tragflächen gab es, wie bei der MiG-21, jeweils zwei Treibstofftanks.

Die Tragflächen der 23-01 sollten mit jeweils zwei Waffenstationen ausgerüstet werden. Eine Station pro Tragfläche war in der Lage Treibstoffzusatzbehälter aufnehmen zu können. Als Bewaffnung waren verschiedene Luft-Luft-Lenkraketen vorgesehen. Dazu gehörten die infrarotgelenkten Raketen der R-3-Familie, sowie die noch in Entwicklung befindlichen Raketenkomplexe K-60 und K-23. K-60 war das Projekt eines hochagilen Lenkflugkörpers kleiner Abmessung, der für die Selbstverteidigung des Flugzeugs vorgesehen war. K-23 war eine Lenkwaffe mittlerer Reichweite. Sie wurde in zwei Varianten entwickelt. Einmal mit Infrarotsuchkopf[24] und einmal mit halbaktivem Lenkverfahren.[25]

Weitere Waffenoptionen der 23-01 bestanden in der Luft-Boden-Lenkrakete Cha-23, ungelenkten Raketen S-5[26] und S-24, sowie Freifallbomben bis zu einem Gewicht von 500 kg pro Waffenstation.

Neu war bei der 23-01 die Rückkehr zur Kanonenbewaffnung. Im Vietnamkrieg zeigte sich, dass es zwischen Mach 2-fähigen Jagdflugzeugen doch zum Manöverluftkampf kommen konnte und in diesen Luftkämpfen die Bordkanone auch erfolgreich zum Einsatz kam. Deshalb wurde im OKB MiG beschlossen die 23-01 mit der Bordkanone GScha-23L auszurüsten. Die doppelläufige GScha-23L war eine kompakte Waffe, die zusammen mit einem 200 Schuss Magazin aerodynamisch günstig im Rumpf des Flugzeugs untergebracht wurde. Zu Wartung und Aufmunitionierung konnte die Waffe abgesenkt werden.

Die Projektarbeiten an der 23-01 waren im wesentlichen Ende 1964 abgeschlossen. Im Frühjahr 1966 ging man im OKB MiG daran einen Prototyp der 23-01 zu bauen. Die Arbeiten dauerten acht Monate. Dann war die 23-01 testbereit. Am 30. November 1966 wurde sie vom Herstellerwerk zum Testgelände überführt. Damit lag man genau im von der Sowjetführung vorgegebenen Zeitplan.

---

22 Russ.: ... »X-23«. In der englischsprachigen Literatur als Kh-23 bezeichnet. Der kyrillische Buchstabe »X« hat mit dem lateinischen »x« nichts zu tun. Er steht für den Laut »Cha«. Dieser wird kehlig ausgesprochen, wie beim deutschen Wort »machen«.

23 Nur bei der MiG-17SN hatte man seitliche Lufteinläufe verwendet und dieses Flugzeug war nie in Serie gegangen.

24 Ein Infrarotsuchkopf orientiert sich an der Wärmestrahlung des Luftziels und lenkt die Rakete vollautomatisch ins Ziel.

25 Beim halbaktiven Lenkverfahren beleuchtet das Flugzeugradar das Ziel und die Rakete folgt dem Radarecho und lenkt sich so ins Ziel. Wenn das Radar des Flugzeugs das Luftziel verliert, kann die Rakete dem Ziel nicht mehr folgen und geht verloren.

26 In den Behältern UB-16 und UB-32.

Am 3. April 1967 startete die 23-01 zum Jungfernflug. Am Steuer saß Testpilot Pjotr Ostapenko.

Die 23-01 zeigte dasselbe unstabile Flugverhalten bei Start und Landung, wie die Je-7PD. Sie war in dieser Flugphase nur schwer zu beherrschen.[27] *»Wenn bereits die erfahrenen Testpiloten Probleme mit der 23-01 hatten, wie sollten dann die weniger gut ausgebildeten Piloten der Luftstreitkräfte mit ihr klar kommen?«* Diese Frage stellten sich die Verantwortlichen des OKB MiG. Und die Antwort war klar: *»Es geht nicht!«*

Deshalb wurde auf eine tiefgreifende Flugerprobung verzichtet.[28] Die durchgeführten Flüge bestanden im Prinzip nur aus dem Start mit einziehen von Fahrwerk und Landeklappen, der Ausführung einer Platzrunde und anschließender Landung.

Den Verantwortlichen war im Prinzip bereits vor dem Erstflug der 23-01 klar, dass das Grundkonzept dieses Flugzeugs für eine Einsatzmaschine nicht wirklich zu gebrauchen war. Die Hubtriebwerke verbrauchten sehr viel Treibstoff und waren die meiste Zeit des Fluges unnützer Ballast. Es wurde errechnet, dass die 23-01 die geforderten Flugleistungen nicht würde erreichen können. So wäre sie z.B. statt der geforderten 2.000 km, nur 1.300 km weit gekommen. Es gab zudem einige kritische Militärs, die das Grundkonzept des Hubtriebwerkes rigoros ablehnten, weil sie befürchteten, dass die heißen Abgase der Hubtriebwerke in der Lage wären, unter den Tragflächen befindliche Treibstoffzusatztanks oder Waffen in Brand zu setzen.[29]

Es gab aber auch Stimmen im OKB, die meinten, man solle die Hubtriebwerke hinauswerfen und den gewonnenen Platz stattdessen für Treibstofftanks[30] verwenden. So könne aus der 23-01 doch noch ein brauchbares Kampfflugzeug werden. Doch ohne die Hubtriebwerke wäre die 23-01 nicht mehr kurzstartfähig gewesen. Und genau darauf kam es der sowjetischen Militärführung jedoch an.

Am 9. Juli 1967 nahm die 23-01 an der jährlichen Luftparade in Tuschino teil. Sie zeigte ihre Kurzstartfähigkeit und beeindruckte damit die Fachpresse und die westlichen Militärattachés. Daraufhin wurde ihr von der NATO der Code »Faithless« zugeteilt.

Zu diesem Zeitpunkt war die 23-01 nur 35-Mal in der Luft gewesen. Sie sollte nie wieder fliegen.

Über den Verbleib des Flugzeugs ist wenig bekannt. Sie wurde für eine gewisse Zeit als Anschauungsobjekt für Studenten des Luftfahrtingenieurswesens verwendet. Später verliert sich ihre Spur. Es ist zu vermuteten, dass die 23-01 verschrottet wurde.

Technische Beschreibung:

Die 23-01 war ein einsitziges Experimentalflugzeug mit Deltatragflächen, Normalleitwerk und zwei Hubtriebwerken.

An der Spitze des Bugs der 23-01 befand sich ein Staurohr, das zur Geschwindigkeitsmessung verwendet wurde. Ihm schloss sich die Radarnase an. Diese hatte einen runden Querschnitt, war sehr zugespitzt und ging in einer sanften Kurvenform in die Cockpitsektion über. In der Radarnase waren bei der 23-01 nur Ballastkörper, Telemetriegeräte und der Flugdatenschreiber untergebracht. Sie sollten das Gewicht des noch nicht einsatzbereiten Radargerätes Sapfir-23 und des Wärmepeilgerätes TP-23 simulieren.

Beim Übergang zur Cockpitsektion änderte sich der Querschnitt der Flugzeugzelle von rund zu rechteckig. Das Cockpit war typisch sowjetisch eng. In ihm befanden sich das Armaturenbrett, die Steuerorgane und der Schleudersitz KM-1. Für den Waffeneinsatz war ein Reflexvisier vorhanden. Das für die Serienmaschinen vorgesehene System der Dateneinspiegelung in die Frontscheibe[31] war noch nicht installiert. Zur Avionik gehörten noch der Freund-Feind-Kenner SRO-2, der RW-4 Funkhöhenmesser und die Funkstation RSIU-5W, das Funkkommandofernübertragungssystem LASUR und das Flugsteuerungssystem SAU-23. Der im SAU-23 integrierte Autopilot AP-155 war in der Lage einem Flugweg von mehreren vorprogrammierten Wegpunkten zu folgen und

27 Es gab Rückkopplungseffekte zwischen Tragflächen und Hubtriebwerk, weil der Abgasstrahl die Luftströmung um die Tragflächen stören konnte. Das trat vor allem auf, wenn sich das Flugzeug in Erdbodennähe befand und der Abgasstrahl vom Boden reflektiert wurde und von unten auf die Tragflächen traf.

28 Es wurde weder erprobt wie schnell, noch wie hoch oder weit die 23-01 fliegen konnte. Dasselbe traf auf die weiteren Flugeigenschaften des Flugzeugs zu.

29 Die Erfahrungen, die Jahre später die sowjetischen Seefliegerkräfte mit der Jak-38 oder die Briten mit der Harrier machen sollten, zeigten, dass diese Befürchtungen grundlos waren.

30 Ursprünglich hatte das Projekt vorgesehen, dass die 23-01 einen Treibstoffvorrat von 3.900 kg mitführen sollte. Dies ließ sich aus Platzgründen nicht umsetzen. Bei einem Verzicht auf die Hubtriebwerke hätte die Treibstoffmenge deutlich erhöht werden können, was dem Flugzeug eine Reichweite weit über die geforderten 2.000 km gegeben hätte.

31 In der Sowjetunion kurz ILS, im Westen Head-Up-Display oder kurz HUD genannt.

automatisch zum Heimatflugplatz zurückzukehren.

Die Cockpithaube war zweigeteilt. Der vordere Teil war starr. Er bestand aus einem Rahmen und Glasflächen. Die Frontscheibe war aus Panzerglas gefertigt, die Seitenscheiben bestanden aus Plexiglas. Der hintere Teil der Cockpithaube war beweglich. Er öffnete sich nach hinten. Einen Rückspiegel gab es nicht.

Die Cockpithaube war strömungstechnisch günstig in die Flugzeugzelle integriert. Sie ging fließend in den Rumpfrücken über. Im Tunnel hinter der Cockpithaube befand sich das Funkgerät. Unter ihm war ein Raum, der in Serienmaschinen einen Teil des Radargerätes Sapfir-23 beherbergt hätte.

Hinter diesem Raum wurden die beiden Hubtriebwerke RD-36-35[32] tandemweise untergebracht. Die Triebwerke hatten eine Schubkraft von jeweils 2.500 kp, d.h. 24,5 kN. Sie waren in einem Winkel von 85° zur Längsachse des Flugzeugs angeordnet. Der Lufteinlauf für die Hubtriebwerke befand sich direkt über ihnen, im Rumpfrücken. Er wurde durch eine Abdeckklappe verdeckt. Sie hatte 16 rechteckige Öffnungen, durch die Luft zu den Triebwerken strömen konnte. Um den größeren Luftbedarf bei Start- und Landung gewährleisten zu können, konnte der Lufteinlauf angehoben werden. Die Hubtriebwerke waren starr im Rumpf der 23-01 verbaut. Zur Steuerung ihres Abgasstrahles gab es an der Rumpfunterseite bewegliche Ablenkbleche. Sie konnten in einem Bereich von +10 bis -5° geschwenkt werden.

Beiderseits des Rumpfes, etwa zu Beginn des zweiten Drittels angeordnet, befanden sich die Lufteinläufe der 23-01. Sie waren halbrund geformt. Vom Rumpf trennte sie eine schmale Grenzschichtschneide, die verhindern sollte, dass die Grenzschicht, der Luftströmung um den Rumpf, die Luftzufuhr zum Triebwerk beeinflussen konnte. Die zum Triebwerk geleitete Luftmenge wurde durch Stoßwellendiffusoren geregelt. Diese konnten, je nach Luftbedarf des Triebwerks, nach vorn oder nach hinten verschoben werden. Die Verstellung erfolgte stufenlos und wurde von einer Automatik durchgeführt. Etwa einen Meter hinter den Lufteinläufen gab es quadratische Nebenlufteinlässe, die als Anti-Pompage-Klappen fungierten. Sie öffneten sich automatisch, wenn das Triebwerk einen genügend großen Sog erzeugte und mehr Luft benötigte, als die eigentlichen Lufteinläufe zu liefern in der Lage waren.

Die Luft wurde in zwei Kanälen um die Hubtriebwerke herumgeleitet, bevor sie sich in einem Luftkanal vereinigte und zum Triebwerk gelangte. Als Triebwerk kam das R-27F-300 zum Einsatz. Dieses Triebwerk war ein Einkreisstrahltriebwerk. Es hatte elf Verdichterstufen[33] und einen Nachbrenner. Seine Maximalleistung ohne Nachbrenner betrug 5.200 kp, d.h. rund 51,1 kN, mit Nachbrenner 7.800 kp, etwa 76,5 kN.

Das Leitwerk der 23-01 war ein Normalleitwerk, bestehend aus einem Seitenleitwerk und zwei Höhenleitwerksflossen. Das Höhenleitwerk war als Pendelleitwerk[34] ausgelegt. Es hatte in etwa die Form eines gekappten Deltas. Für das Seitenleitwerk war ursprünglich ebenfalls die Form eines gekappten Deltas vorgesehen.[35] Bei Windkanalversuchen stellte man allerdings fest, dass der Lufteinlauf der Hubtriebwerke im ausgefahrenen Zustand, die Wirksamkeit des Seitenleitwerks beeinträchtigte. Deshalb wurde beschlossen die Fläche des Seitenleitwerks zu vergrößern, indem man dessen Vorderkante weit nach vorn zog.

Das Seitenleitwerk teilte sich in die Seitenflosse und das Seitenruder. Unterhalb des Seitenruders wurde der Bremsschirmbehälter eingebaut. Er trug einen kreuzförmigen Bremsschirm[36] in sich, der um ein Drittel größer war, als der Bremsschirm der MiG-21. Der Bremsschirm konnte am Boden zum Abbremsen und damit zur Verkürzung der Landestrecke eingesetzt werden. Er war aber auch als Anti-Trudel-Schirm nutzbar, um gefährliche Fluglagen zu beenden. Interessant war das System, das den Bremsschirm bei einer normalen Landung automatisch aktivierte. Dazu gab es einen Drucksensor, der auf den ersten Blick wie ein ausgefahrener Fanghaken aussah. Berührte dieser Sensor die Landebahn, so wurde der Bremsschirm automatisch ausgestoßen.

Oberhalb des Seitenruders waren Antennen des Heckwarnsystems Sirena untergebracht.

Unterhalb des Rumpfhecks gab es einen Falschkiel, der in seiner Form an die MiG-21 erinnerte. Er sollte die Längsstabilität der 23-01 im Flug erhöhen. Unterhalb des Rumpfes, etwa auf Höhe der Lufteinläufe, befand sich die Bordkanone GScha-23L unter einer aero-

32 Manchmal auch als RD36-35 bezeichnet.
33 Das waren fünf Niederdruck- und sechs Hochdruckverdichterstufen.
34 Bei einem Pendelleitwerk wird die gesamte Leitwerksflosse bewegt. Eine Teilung in Höhenruder und -flosse existiert nicht.
35 In etwa die Form, wie sie später bei der MiG-23ML verwendet wurde.
36 21 m^2 groß.

dynamisch geformten Verkleidung.

Beiderseits des Rumpfes, in Mitteldeckeranordnung angebracht, gab es die Tragflächen der 23-01. Sie hatten die Form eines gekappten Deltas, mit einer Vorderkantenpfeilung von 57°. Von ihrer Form her waren sie eine geometrische Vergrößerung der MiG-21-Tragflächen. Von diesen unterschieden sie sich durch das Fehlen der Grenzschichtzäune. An der Hinterkante der Tragflächen waren außen die Querruder und innen die Landeklappen untergebracht. Die Landeklappen waren Schlitzlandeklappen, die zur Erhöhung ihrer Effizienz angeblasen wurden. Die dafür notwendige Luft wurde, durch das SPS genannte System, aus der 11. Verdichterstufe des Triebwerks abgezapft und über ein Rohrleitungssystem zu den Landeklappen geleitet.

Im Inneren der Tragflächen gab es jeweils zwei Treibstofftanks. Diese Tanks waren aus flexiblem Material und durch eine nichtvulkanisierte Gummischicht gegen Durchschüsse geschützt.[37]

Unterhalb der Tragflächen befanden sich jeweils zwei Aufhängepunkte für Waffenstationen. Sie konnten Lenkraketen, Behälter für ungelenkte Raketen und Bomben bis 500 kg Gewicht aufnehmen. Die inneren Pylone[38] waren *»nass«* ausgelegt, d.h. sie konnten mit Treibstoffzusatztanks bestückt werden.

Das Hauptfahrwerk der 23-01 war in seinem Aufbau analog zu dem der MiG-21. Es war unterhalb der Tragflächen angebracht. Die Fahrwerksbeine fuhren nach innen und schräg vorn in die Tragflächen ein. Die Räder wurden dabei um 90° geschwenkt und im Rumpf untergebrecht. Die Hauptfahrwerksräder hatten eine Größe von 830x225 mm. Sie waren größer als bei der MiG-21. Das Hauptfahrwerk der 23-01 war mit Scheibenbremsen ausgerüstet. Sie konnten genutzt werden, um das Flugzeug am Boden zu steuern.

Das Bugfahrwerk der 23-01 war eine Neukonstruktion. Es war unterhalb der Cockpitsektion angeordnet und wurde nach hinten in den Rumpf eingezogen. Im Gegensatz zur MiG-21 war das Bugfahrwerk der 23-01 doppelt bereift. Die Reifen hatten eine Größe von 520x125 mm. Das Bugfahrwerk konnte vom Piloten in einem Bereich von +/- 40° gesteuert werden. So konnte die Beweglichkeit des Flugzeugs am Boden verbessert werden. Um zu verhindern, dass bei Starts auf unvorbereiteten Startbahnen durch das Bugfahrwerk Fremdkörper aufgewirbelt und dann vom Triebwerk angesaugt wurden, besaß das Bugfahrwerk der 23-01 kleine Schutzbleche. Das Bugfahrwerk besaß keine Bremse.

Technische Daten: 23-01 / MiG-23PD	
Bezeichnung OKB / NATO	23-01 / Faithless
Abmessungen	
Spannweite	7,72 m
Rumpflänge	15,99 m /16,80 m
Höhe	5,15 m
Flügelfläche	26,50 m²
Massen	
Leermasse	6.920 kg
Startmasse	11.250 kg
max. Startmasse	12.500 kg
max. Waffenlast	2.000 kg (projektiert)
Treibstoffmenge	k. A.
Antrieb	1 x R-27F-300
Schub	5.200 kp / 51,10 kN trocken
	7.800 kp / 76,50 kN Nachbrenner
Hubtriebwerk	2 x R-36-35
	2 x 2.500 kp / 24,5 kN
Flugleistungen	
Höchstgeschwindigkeit	2.300 (projektiert)
Marschgeschwindigkeit	1.000 km/h
Aktionsradius	etwa 500 km (errechnet)
Gipfelhöhe	20.000 m (projektiert)
Steiggeschwindigkeit	k. A.
Bewaffnung	
Waffenstationen	4 x R-3S (K-13, AA-2 Atoll)
	4 x R-23 (AA-7 Apex)
	4 x 500 kg Bomben
	4 x ungelenkte Raketen S-24
	4 x Raketenbehälter UB-16, UB-32

37 Dieses Gummischicht befand sich innerhalb der Schutzschichten des Tanks. Wurde der Tank durchschossen kam ausfließender Treibstoff mit dem nichtvulkanisierten Gummi in Kontakt. Der Gummi begann augenblicklich aufzuquellen und verschloss damit das Einschussloch.

38 Nach anderer Quelle die äußerten Pylone.

Die Schwenkflügler

Der Prototyp 23-11/1. (Foto Alan Wilson)

Erste Schritte und Prototypen

Seit Anbeginn der Fliegerei war bekannt, dass Flugzeuge, die schnell fliegen konnten, Probleme damit hatten langsam zu fliegen. Je höher die maximal erreichbare Fluggeschwindigkeit war, desto höher lag auch die Mindestfluggeschwindigkeit. Diese wirkte sich natürlich auch auf die Landegeschwindigkeit aus. Woraus folgt, dass Flugzeuge mit hoher Maximalgeschwindigkeit auch eine hohe Landegeschwindigkeit hatten. Eine hohe Landegeschwindigkeit war auch immer mit einer langen Landestrecke verbunden, weshalb die Landebahnen immer länger werden mussten.

Mit der Entwicklung von Mach 2-fähigen Flugzeugen war man de facto an die Grenze des technisch vernünftig Machbaren vorgestoßen. Die Landegeschwindigkeiten näherten sich allmählich der 300 km/h Marke und das war selbst für erfahrene Piloten nur schwer zu beherrschen. Und bei Mach 2 Flugzeugen sollte es ja nicht bleiben. Man träumte Anfang der 1960er-Jahre bereits von Mach 3 und mehr.

Also was tun?

Eine Lösung des Problems hatten deutsche Flugzeugingenieure bereits in den 1940er-Jahren im Auge gehabt. Damals war, erstmals im Flugzeugbau, der Pfeilflügel zum Einsatz gekommen.[39] Mit diesem war es möglich gewesen die Fluggeschwindigkeit enorm zu steigern. Doch war der Pfeilflügel, wie bereits erwähnt, mit schlechten Langsamflugeigenschaften verbunden.

39 Das geschah bei der Me-262.

Prototyp 23-11/1. Maximale Schwenkung. (Foto: OKB MiG)

In dieser Situation stellte man sich in der Flugzeugschmiede Messerschmitt die Frage, wie man dieses Problem lösen könne. Und die Antwort war: mit einem beweglichen Flügel. Wenn das Flugzeug langsam fliegen sollte, müsste die Tragfläche eine möglichst geringe Pfeilung haben, sollte es schnell fliegen, dann müsste der Pfeilwinkel groß sein.

Das Problem, wie man die Veränderung des Pfeilwinkels im Flug umsetzen konnte, konnte damals noch nicht gelöst werden. Man erarbeitete aber ein Projekt, bei dem sich der Pfeilwinkel des Tragwerks am Boden verändern ließ. Geflogen ist diese Messerschmitt-Maschine[40] jedoch nicht.

Dafür wurden die Konstruktionsunterlagen amerikanische Kriegsbeute. Sie kamen auf verschlungenen Pfaden zur Luftfahrtfirma Bell, die auf Basis des deutschen Know-hows das Flugzeug Bell X-5 schuf. Die Bell X-5 flog erstmalig am 20. Juni 1951 und zeigte die Machbarkeit des Konzepts.

In den frühen 1960er-Jahren propagierten die Amerikaner die Idee des Schwenkflügels. Der Schwenkflügel wurde von ihnen zur allein seligmachenden Lösung erhoben. Alle zukünftigen Kampfflugzeuge würden Schwenkflügler sein. Behaupteten sie zumindest.

Und die Amerikaner hatten allen Grund die Idee des Schwenkflüglers zur neuesten Mode zu erklären. Sie waren auf diesem Gebiet der Konkurrenz meilenweit voraus.

Sie hatten die F-111 in der Entwicklungspipeline und promoteten dieses Flugzeug in etwa so, wie sie es heute mit dem Stealth-Kampfflugzeug F-35 tun. Die F-111 war, nach Ansicht der amerikanischen Werbefachleute, das Nonplusultra, das Beste vom Besten, das Schönste vom Schönen, die eierlegende Wollmilchsau schlechthin. Und alle Welt glaubte ihnen.

Überall auf der Welt begannen deshalb Flugzeugbauer sich mit Projekten für Schwenkflügelflugzeuge zu befassen. In Frankreich zeichnete Marcel Dassault die ersten Entwürfe für die Mirage G, in Großbritannien entwarf man die BAC P.45, die über viele Zwischen-

40 Das war die Messerschmitt P.1101. Dieses Flugzeug wurde nicht nur in den USA zur Bell X-5 weiterentwickelt, sondern stand auch für Schwedens Jagdflugzeug J-29 Tunnan Pate.

41 ZAGI ... Zentrales Luft- und Hydrodynamisches Institut. In der englischsprachigen Literatur seltsamerweise auch als TsAGI bezeichnet. Die Weisheit, wieso die Anglophonen aus dem kyrillischen Buchstaben »Z« ein »Ts« machen, erschließt sich mir nicht.

schritte zum MRCA Tornado führen sollte, und in der Sowjetunion machten sich die Konstruktionsbüros Tupolew, Suchoi und MiG Gedanken darüber, wie denn ein sowjetisches Schwenkflügelkampfflugzeug auszusehen habe.

Die sowjetische Fokussierung auf den Schwenkflügel war insofern verwunderlich, weil sich das ZAGI[41] noch im Laufe des Jahres 1961 klar gegen den Schwenkflügel positioniert hatte. Die Forscher, dieses weltweit renommierten Forschungsinstituts, sahen den Schwenkflügel als mit vielen Problemen behaftet an. Diese Probleme wären zwar zu bewältigen, doch würde der Aufwand den Nutzen übersteigen.

So sagten die Forscher des ZAGI's voraus, dass der Schwenkmechanismus sehr schwer werden würde, weil er großen Kräfte ausgesetzt sei, denen er widerstehen müsse. Man sah aerodynamische Problem voraus, die sich durch die Verlagerung des Masseschwerpunkts während der Flügelschwenkung ergeben würden. Und man sagte voraus, dass das Flugverhalten des Flugzeugs, bei den drei avisierten Flügelstellungen, extrem unterschiedlich sein würde. Die Anforderungen, die an einen Piloten eines Schwenkflügelflugzeugs gestellt würden, würden sehr hoch sein. Er müsse, de facto in der Lage sein drei sehr unterschiedliche Flugzeuge gleichzeitig fliegen zu können.

Damit war aus Sicht des ZAGI alles gesagt. Der Schwenkflügel hatte keine Zukunft.

Umso erstaunlicher ist es, dass sich die sowjetische Führung über das Votum der renommiertesten Wissenschaftler hinwegsetzte und für den Schwenkflügel votierte. Heute, sechzig Jahre später und dem Wissen im Kopf, wie sich die technische Entwicklung seitdem vollzogen hat, mag man sich nach dem »Wieso« fragen.

Um diese Frage zu beantworten muss ich ein wenig ausholen.

Wenn man sich sowjetische Publikationen der Chruschtschow- oder auch der Breschnew-Ära anschaut, so wird man schnell den Passus finden, dass die sowjetische Technik die beste Technik der Welt sei. Sie sei der

Prototyp 23-11/1. Minimale Schwenkung. (Foto: OKB MiG)

Prototyp 23-11/1.
(Foto: OKB MiG)

westlichen Technik haushoch überlegen, hieß es. Und der normale Sowjetbürger, der ja nie die Chance hatte mit westlicher Technik in Berührung zu kommen, glaubte gern was ihm die sowjetischen Medien erzählten. Und warum auch nicht? Hatte nicht die Sowjetunion den ersten Satelliten ins All geschossen, kam nicht auch der erste Mensch im All aus der Sowjetunion? Die Zukunft schien den Sieg des Sozialismus mit goldenen Lettern ans Firmament zu schreiben.

Dieser Zukunftsglaube war bei der sowjetischen Führungsspitze jedoch nicht ganz so tief verwurzelt. Wenn Chruschtschow ins westliche Ausland flog sah er Dinge, die für ihn unglaublich waren. Er wurde in Autos herumkutschiert, die in Sachen Luxus, Eleganz, Verarbeitungsqualität und Zuverlässigkeit den sowjetischen Autos weit überlegen waren. Er sah Menschen in Kleidung, die modischer und von deutlich besserer Qualität war, als es sie in der Sowjetunion zu kaufen gab. Selbst der Schuh, mit dem Chruschtschow, während seines Besuchs bei der UNO, wütend auf seinen Tisch herumtrommelte, stammte nicht aus dem Moskauer GUM[42], sondern aus einem New Yorker Nobelschuhladen, weil er um so vieles besser war als ein sowjetisches Produkt.

Chruschtschow erkannte, dass die USA, entgegen seiner großspurigen Reden, deutlich innovativer waren als die Sowjetunion. Nun vielleicht nicht wirklich innovativer, auch in der Sowjetunion gab es schlaue Köpfe, aber auf jeden Fall doch deutlich effektiver, wenn es darum ging Innovationen in verfügbare Produkte umzuwandeln. Die Amerikaner setzten Trends, erkannten Trends, nutzten Trends, während die systembedingt schwerfällige Sowjetunion hinterherschaute. Doch diesen amerikanischen Vorsprung wollte Chruschtschow ausnutzen, um die Sowjetunion voranzubringen. Und zwar deshalb, weil nicht jede Innovation auch zu einem kommerziellen Erfolg wurde. Sollten die Amerikaner doch die mühselige Grundlagenarbeit machen, dachte sich der Mann im Kreml, und wenn sich herausstellt, dass ihre Idee zukunftsträchtig ist, dann würde sich die Sowjetunion daranmachen die amerikanische Idee zu adaptieren und zu verbessern. Darin war die Sowjetunion nämlich sehr gut. So konnte man Fehlentwicklungen und Probleme vermeiden und kostbare Ressourcen schonen.

Und das tat man in nahezu allen Bereichen von Wissenschaft und Technik. Auch im Flugzeugbau. Statt der eigenen Innovationskraft zu vertrauen und aus dem agilen Prototypen Je-8 ein serienreifes Flugzeug zu machen, entschloss sich die Sowjetführung dem Weg der Amerikaner zu folgen. Und weil sich die Amerikaner so auf den Schwenkflügel konzentrierten, würde auch die Sowjetunion Schwenkflügelflugzeuge entwickeln.

Basta!

Angehalten von den Wünschen der Führung und beeindruckt davon, dass es die Amerikaner 1964 tatsächlich schafften den Prototypen der F-111 zum fliegen zu bringen, revidierte das ZAGI seine Einschätzung bezüglich der Nützlichkeit des Schwenkflügels. Jetzt hatte der Schwenkflügel in der Sowjetunion eine große Zukunft.[43]

Mehrere Konstruktionsbüros machten sich nun daran Schwenkflügelflugzeuge zu entwerfen. Jagdflugzeuge, Jagdbombenflugzeuge, taktische und strategische Bomber, alle sollten Schwenkflügel bekommen. Wer nun glaubt, die Sowjets hätte das amerikanische F-111 Konzept plump kopiert, geht fehl. Die Lösungsansätze der sowjetischen Konstrukteure konnten nicht unterschiedlicher sein.

So wählte Tupolew für seinen strategischen Bomber eine grundlegende Auslegung als Tiefdecker. Suchoi modifizierte den Mitteldecker Su-7 derart, dass nur die äußeren Flügelteile schwenkbar waren. Für den taktischen Bomber wählten Suchoi die Schulterdeckeranordnung, die die Amerikaner bei der F-111 bereits angewendet hatten. Und das OKB MiG schaute sich auch das eine oder andere von der F-111 ab, ging aber weitestgehend eigene Wege.

Die Entwicklungsarbeiten zum Schwenkflügeljagdflugzeug des OKB MiG liefen unter der Bezeichnung 23-11. Sie wurden ab Ende 1963 parallel zum Kurzstartflugzeug mit Hubtriebwerk, 23-01, vorangetrieben.

Der Grundgedanke, der der 23-11 zugrunde lag, bestand darin ein Mach 2-fähiges, mit Mittelstrecken-Luft-Luft-Raketen bestücktes Leichtjagdflugzeug zu schaffen, das primär dazu gedacht war schnellfliegende Luftziele einholen und selbständig bekämpfen zu können. Die Fähigkeit, einen Manöverluftkampf durchzufechten, gehörte nicht zum Anforderungsprofil der 23-11.[44]

42 GUM ... Großes Universalkaufhaus in Moskau. Es befindet sich direkt am Roten Platz.

43 Es wurden intensive Studien durchgeführt, um hinter die Tricks und Kniffe des F-111 Designs zu kommen. Dazu wurden große Modelle in zwei Windkanälen des ZAGI untersucht. Die dabei gewonnenen Erkenntnisse flossen in den Bau der MiG-23 und des Frontbombers Su-24 ein.

44 Deshalb wurde das maximale Lastvielfache auf 5 g begrenzt.

Prototyp 23-11/2. Man beachte die Anordnung der Raketen unter den Lufteinläufen. (Foto: OKB MiG)

Das OKB MiG sah sich mit etlichen Problemen konfrontiert. Ein Hauptproblem war der Schwenkmechanismus und die mit ihm verbundenen kraftaufnehmenden Teile der Flugzeugzelle. Etliche Problemlösungen konnte man sich aus öffentlichen Quellen in den USA zusammensuchen. Auch taten die *»Dienste«* ihr Möglichstes, um die F-111 aufzuklären. Doch manche Sachen musste man selbst erfinden, wie z.B. die Fertigungstechnologie. Weil die metallurgischen Besonderheiten sehr speziell waren und den Erfahrungshorizont des OKB überschritten, wurden diese Konstruktionsarbeiten in das MKB Rodina[45] ausgelagert.

Ein weiteres Problem betraf das Fahrwerk. Bis dato waren alle MiG-Jagdflugzeuge so konstruiert, dass das gesamte Fahrwerk, oder zumindest große Teile desselben, in der Tragfläche untergebracht war. Diese Anordnung ließ sich bisher einfach umsetzen und sie ermöglichte eine große Spurweite, was der Stabilität des Rollens auf den Flugplätzen förderlich war. Bei der 23-11 war dies aber nicht möglich. Die Tragflächen waren in Hochdeckeranordnung am Rumpf befestigt und außerdem noch schwenkbar. Es bestand gar keine Möglichkeit in ihnen Teile des Fahrwerks unterzubringen. Deshalb blieb nichts anderes übrig als das Fahrwerk im Rumpf des Flugzeugs zu verstauen. Damit es möglichst wenig Platz beanspruchte wurde ein komplizierter Mechanismus erfunden, mit dem sich das Fahrwerk *»zusammenfalten«* ließ. Manche hielten die komplexe Konstruktion für einen genialen, großen Wurf. Andere hingegen nannten das Hauptfahrwerk einfach einen *»überkomplizierten Mist«*.

Fakt ist jedoch, dass es gelang ein Fahrwerk mit großer Spurweite zu entwickeln, dass sich auf engsten Raum zusammenfalten ließ und so robust war, dass Starts und Landungen von Rasenpisten möglich waren. Das war gewiss eine ingenieurtechnische Meisterleistung, auch wenn sie später, in der Praxis, mit viel Skepsis betrachtet wurde.[46]

Etliche Problemlösungen wurden direkt von der 23-01 übernommen. Dazu zählten das Triebwerk R-27F-300, das Konstruktionskonzept der integralen Treibstofftanks, die Gestaltung des Cockpits und des Waffensystems. Die aerodynamische Gestaltung des Rumpfbugs wurde ebenfalls bei der 23-01 entlehnt. Allerdings war die Nase der 23-11 zunächst deutlich spitzer.

Unterschiede gab es bei der Gestaltung der Lufteinläufe. Waren sie bei der 23-01 halbrund, so wurden sie bei der 23-11 rechteckig gestaltet. Vielerorts wird vermutet, dass der Lufteinlauf der 23-11 von dem der F-4 Phantom zumindest beeinflusst war.

Die Gestaltung des Leitwerks der 23-11 orientierte sich an dem der 23-01. Weil man aber Stabilitätsprobleme, während des Tragflächenschwenkvorgangs, befürchtete, wurde die Vorderkante des Seitenleitwerks sehr dominant nach vorn verlängert. Interessant ist, dass das Leitwerk der 23-11 um einiges weiter vorn angesetzt wurde, als es bei der 23-01 der Fall gewesen war. Deshalb sah es so aus, als ob das Triebwerk des Schwenkflüglers *»hinten überstehen«* würde.

Um die Längsstabilität des Flugzeugs zu verbessern installierte man unter dem Heck eine große Kielflosse. Weil die 23-11 aber nicht genügend Bodenfreiheit für die Kielflosse hatte, wurde die Kielflosse mit dem Klappmechanismus ausgestattet, den man bereits für die Je-8 entwickelt hatte.

Die Projektarbeiten waren 1966 soweit fortgeschritten, dass sie dem Ministerrat, als Auftraggeber, zur Genehmigung vorgelegt werden konnten. Das Projekt gefiel und so wurde beschlossen die 23-11 auf die nächste Stufe zu heben. Damit war der Bau von Prototypen beschlossene Sache. Der erste Prototyp sollte bis Ende 1966 flugbereit sein. Ihm würden neun weitere Prototypen folgen.

Doch dann stellte sich heraus, dass die Zulieferbetriebe nicht in der Lage waren, die von ihnen verlangten Komponenten, in so kurzer Frist, zu liefern. Deshalb wurde festgelegt, dass der Prototyp 23-11/1 bis März 1967 fertigzustellen sei.

Die Arbeiten am ersten Prototyp begannen und konnten zum genannten Zeitpunkt abgeschlossen werden. Und das Ergebnis konnte sich sehen lassen. 23-11/1 war von schlanker, eleganter Gestalt, die von seiner lichtgrauen Bemalung betont wurde. Als farbliche Akzente besaß die 23-11/1 blau-weiße Zierelementen am Lufteinlauf und die blaue Nummer 231.

Die 231 war aber keine taktische Nummer, wie man vielleicht vermuten könnte. Taktische Nummern wa-

45 Chefkonstrukteur des Maschinenbau-Konstruktionsbüro war Seliwanow.

46 In der NVA misstraute man der Fähigkeit des Fahrwerks mit Rasenpisten klarzukommen. Deshalb wurde die bei der MiG-21 übliche Ausbildung zum Start von Rasenpisten bei der MiG-23 nicht durchgeführt.

Prototyp 23-11/4. Er wurde für die Entwicklung der Jagdbombervariante verwendet. (Foto: OKB MiG)

ren im sowjetischen Bezeichnungssystem, in der Regel, zweistellig. Sie zeigten die Position eines Flugzeugs innerhalb einer Einheit an. Deshalb konnte man aus der taktischen Nummer eines Flugzeug schließen, zu welcher Staffel des Regiments es gehörte. Die Zählung begann mit 01 fortlaufend. Die Nummer 13 wurde aber ausgelassen, soviel Aberglaube musste auch in den sowjetischen Fliegerkräften sein.

Nutzten mehrere Regimenter einen Flugplatz oder Einsatzgebiet, so wurde die Zugehörigkeit zum jeweiligen Regiment durch die Farbe der taktischen Nummer angezeigt. Es gab sie in Rot, Gelb, Blau, Grün, Weiß und »Farblos«, d.h. umrandet.

In der Regel reichten die 98 möglichen taktischen Nummer für alle Flugzeuge einer Einheit aus. Nur bei wirklich großen Verbänden, z.B. Ausbildungseinheiten, wurden dreistellige taktische Nummern vergeben.

Die dreistellige Nummer am Bug des Flugzeugs 23-11/1 war, wie bereits gesagt, keine taktische Nummer, sondern eine OKB-interne Bezeichnung. Sie stand für: Erzeugnis 23, 1. Prototyp. Alle weiteren Prototypen erhielten sequenziell folgende Nummern, mit Ausnahme von Prototyp Nr. 10, dessen Nummer lautete 230, und nicht wie zu erwarten 2310.

Die 231 wurde zum vorgegebenen Termin in der hauseigenen Werkstatt fertiggestellt. Manchmal wird diese Werkstatt als OKB-eigenes Flugzeugwerk bezeichnet. Doch das ist nicht korrekt. In der Sowjetunion war die Entwicklung von Flugzeugen und die Produktion derselben organisatorisch getrennt. Die Konstruktionsbüros kümmerten sich um die Entwicklung der Fluggeräte, bis zum Abschluss der Erprobung. Auf die Entscheidung welches Werk das Flugzeug dann bauen würde hatten die OKB nur geringen Einfluss. Diese Entscheidungen trafen das Verteidigungsministerium und/oder das Ministerium für Flugzeugbau. Manchmal balgten sich beide Ministerien auch um das Vergaberecht und dann wurde von ganz Oben entschieden welches Werk die Ehre haben würde, das neue Flugzeug herzustellen.

Der Bau des fertigen Flugzeugs wurde also in einem oder mehreren, vom OKB organisatorisch unabhängigen, Flugzeugwerken durchgeführt. Der Bau von Prototypen war jedoch die Sache des OKB selber. Dazu war jedem Konstruktionsbüro eine eigene Produktionsabteilung angegliedert. Ob man diese Abteilung nun Werkstatt, Manufaktur oder Erprobungswerk nennen mag sei dahingestellt. Sie war jedenfalls ausreichend groß, um einen oder mehrere Prototypen zu bauen. Für eine Serienfertigung war sie nicht ausgelegt.

Der Prototyp 23-11/1 wurde nach seinem Zusammenbau gründlich durchgetestet. Man überprüfte ob das Fahrwerk korrekt arbeitete, ob sich die Tragflächen schwenken ließen, ob die Klappen und die Steuerflächen funktionierten, ob die elektronischen Bauteile ihre Arbeit verrichteten und vieles andere mehr.

Als alle Systeme zufriedenstellend arbeiteten wurde die 23-11/1 am 26. Mai 1967 zum Erprobungszentrum Schukowskij überstellt. Hier sollte die Bodenerprobung durchgeführt werden. Die Testläufe dauerten bis in den Juni 1967. Dann wurde das Flugzeug für den Jungfernflug freigegeben.

Am 10. Juni 1967 startete die 23-11/1 zu ihrem Erstflug. Im Cockpit saß der erfahrene Testpilot Alexander Fedotow. Er war vom Flugverhalten der 23-11/1 sehr angetan.

Zwei Tage später, beim zweiten Testflug, wurde erstmalig die Tragflächenverstellung im Flug durchgeführt. Fedotow war begeistert. Als er gefragt wurde, wie es denn gewesen sei, antwortete er: *»Großartig!«* Der erste MiG-23 Prototyp zeigte sich von seiner besten Seite, so dass man sich beim dritten Testflug daran wagte die Schallmauer zu durchbrechen. Und das gelang spielend. Mit Leichtigkeit erreichte das Flugzeug Mach 1,2.

Dann erhielt das OKB den Befehl die 23-11/1 für die jährliche Luftparade in Monino[47] vorzubereiten. Diese würde am 9. Juli 1967 stattfinden. Bei der Parade sollte das Schwenken der Tragflächen im Flug demonstriert werden, so der Befehl von Staat und Partei.

Die Mitarbeiter des OKB machten sich an die Arbeit. Damit das Schwenken der Tragflächen für die Besucher am Boden auch gut zu sehen sein würde, wurden die beweglichen Teile der Tragflächen rot eingefärbt. Dann wurde festgelegt was die 23-11/1 bei der Parade tun sollte und wie es auszuführen sei. Nebenher wurden weitere Testflüge unternommen, um den eng getakteten Zeitplan der Flugerprobung einzuhalten.

Der Tag der Luftparade kam. Es war für die 23-11/1

47 Monino ist Teil des Flughafens Moskau-Domodedowo. Heute ist dort das Luftfahrtmuseum »Juri Gagarin« beheimatet. In den 1950er- und 60er-Jahren wurden hier zum »Tag der Sowjetluftfahrt« alljährlich Luftparaden durchgeführt, die der Öffentlichkeit die Leistungsfähigkeit der Sowjetluftfahrt demonstrieren sollten. Dabei wurden sowohl zivile, als auch militärische Flugzeuge vorgeführt. 1967 fand die letzte Luftparade in der Sowjetunion statt.

erst der zwölfte Flug überhaupt.[48] Das Flugzeug war also nagelneu und der ganze Stolz des OKB MiG. Nachdem eine Vielzahl altbekannter Flugzeuge am Himmel zu bewundern waren, kam die Zeit der Vorstellung neuer Flugzeugtypen. Diese wurden im Solodisplay oder kleinen Gruppen vorgeführt.

Vom Sprecher der Veranstaltung wurde die 23-11/1 als *»modernes Abfangjagdflugzeug mit veränderlicher Tragflächengeometrie«* vorgestellt. Die zukünftige Einsatzbezeichnung MiG-23 blieb geheim. Dass die Beschreibung des Flugzeuges mehr über die 23-11/1 verriet, als es die bloße Nennung des Namens MiG-23 getan hätte, sei hier angemerkt. Dieses Vorgehen entsprach aber der typisch sowjetischen Geheimhaltungsmanie, die so weit ging, dass selbst Tarnnamen geheim gehalten wurden.

Sei es wie es sei. Der Vorbeiflug der 23-11/1 erregte große Aufmerksamkeit. Das Flugzeug schwenkte seine Tragflächen von der minimalen zur maximalen Position und demonstrierte damit, dass die Sowjetunion zu den USA aufgeschlossen hatte. Nicht nur in den USA werden Schwenkflügelflugzeuge gebaut, sondern auch in der Sowjetunion, so die Botschaft der Veranstaltung.

Das neue Flugzeug wurde von den Vertretern der westlichen Botschaften und der Westpresse mit Argusaugen beobachtet. Pressekommentare zeugten davon, dass man im Westen schwer beeindruckt war. Phänomenale Leistungswerte wurden im Westen veröffentlicht. So sollte das neue Flugzeug eine Maximalgeschwindigkeit von über 3.000 km/h erreichen, 30.000 m hoch und 5.000 km weit fliegen können.

Doch auch die sowjetische Presse zeigte sich begeistert. So gab der Testpilot Fedotow der Parteizeitung Prawda ein Interview in dem er folgendes sagte: *»Man kann diese bemerkenswerte Maschine nicht als ein einzelnes Flugzeug bezeichnen. Es ist vielmehr ein ganzes Paket von Flugzeugen, das in einem einzigen zusammengefasst ist.*

Man kann sagen: jedes Mal wenn ich die Tragflächen schwenke steige ich in ein neues Flugzeug um. Wenn ich im Cockpit sitze wähle ich das Flugzeug aus, das ich im Moment am meisten benötige. Für den Start wähle ich ungeschwenkte Tragflächen. Wenn ich Überschall fliegen will falte ich die Tragflächen zusammen. Wenn ich den Befehl bekomme für längere Zeit in der Luft zu bleiben, wähle ich wieder die ungeschwenkte Tragfläche, verringere die Fluggeschwindigkeit und so kann ich eine ganze Weile vor Ort bleiben. Sollte ich einen dringenden Auftrag erhalten, dann falte ich die Tragflächen wieder zusammen und jage mit hoher Geschwindigkeit davon. Bei der Landung schwenke ich die Tragflächen wieder nach vorn und lande mit niedriger Geschwindigkeit und halte nach kurzer Rollstrecke an.

So vielseitig ist das neue Flugzeug! Es vereint in sich die Eigenschaften vieler Flugzeuge, die für die verschiedensten Einsatzrollen gedacht sind. Dank der Schwenkflügel kann man sich das Flugzeug aussuchen, das man gerade will.

Das Flugzeug ist so hervorragend gemacht, dass man gar nicht spürt, dass die Tragflächen verstellt werden. In einem Moment ist man in einem Flugzeug und dann, Schwupps, sitzt man plötzlich in einem anderen. Wenn die Flügel zusammengefaltet sind, hat es einen sehr geringen Luftwiderstand und beschleunigt schnell auf Überschall. Und wenn der Pilot die Tragflächen wieder ausfährt, dann verlangsamt sich das Flugzeug fast genauso schnell. Wenn ich eine lange Strecke fliegen will, dann fahre ich die Tragflächen maximal aus. Wenn ich schnell in Richtung Boden stürzen will, falte ich die Tragflächen zusammen und jage wie ein Blitz hernieder. So steuert man die Tragflächen während eines Einsatzes. Stellt euch nur die Vorteile vor, die ein solches Flugzeug seinem Piloten verschafft!«

Nach dieser öffentlichen Vorstellung der 23-11/1 ging die Flugerprobung weiter. Zunächst in der Phase der Werkserprobung.

In den folgenden Wochen testete Fedotow den Flugbereich der 23-11/1 Schritt für Schritt aus. Nach 25 Flugstunden war die Lebensdauer des Triebwerks verbraucht. Die Maschine ging in die Wartung, wo ein Triebwerkswechsel vorgenommen wurde. Die Pause nutzen die Techniker des OKB aus um einige Veränderungen man Flugzeug auszuführen. So baute man z.B. Waffenstationen unter dem Rumpf und unter dem feststehenden Teil der Tragflächen an. Interessant ist, dass die Unterrumpfstationen auch für Mittelstrecken-Luft-Luft-Raketen des K-23 Komplexes vorgesehen waren. Weil die Steuerflächen der Raketen zu groß waren, um die Rakete wie gehabt anbringen zu können, wurden die Aufhängepunkte für die Raketen so verändert, dass sie nun in der Längsachse um 45° gedreht waren. Um die nach oben zeigenden Steuerflächen der Raketen unter-

48 Andere Quellen sprechen vom 13. Flug.

bringen zu können wurden im Rumpf Aussparungen eingebaut. So hatten es die Amerikaner bei der Unterbringung der Rakete AIM-7 Sparrow an der F-4 Phantom auch gehalten.

Eine weitere Änderung am Prototyp war der Einbau des Autopiloten AP-155. Bis zu diesem Zeitpunkt war das Flugzeug ohne Autopilot ausgekommen.

Die nächsten Flüge erfolgten mit Raketenattrappen. So sollte das Verhalten des Flugzeugs im beladenen Zustand herausgefunden werden. Im April 1968 wurde die 23-11/1 an die staatlichen Stellen abgegeben, um die zweite Phase der Flugerprobung, die staatliche Flugerprobung, einzuläuten. 23-11/1 absolvierte insgesamt 97 Testflüge und wurde nach seiner Aussonderung für Triebwerkstests weiterverwendet. Später gab man das Flugzeug an das Luftfahrtmuseum Monino ab.

Der zweite Prototyp, 23-11/2, Nummer 232, wurde 1967 gebaut und nahm ab Mai 1968 an der Flugerprobung teil. Er besaß wie die 23-11/1 noch kein Radargerät. Dennoch wurde er zur Waffenerprobung herangezogen. Dabei wurden die Luft-Luft-Raketen ohne Radarunterstützung abgefeuert. Zum Einsatz kamen K-23T Raketen, die bei Geschwindigkeiten im Bereich von Mach 0,7 bis Mach 1,8 gestartet wurden. Die Flughöhen variierten zwischen 5.000 und 17.000 m.

Für den Waffentest der Cha-23 Luft-Boden-Rakete wurde die 23-11/2 mit dem Waffensteuerungsgerät Delta-N (Дельта-Н) ausgerüstet. Es wurde unter einer aerodynamischen Verkleidung an der rechten starren Tragfläche montiert.

Ein weiterer Unterschied zum ersten Prototyp bestand darin, dass ab der 23-11/2 das stärkere Triebwerk R-27F2-300 zum Einsatz kam. Neu war auch der Einbau der Bordkanone GScha-23L.

Der dritte Prototyp, 23-11/3, Nummer 233, unterschied sich äußerlich von seinen Vorgängern darin, dass er die zukünftige Jägernase der MiG-23 erhielt. Die anderen beiden Maschinen hatten eine langgestreckte Nase erhalten, deren optimale aerodynamische Form zu einem bemerkenswert geringen Luftwiderstand führte. Die alte Nase war aber für den Einbau eines Radargerätes ungünstig. Die Antenne des neuen Radars Sapfir-23 passte einfach nicht hinein. Deshalb bekam 23-11/3 eine voluminösere Radarnase, die später bei den Jägerversionen der MiG-23 zum Standard wurde.

Radar Sapfir-23 des Prototyps Nr. 10. (Foto: OKB MiG)

Das Flugzeug wurde Anfang August 1968 fertig gestellt. Einige fehlende Komponenten führten aber dazu, dass der Jungfernflug dieses Flugzeugs bis zum 24. September 1968 warten musste. Die 23-11/3 wurde ebenfalls für Waffentests genutzt, diesmal vor allem für die Erprobung der radargelenkten Variante der Raketen des K-23 Komplexes.

Nach ihrer Außerdienststellung wurde die 23-11/3 an das Luftfahrtmuseum Monino abgegeben. Aus unerfindlichen Gründen wurde dort seine Nummer von 233 auf 231 umgeändert.[49]

Beim vierten Prototyp, 23-11/4, Nummer 234, wurde wieder die alte, spitze Nase verwendet. Dieses Flugzeug war dafür vorgesehen als Prototyp für die Jagdbombervariante MiG-23 zu agieren. Mit ihm sollten die Möglichkeiten des Einsatzes von Luft-Boden-Waffen untersucht werden.

Die ersten vier Prototypen wurden in der OKB-eigenen Flugzeugschmiede hergestellt. Die anderen sechs Prototypen baute das bereits für die Serienproduktion auserkorene Flugzeugwerk »Banner der Arbeit«, Moskau. Dieses Werk lag nahe des OKB-Geländes und hatte bereits die MiG-21 in Serie gefertigt.

49 Deshalb gibt es in Monino zwei MiG-23 Prototypen mit der Nummer 231.

Obwohl Prototyp 23-11/3 die Nr 231 trägt ist es doch der 3te Prototyp. Er trug ursprünglich die Nr 233. Erkennbar ist er an der Jägernase die erstmalig bei ihm zum Einsatz kam. (Foto: Alan Wilson)

Der fünfte Prototyp, 23-11/5, Bordnummer 235, wurde 1968-69 gebaut. Er startete am 28. May 1969 zu seinem Jungfernflug. Er gilt als Prototyp für die erste Serienversion MiG-23S. Äußerlich ähnelte er den ersten beiden Prototypen, wegen der schlanken Rumpfnase. Bei ihm war diese Nase jedoch nicht aus Metall gefertigt, sondern bestand aus radardurchlässigen Material. Im Inneren der Nase war das RP-22 Radar untergebracht. Das RP-22, Alternativbezeichnung Sapfir-21, war seit Mitte der 1960er Jahren in von den sowjetischen Streitkräften genutzten MiG-21 Versionen S, SM, SMT und »bis« im Einsatz. Es lag leistungsmäßig weit hinter dem für die MiG-23 vorgesehenen Radar Sapfir-23 zurück, hatte aber den Vorteil, dass es erprobt und sofort einsatzfähig war. Das Waffensystem der 23-11/5 entsprach deshalb eher dem der MiG-21bis, denn dem der MiG-23. Mit einem Unterschied, die 23-11/5 wurde auch zur Erprobung des Luft-Luft-Lenkwaffenkomplexes K-23 herangezogen.

Weil die 23-11/5 in einem »offiziellen« Flugzeugwerk hergestellt wurde war sie die erste MiG-23, die eine Konstruktionsnummer erhielt. Sie lautete: 028000101. Die ersten beiden Ziffern standen für die werkseigene Erzeugnisnummer der MiG-23 im Werk »Banner der Arbeit«, nämlich »Isdelije 2«. Die 8 stand für das Jahr 1968, die erste 1 für das Baulos und die abschließenden beiden Ziffern für die Nummer des produzierten Flugzeugs.

Übersetzt steht 028000101 für »Das erste Flugzeug des Typs 2, des ersten Bauloses, das im Jahr 1968 produziert wurde.«

Der sechste Prototyp, 23-11/6, Bordnummer 236, Konstruktionsnummer 028000102, war in etwa baugleich mit der 235. Er wurde, wie diese, vorrangig zur Erprobung der Raketenbewaffnung der MiG-23 eingesetzt. Nach Abschluss der Flugerprobung wurde die Maschine 1973 an die Streitkräfte übergeben, die sie an der Fliegertechnischen Schule Atschinsk als Lehrobjekt zur Ausbildung von Bodenpersonal verwendete.

Über die Verwendung der beiden Prototypen sieben und acht, 237 und 238, ist nur bekannt, dass sie an der Flugerprobung teilnahmen. Welchen Zwecken sie dienten wurde leider nicht überliefert. Ihre Konstruktionsnummern lauten 029000201 und 029000202.

Der neunte Prototyp 23-11/9, Bordnummer 239, Konstruktionsnummer 029000203, war wieder mit der Jägernase ausgestattet. Sie beherbergte ein voll funktionsfähiges Radar Sapfir-23. 23-11/9 war auch das erste Flugzeug der Erprobungsserie, dass das Wärmepeilgerät TP-23 besaß. Das Waffenkontrollsystem entsprach schon weitestgehend dem zukünftigen Serienstandard. Dieses Flugzeug nahm intensiv an der Waffenerprobung teil. Es wurde häufig genutzt. Seinen Erstflug hatte es am 23. September 1969. Es war insgesamt 254 Mal in der Luft und sammelte dabei knapp 198 Flugstunden an. Sei letzter Flug im Rahmen der Erprobung fand am 3. November 1971 statt. Im April 1972 wurde die 23-11/9 an die Streitkräfte übergeben, die es als Lehrobjekt zur Technikerausbildung verwendeten.

Der abschließende zehnte Prototyp, 23-11/10, Bordnummer 230, Konstruktionsnummer 02900204, entsprach weitestgehend der 239. Er wurde vornehmlich zur Flugerprobung des Triebwerks eingesetzt.

Am 16. September 1970 ereignete sich mit diesem Flugzeug ein folgenschwerer Unfall, als bei einem Testflug die maximal erreichbare Geschwindigkeit erflogen werden sollte. Aus ungeklärten Gründen fiel der Pilot, während der Beschleunigungsphase, in einen Blackout. Das Flugzeug beschleunigte deshalb über die maximal zulässige Höchstgeschwindigkeit hinaus. Es überschritt die Stabilitätsgrenze und zerbrach in der Luft. Der Pilot, Michail Komarow, kam dabei ums Leben. Als Unfallursache vermutete man einen Ausfall des Sauerstoffsystems, der den Piloten das Bewusstsein verlieren ließ.

Trotz dieses Unfalls wurde die Flugerprobung, sowohl werksseitig, als auch von staatlicher Stelle, als gelungen eingeschätzt. Das Flugzeug hatte sich während der Einsätze bewährt. Es zeigte gute Flugeigenschaften bei allen Fluggeschwindigkeiten, bei Start und Landung, bei niedrigen g-Kräften, sowie bei böigem Wind, wenn die Tragflächen in der maximalen Schwenkstellung waren. Gelobt wurden die erreichbare hohe Fluggeschwindigkeit bei Einsätzen in Bodennähe, sowie die große Reichweite bei der Verwendung der optimalen Flügelstellung. Die im Vergleich zu anderen Kampfflugzeugen kurze Start- und Landestrecke wurde ebenfalls hervorgehoben. Allerdings wurde auch darauf hingewiesen, dass nicht alle geforderten Flugleistungen vollständig erreicht worden waren. Man hoffte aber diese durch den Einbau stärkerer Varianten des Triebwerks R-27 noch erreichen zu können.

Noch während die Werkserprobung lief wurde, wie bereits erwähnt, im Laufe des Jahres 1969 ein Prototyp an die staatlichen Stellen zur Staatlichen Flugerprobung übergeben. Die eigentliche Staatliche Flugerprobung erfolgte ab 1970. An ihr nahmen sowohl Prototypen, als auch Vorserienmaschinen, die in geringer Stückzahl[50] im Zeitraum 1969 - 70 hergestellt wurden, teil.

Die staatliche Flugerprobung wurde auch von militärischen Testpiloten durchgeführt. Die hatten einen anderen Blick auf das neue Flugzeug, als die Werkspiloten. Ein Grund hierfür lag darin begründet, dass sich die Grundlagen der Luftkriegsführung just in jener Zeit änderten. Wie ich bereits mehrfach geschrieben habe, hatten die Theoretiker des Luftkriegs vorhergesagt, dass im Zeitalter Mach 2-fähiger Flugzeuge der Manöverluftkampf nicht mehr vorkommen würde, weil jedes Flugzeug, dass mit hoher Überschallgeschwindigkeit unterwegs war, einen Kurvenradius von mehreren Kilometern haben würde. Deshalb war die MiG-23 als begrenzt manövrierfähiges Flugzeug entwickelt worden. Der Manöverluftkampf stand nicht im Anforderungsprofil.

Nun hatten die lokalen Kriege der 1960er-Jahre aber ein anderes Bild des Luftkrieges gezeigt, als es die Theoretiker vorhergesagt hatten. Angriffsflugzeuge waren nicht mit Mach 2 unterwegs. Sie flogen noch nicht mal Mach 1, sondern zuckelten im hohen Unterschallbereich herum. Nicht weil sie nicht schneller fliegen konnten, sondern, weil ihnen bei hoher Fluggeschwindigkeit schnell der Treibstoff ausgehen würde, lange bevor sie ihr Einsatzziel erreicht hätten. Die durchschnittlich geflogenen Einsatzgeschwindigkeiten lagen deshalb nicht wesentlich höher, als sie es während des Koreakrieges gewesen waren. Und in jenem Krieg war es zu heftigsten Manöverluftkämpfen gekommen.

Die Erfahrungen des Mitte/Ende der 1960er-Jahre ausgefochtenen Vietnamkrieges zeigten, dass der Manöverluftkampf alles andere als obsolet war. Natürlich erzielten die Vietnamesen mit der Überfalltaktik, für die die MiG-23 optimiert war, große Erfolge, doch zeigte sich auch, dass nach einem erfolgten Überraschungsschlag oft ein Manöverluftkampf entbrannte. Und dabei

50 Die Quellen sprechen hier von 10 bis 12 Flugzeugen. Ihre Bezeichnung lautete MiG-23 Model 1969.

ging es heftig zur Sache. Deshalb forderte das sowjetische Militär nun, dass die MiG-23 ebenfalls in der Lage sein müsse sich im Manöverluftkampf zu behaupten.

Und damit hatten die Konstrukteure, Techniker und Testpiloten ein Problem. Dafür war die MiG-23 nicht ausgelegt.

In der ursprünglich vorgesehenen Einsatztaktik gab es nur zwei Tragflächenstellungen: einmal die Tragflächen ganz nach vor, für Langsamflug, große Ausdauer, sowie Start und Landung. Und dann die Tragflächen maximal nach hinten gefahren, um rasant beschleunigen zu können und hohe Geschwindigkeiten zu erzielen. Beide Flügelstellungen waren für den Manöverluftkampf ungeeignet. Mit maximal gepfeilten Tragflächen war die MiG-23 in etwa so agil wie ein Öltanker. Mit maximal nach vorn gestellten Tragflächen war sie zwar sehr beweglich, doch konnte nur Unterschall geflogen werden. Und was noch problematischer war, die bei heftigen Flugmanövern auftretende Belastung war so groß, dass sie die Festigkeitsreserve des Flügelkastens, samt Schwenkmechanismus deutlich überschritt. Deshalb war es verboten das Flugzeug mit mehr als 3,5 g zu belasten. Und mit mageren 3,5 g waren die Flugleistungen der MiG-23 alles andere als toll. Das bekamen die Militärtestpiloten sehr schnell mit, als sie zu Testluftkämpfen gegen MiG-21 antraten. Im horizontalen Luftgefecht bekamen sie jedes Mal die Hucke voll. Nur im Kampf in der Vertikalen konnten sie die Vorzüge der MiG-23 ausspielen, wenn sie mit angelegten Tragflächen und maximaler Nachbrennerleistung die hohe Geschwindigkeit der MiG-23 voll ausnutzen konnten.

Es musste also eine Lösung für das Problem Manöverluftkampf gefunden werden. Und die sah so aus, dass für die Tragflächenpfeilung eine Mittelstellung gesucht werden musste. Zur Wahl standen Pfeilwinkel von 30 bis 35° und 45 bis 57°. Erstere entsprachen der Tragflächenpfeilung der MiG-15, letztere waren bei der MiG-17, bzw. MiG-19 zum Einsatz gekommen.

Nach längerem Experimentieren stellte man fest, dass die MiG-23 mit einer Flügelpfeilung von 35° sehr agil war. Nachteilig war, dass es mit diesem Pfeilwinkel schwierig war im schallnahen oder leichten Überschallbereich zu fliegen. Bei einem Pfeilwinkel von 45° waren die Flugeigenschaften immer noch gut. Das Flugzeug konnte problemlos im schallnahen Bereich gesteuert werden und war zudem noch in der Lage leicht in den Überschallflug überzugehen. Deshalb wurde der Winkel von 45° offiziell gemacht.

Wenn man in russischen Quellen recherchiert wird man erfahren, dass es mit diesem Pfeilwinkel ein *klitzekleines* Problem gab, das sich aber kaum auf die Flugeigenschaften ausgewirkt hätte. *»Klitzeklein«* war aber schwerstes british understatement. Das Problem war eher sehr ernst. Es bestand nämlich darin, dass die MiG-23 beim Pfeilwinkel von 45° anfällig war, bei größeren Anstellwinkeln ins Trudeln zu fallen. Und zwar in eine echt fiese Variante des Flachtrudelns. Echt fies deshalb, weil es schwer war da wieder herauszukommen. In der Regel half nur den Steuerknüppel nach ganz vorn zu drücken und den Bremsschirm auszustoßen. Und dann galt es lange und innig zu beten, während sich das Flugzeug wie wild um seine Achse drehte.

Theoretisch sollte die MiG-23 bis zu einem Anstellwinkel von 30° stabil fliegen. In der Praxis stellte sich heraus, dass das Flugzeug schon bei Anstellwinkeln von 18° oder etwas mehr zum Biest werden konnte. Und was dann folgte war heftig. Es kam bei der Flugerprobung vor, dass die *»Handschuhe«*[51], also die Beplankung des festen Teils der Tragflächen, die sich über den schwenkbaren Teil stülpten, weggerissen wurden. Oder es kam zur gefürchteten Pompage, weil die Luftzufuhr in den beiden Lufteinläufen ungleichmäßig wurde. Oder, oder, oder.

Trat dieser Zustand in größeren Flughöhen auf, so bestand für den Piloten durchaus die Möglichkeit seine MiG wieder unter Kontrolle zu bekommen. In niedrigen Höhen ging es für gewöhnlich nicht ohne Flugzeugverlust ab. Der erste Unfall dieser Art geschah während eines Übungsluftkampfs mit einer MiG-21, mit dem die Testpiloten zukünftigen Einsatzpiloten die Fähigkeiten der neuen MiG vorführen wollten. Dieses Ereignis, aber auch die allmählich durchsickernde Erkenntnis, dass es die MiG-23 nicht mit der älteren MiG-21 im Nahluftkampf aufnehmen konnte, führte dazu, dass die MiG-23 in den Einheiten mit gemischten Gefühlen aufgenommen wurde.

Um das Trudelproblem in den Griff zu bekommen bauten die Entwickler Begrenzer ein. Der erste Versuch

51 In der russischsprachigen Literatur wird der Teil des feststehenden Abschnitts der Tragfläche, der den beweglichen Abschnitt der Tragfläche umhüllt, als Handschuh bezeichnet.

bestand darin den Steuerknüppel mit Zugfedern auszustatten, die dem Piloten durch immer stärkere Steuerkräfte anzeigen sollten, wo der gefährliche Bereich begann. Die militärischen Testpiloten fanden diese Lösung nicht so toll. Deshalb wurde eine andere Problemlösung angepeilt. Sie bestand darin den Autopiloten in die Flugsteuerung eingreifen zu lassen. Er sollte verhindern, dass das Flugzeug über die kritischen Parameter hinaus geflogen wurde.[52] Dieser Ansatz funktionierte. Deshalb wurde den Piloten befohlen vor dem Eintritt in einen Manöverluftkampf immer den Autopiloten zu aktivieren.

Exkurs zum Thema Nutzung des Autopiloten:
Als im Westen bekannt wurde, dass die MiG-23 Piloten beim Manöverluftkampf die Unterstützung des Autopiloten benötigten, wurde mit Häme und Arroganz darauf reagiert. »Die Russen sind einfach zu blöd ein Flugzeug zu fliegen!«, hieß es, »Die viel besser ausgebildeten westlichen Piloten benötigen solchen Firlefanz nicht!« Natürlich nicht, die westlichen Piloten waren allesamt Männer von Schrot und Korn, keine Weicheier und Warmduscher. Sie hatte Eier in der Hose und zwar so große, dass sie breitbeinig gehen mussten. Den Autopiloten im Luftkampf zu verwenden war voll gehen ihre Fliegerehre. So was brauchte bloß ein Whimp!
Interessant ist in diesem Zusammenhang, dass es den Amerikanern Ende der 1970er-Jahren gelang von Ägypten ein paar MiG-23MS zu erwerben. Sie setzten dieses Flugzeug ab 1980 in der Aggressorstaffel auf der Nellis AFB in Nevada ein. Dort flogen die besten amerikanischen Piloten die MiG-23, natürlich ohne Autopilotunterstützung. Und so lernten sie das biestige Verhalten der MiG-23 aus erster Hand kennen und fürchten. Nachdem mindestens zwei Maschinen abgestürzt waren, wobei ein Pilot mit dem schönen Namen Bond ums Leben gekommen war, erkannten sie dann doch an, dass es gar nicht so dumm war den Autopiloten im Luftkampf zu verwenden.
Exkurs Ende.

Die Flugerprobung der MiG-23 dauerte vier Jahre. Das war viermal mehr Zeit, als für die Erprobung der MiG-21 benötigt worden war. Es zeigt, wie komplex das neue Flugzeug im Vergleich zu seinem Vorgängermodell geworden war.

Technische Daten: Prototyp 23-11/1	
Bezeichnung OKB / NATO	isdelije 23-11 / Flogger
Werksbezeichnung	isdelije 2
Erprobungszeitraum	1967 bis 1970
Abmessungen	
Spannweite	6,84 m - 13,96 m
Rumpflänge	16,71 m
Höhe	4,82 m
Flügelfläche	32,10 m² - 32,60 m²
Massen	
Leermasse	9.290 kg
Startmasse	12.860 kg
max. Startmasse	13.300 kg
max. Waffenlast	1.000 kg
Treibstoffmenge	3.530 kg / 4.250 l
Antrieb	1 x R-27F-300
Schub	5.200 kp / 51,10 kN trocken
	7.800 kp / 76,50 kN Nachbrenner
Flugleistungen	
Höchstgeschwindigkeit	2.255 km/h in 13.000 m
Marschgeschwindigkeit	1.200 km/h
Überführungsreichweite	2.045 km
Gipfelhöhe	17.200 m
Steiggeschwindigkeit	131 m/s
Startgeschwindigkeit	270 km/h
Landegeschwindigkeit	230 km/h
Bewaffnung	
Bordkanone	keine
Waffenstationen	4 x Raketenattrappen K-23

Noch während die Flugerprobung lief wurden bereits die ersten Serienmaschinen gefertigt. Das waren die MiG-23 Modell 1969 und die fast baugleiche MiG-23S.

52 Der Steuerknüppel begann im Grenzbereich zu vibrieren und zeigte dadurch dem Piloten an, dass er sich gefährlichem Terrain näherte. Außerdem wurde der Bewegungsbereich des Steuerknüppels durch mechanische Mittel begrenzt. Dies geschah durch Schubstangen, die je nach Fluglage und Geschwindigkeit unterschiedlich weit ausgefahren wurden.

Die Jäger der ersten Generation

MiG-23S

Noch während die Flugerprobung lief wurde die Serienproduktion der MiG-23 vorbereitet und aufgenommen. Dieses Vorgehen war lange Zeit typisch für die Sowjetunion. So konnte sich das Herstellerwerk mit den Produktionsabläufen vertraut machen und die Streitkräfte erhielten einen Vorgeschmack auf das zukünftige Einsatzmuster. Die Militärpiloten bekamen die Gelegenheit erste Erfahrungen auf der neuen Maschine zu sammeln, konnten Einsatzverfahren und Taktiken entwickeln. In dieser Phase arbeiteten Herstellerwerk und Militär eng zusammen. Oft waren Reparaturtrupps des Herstellers in den Fliegereinheiten aktiv, um das Bodenpersonal bei der Wartung der neuen Technik zu unterstützen. So wurde ein Wissenstransfer vom Hersteller an die Truppe sichergestellt.

Das erste Serienmodell der MiG-23 hieß schlicht und ergreifend MiG-23. Kein S, kein M, kein andersartiger Suffix, nur MiG-23. Und weil es später auch noch zwei andere, technisch verschiedene MiG-23 ohne zusätzlichen Buchstaben gab, nannte man dieses Flugzeug auch MiG-23 Model 1969.

Das Model 1969 ähnelte den frühen Prototypen sehr. Und zwar so sehr, dass ihm das Herstellerwerk denselben hausinternen Code vergab. Man nannte es isdelije[53] 2 oder samoljot[54] 2. Die Konstruktions- oder Baunummern folgten direkt auf denen der Prototypen.

Manche Quellen behaupten, dass die Prototypen das erste Baulos von isdelije 2 waren und das Model 1969 die nächsten beiden Baulose umfasste.

Insgesamt wurden 12 Maschinen der Version MiG-23 Modell 1969 gebaut. Sie waren quasi Vorserienmaschinen und wurden ausschließlich zur Flugerprobung

MiG-23S der NVA an der MTS Bad Düben. (Foto: Sammlung Normann)

53 isdelije ... russ.: ... Erzeugnis
54 samoljot ... russ.: ... Flugzeug, wörtlich übersetzt: »Selbstflieger«

MiG-23S der NVA bei der Erprobung der Flugzeugfanganlage MiG-Fänger. (Foto: Sammlung Normann)

herangezogen. Eine Übergabe an die Streitkräfte erfolgte nicht. Äußerlich unterschieden sich die Flugzeuge des Modells 69 von den Prototypen darin, dass ihre Bordnummern zweistellig waren.

Die erste Serienvariante, die an die Streitkräfte ausgeliefert wurde, war die MiG-23S. Das S stand, je nach Quelle, für »Serjenij«, also »Serienflugzeug« oder »Sapfir«, benannt nach dem Radarkomplex Sapfir-21. Das Herstellerwerk vergab die hausinterne Bezeichnung isdelije 22, aus dem sich die Bezeichnungen samoljot 22 ableitete. In der Truppe wurde das Flugzeug mitunter auch als MiG-22 bezeichnet. In der Nomenklatur des OKB MiG firmierte die MiG-23S zunächst unter der Bezeichnung isdelije 23-21. Später wurde das Flugzeug unter dem Kürzel isdelije 23-11S geführt.

Die MiG-23S entstand aus dem fünften Prototyp, 23-11/5, Bordnummer 235, d.h. aus dem ersten im Flugzeugwerk »Banner der Arbeit« Moskau gefertigten Flugzeug. Äußerlich unterschied sich die MiG-23S vom Prototyp und dem Model 1969 durch den, Periskop[55] genannten, Rückspiegel auf dem Cockpitdach. Spätere MiG-23S Ausführungen besaßen zudem eine keulenförmige Verkleidung an der rechten Tragflächenwurzel.

Ursprünglich war angedacht gewesen die MiG-23S mit dem Radar Sapfir-23 und dem leistungsgesteigerten Triebwerk R-27F2-300 auszustatten. Nur standen weder das Radar, noch das Triebwerk zum Zeitpunkt der Produktionsaufnahme zur Verfügung. Der Lenkwaffenkomplex K-23 war ebenfalls noch nicht einsatzbereit.

Nach Rücksprache mit dem Militär wurde beschlossen, als Übergangsmaßnahme das Waffenkontrollsystem der MiG-21SM in der MiG-23S zu verbauen. Dies wurde dann umgesetzt. Die MiG-23S erhielt das Radar RP-22S, alias Sapfir-21. Als Waffen waren die infrarotgelenkten Luft-Luft-Lenkwaffen R-3S und R-13M im Einsatz, hinzu kam die radargelenkte Rakete R-3R. Für den Luft-Boden-Kampf gab es ungelenkte Raketen und Bomben.

Unter der rechten Tragflächenwurzel wurde, versteckt unter einer aerodynamischen, keulenförmigen Verkleidung, das Waffenleitgerät Delta-N (Дельта-Н) eingebaut. Delta-N war dafür gedacht Luft-Boden-Raketen der Typen Cha-23[56] ins Ziel zu steuern.

55 Periskop deshalb, weil der Weg des Bildes durch die Optik in einem Zick-Zack-Weg erfolgte.
56 NATO-Code: AS-7 Kerry

Das Cockpit von rechts gesehen. (Foto: Sammlung Normann)

Diese Rakete wurden über einen Leitstrahl gelenkt, der von Delta-N ausgesandt wurde. Der Pilot hatte am Steuerknüppel einen kleinen Steuerknopf, mit dem er die Rakete ins Ziel lenken konnte.

Die MiG-23S gab es mit drei unterschiedlichen Triebwerken. Die ersten Maschinen waren mit dem R-27F-300 ausgerüstet.[57] Spätere Baulose erhielten das leistungsstärkere Triebwerk R-27F2-300. Ab 1971 wurde das nochmals stärkere Triebwerk R-27F2M-300 verwendet.[58]

Zur elektronischen Ausrüstung der MiG-23S gehörten u.a. das Flugsteuerungssystem SAU-23A (САУ-23А) und das Kommandoübertragungssystem LASUR[59]. Beide Systeme hatte es in etwas abgewandelter Version bereits bei der MiG-21 gegeben. Dort war aber aus Platzgründen jeweils nur eines der beiden Systeme zum Einsatz gekommen. Bei der MiG-23S gab es beide, was einen großen Fortschritt darstellte.

Das SAU-23A-System der MiG-23S beinhaltete den Autopiloten AP-155, den Radiokompass AKR-10 und das RSBN-6 Nahnavigationssystem.

Mit Hilfe dieses Systems war die MiG-23S in der Lage automatisch einem vorprogrammierten Flugweg zu folgen und zum eigenen Flugplatz zurückzukehren. In dem Manöverluftkampf überwachte das System die Einhaltung der maximal zulässigen Flugparameter und warnte den Piloten vor dem Überschreiten derselben.

Das SAU-23A konnte mit dem Kommandoübertragungssystem[60] LASUR zusammengeschaltet werden. Mit LASUR konnte eine Bodenstelle dem Piloten der MiG-23S Kommandos zukommen lassen, um ihn, ohne Nutzung von Sprechfunk, an ein Luftziel heranzuleiten. Der Anflug auf das Luftziel konnte automatisch durch das Flugsteuerungssystem erfolgen. Steuerte der Pilot die MiG-23S selbst, wurden ihm die Kursbefehle, sowie der Befehl zum Waffeneinsatz, bzw. zum Abbruch des Einsatzes symbolisch auf dem Blickfelddarstellungsgerät angezeigt.

Ein bei den Piloten der MiG-23 *»sehr beliebtes«* Gerät war der Flugdatenschreiber SARPP-12G. Er zeichnete alle Steuerbefehle, Geschwindigkeiten und geflogenen Lastvielfache auf. So konnten die Vorgesetzten im Nachhinein kontrollieren, ob sich der Pilot an befohlene Einsatzparameter gehalten hatte. Wenn nicht, dann gab es einen gehörigen Ansch...

Bei der Erprobung und der Serienfertigung der MiG-23S traten einige unerwartete Probleme auf. Einige waren technologischer Natur. So stellte sich heraus, dass bei fehlerhaft hergestellten Tragflächenteilen eine Interaktion zwischen Treibstoff und Metalllegierung auftreten konnte.[61] Dies führte zur Schwächung des Materials, was in einem Fall zum Entzweibrechen der Tragfläche, bei einer eng geflogenen Kurve führte.

Die Nichtbeherrschung der Herstellungstechnologie von stark belasteten Baugruppen führte dazu, dass sich Wasserstoffatome in die Stahlstruktur einlagerten und diese schwächte. Dies betraf Teile der Tragfläche, die integralen Treibstofftanks, die Schwenklager der Tragflächen und das Rumpfmittelstück. Nachdem diese Fehler bekannt wurden, mussten alle bereits gebauten Flugzeuge aufwändig nach Brüchen und Rissbildungen untersucht werden.[62]

Ein weiteres Problem zeigte sich, als ein Pilot während des Fluges versehentlich das Fahrwerk ausfuhr.

57 Die Quellen sind sich hier nicht ganz einig. Einige besagen, dass das Triebwerk R-27F-300 nicht in der MiG-23S verbaut wurde. Andere sagen, dass es in der MiG-23S doch zum Einsatz kam.
58 Mitunter ist zu lesen, dass Flugzeuge, die mit diesem Triebwerk ausgerüstet waren, als MiG-23SM bezeichnet wurden.
59 Lasur ... russ.: .... Die Farbe Preußisch Blau.
60 Im Westen als Data-Link bezeichnet.
61 In die Tragfläche waren starre Treibstofftanks eingebaut, so dass ein direkter Kontakt zwischen Treibstoff und Metall hergestellt war.
62 Dieses Problem konnte jahrelang nicht wirklich gelöst werden. Es trat auch bei nachfolgenden Versionen wie der MiG-23M und MiG-23BN auf.

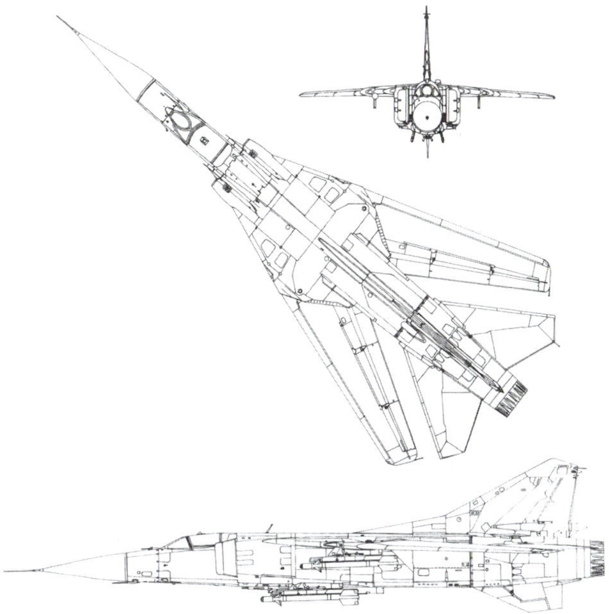

Die MiG-23S in der Dreiseitenansicht.

Technische Daten: MiG-23S	
Bezeichnung OKB / NATO	isdelije 23-11S, isdelije 23-21, Flogger A
Werksbezeichnung	isdelije 22
Einsatzzeitraum	ab 1969
Abmessungen	
Spannweite	6,84 m - 13,96 m
Rumpflänge	16,71 m
Höhe	4,82 m
Flügelfläche	32,10 m² - 32,60 m²
Massen	
Leermasse	10.460 kg
Startmasse	14.600 kg
max. Startmasse	14.800 kg
max. Waffenlast	3.000 kg
Treibstoffmenge	3.530 kg / 4.250 l
Antrieb	1 x R-27F2-300
Schub	6.900 kp / 67,67 kN trocken
	9.300 kp / 91,23 kN Nachbrenner
Flugleistungen	
Höchstgeschwindigkeit	2.405 km/h in 13.000 m
Marschgeschwindigkeit	1.200 km/h
Überführungsreichweite	2.000 km (2.500 km mit Zusatztanks)
Gipfelhöhe	17.200 m
Steiggeschwindigkeit	131 m/s
Startgeschwindigkeit	270 km/h
Landegeschwindigkeit	240 km/h
Bewaffnung	
Bordkanone	1 x GScha-23 mit 200 Schuss
Waffenstationen	4 x Luft-Luft-Raketen R-3S, R, und R-13M
	4 x Bomben je 50 kg bis 500 kg
	4 x ungelenkte Raketen

Danach wurde der Fahrwerkshebel im Cockpit an eine andere Stelle verlegt.

Die MiG-23S besaß, genau wie die Prototypen, ein biestiges Flugverhalten, wenn beim ausführen von Kunstflugmanövern das Flugsteuerungssystem SAU-23 ausgeschaltet war. Bei engen Kurvenflügen neigte die MiG-23S dazu ins Trudeln zu fallen oder unerwartete Rollbewegungen auszuführen.

Die Auslieferung der MiG-23S an die Truppe begann noch vor Abschluss der Flugerprobung. Das erste Baulos der Maschine, noch mit dem Triebwerk R-27F-300 ausgerüstet, wurde zur Flugerprobung herangezogen. Die folgenden Baulose des Musters, mit Triebwerk R-27F2-300, gingen an ein Jagdfliegerregiment in Weißrussland und ein Gardejagdfliegerregiment im Raum Smolensk.

Ab 1971 gebaute MiG-23S bekamen das Triebwerk R-27F2M-300. Sie hatten auch das Waffenkontrollsystem der MiG-21bis, das über ein leistungsstärkeres Radar RP-22SM verfügte.

Insgesamt wurden 60 MiG-23S gefertigt. Davon wurden 59 Maschinen an die Streitkräfte ausgeliefert. Eine Maschine stürzte während des Einfliegens bei der Werkserprobung ab.

Interessant ist, dass eine nicht mehr flugfähige MiG-23S von der DDR eingekauft wurde. Dies geschah im Vorfeld der Beschaffung der MiG-23MF. Der Grund für diese Beschaffung war, dass die Nationale Volksarmee testen wollte, ob ihre Flugzeugfanganlagen, die im Notfall ein notlandendes Flugzeug vor dem überschießen der Landebahn bewahren sollten, in der Lage wären auch eine MiG-23 zu stoppen. Dies war notwendig, weil die, unter der Hand MiG-Fänger genannten, Fangnetze für Flugzeuge in der Gewichtsklasse der MiG-21 ausgelegt waren.

Deshalb beschaffte man sich eine abgeflogene MiG-23S aus sowjetischen Beständen und ließ sie wiederholt in aufgespannte Fanganlagen hineinrasen. Die Tests verliefen zufriedenstellend.

Nach Ende der Erprobung wurde das Flugzeug in die Militärtechnische Schule Bad Düben abgegeben und diente dort, bis zum Ende der DDR, als Anschauungsobjekt bei der Ausbildung von Bodenpersonal. Erst in Bad Düben erhielt das Flugzeug eine DDR-typische Bemalung, sowie NVA-Hoheitszeichen und die taktische Nummer 08[63]. Während der Erprobung der Fanganlagen war die MiG-23S noch in sowjetischem hellen Blaugrau, mit der blauen Bordnummer 87 und dem Roten Stern unterwegs gewesen. Heute steht dieses Flugzeug im Museum.

MiG-23 ohne Suffix

1970 wurde die nächste MiG-23 Version ohne zusätzlichen Versionsbuchstaben gefertigt. Man nannte diese Flugzeuge MiG-23 Model 1970. Die Werksbezeichnung war, wie beim Model 1969, isdelije 2.

Der äußerliche Unterschied zum Model 1969 und der MiG-23S bestand darin, dass diese Flugzeuge die Jägernase erhielten, die bereits in den Prototypen 3, 9 und 10 verwendet worden war. Unter dem Bug war das Wärmepeilgerät TP-23 angebracht. Vor diesem Gerät war eine größere Fläche schwarz angemalt. Oft wird diese Fläche als »Scheincockpit« interpretiert, also als Tarnmaßnahme, die einen Luftgegner im Manöverluftkampf über die Flugrichtung der MiG verwirren soll. Mag sein, dass die schwarze Fläche auch dazu gut war, doch ihr eigentlicher Zweck bestand darin zu verhindern, dass vom Metall der Rumpfbugs reflektiertes Licht den Wärmesensor irritiert.

MiG-23 des Models 1970 sind mit R-23 Raketen beobachtet worden, was darauf schließen lässt, dass sie mit dem Radar Sapfir-23 ausgerüstet waren. Ob sie in der Lage waren die Luft-Boden-Lenkwaffe Cha-23 einzusetzen ist fraglich. Am Model 1970 ist die aerodynamische Verkleidung des Steuergeräts Delta-N (Дельта-Н) nicht vorhanden. Als Antrieb kam beim Model 1970 das Triebwerk R-27F2-300 zum Einsatz.

Insgesamt wurden 28 Maschinen des Modells 1970 gebaut. Die Hälfte soll zur Flugerprobung der MiG-23 herangezogen worden sein, der Rest ging an die Streitkräfte.

1971 wurde die nächste MiG-23 Übergangsvariante gebaut. Das Modell 1971. Die Werksbezeichnung lautete immer noch isdelije 2. Vom OKB wurde das Modell 1971 immer noch isdelije 23-11 genannt. Mitunter firmierte diese Version auch unter der Bezeichnung **MiG-23L**.

Äußerlich unterschied sich das Modell 1971 von seinen Vorgängern durch ein neues Tragflächendesign und die Verlagerung der Leitwerke in Richtung Heck. Grund hierfür war das biestige Verhalten den MiG-23 beim Kurvenflug, wenn die Tragfläche auf einen Pfeilwinkel von 45° eingestellt war. Lange bevor das Flugzeug einen kritischen Anstellwinkel erreichte begann es zu vibrieren, was von den Piloten als Warnung vor einem bevorstehenden Strömungsabriss gedeutet wurde. Das heißt, dass es die Piloten nicht wagten die Maschine bis zu ihren Grenzen auszufliegen. Was mitunter auch ganz gut war, denn die MiG-23 tendierte zum plötzlichen Eintritt ins Trudeln.

Um die Längsstabilität des Flugzeugs zu verbessern wurden Höhen- und Seitenleitwerk um 86 cm in Richtung Heck verschoben. Damit verschwand das überstehende Schubrohr, das die vorherigen MiG-23 Varianten gekennzeichnet hatte. Da der Beginn der Seitenleitwerkswurzel in etwa an der selben Stelle, wie beim Vorgängermodell, blieb, vergrößerte sich die Fläche des Seitenleitwerks.

Eine weitere offensichtliche Änderung war die Vergrößerung der Tragflächen. Dabei wurden die Hinterkante und das Tragflächenmittelstück unverändert gelassen. Dafür wurde die Tragflächenvorderkante deutlich in Flugrichtung vergrößert. Dabei änderte sich der Pfeilwinkel der Vorderkante von 16 auf 18,4°, von 45 auf 47,4° und von 72 auf 74,4°. Offiziell blieb es in allen Dokumenten und bei den Anzeigen im Cockpit bei den alten Winkelangaben. Durch die Verschiebung der Tragflächenvorderkante stieg die Flügelfläche um 5,25 m² bei minimaler Pfeilung und 4,27 m² bei maximaler Pfeilung. Äußerlich unterschied sich die Tragfläche durch den Sägezahn an der Vorderkante. Dieser Sägezahn verursachte bei einer Pfeilstellung von 45° Luftwirbel, die dem Strömungsabriss entgegenwirkten. Die MiG-23 Modell 1971 konnte deshalb deutlich enger kurven, als alle vorherigen Versionen. Hinzukam, dass die Tragfläche deutlich stabiler war, als beim Vorgängermodell. Sie war nun für Lastvielfache von 7 g zugelassen.[64]

63 Zweistellige taktische Nummern waren für die Luftstreitkräfte der NVA untypisch. Sie gab es nur in der Anfangsphase. In den Einheiten wurden ausschließlich dreistellige Nummern verwendet. Es gibt Originalbilder, die NVA-Flugzeuge mit zwei, vier oder gar fünfstelligen taktischen Nummern zeigen. Für diese Aufnahmen wurden zusätzliche Ziffern vor oder hinter der echten taktischen Nummer aufgemalt, oder weggelassen. Geheimhaltung hatte einen hohen Stellenwert.

Dumm nur, dass der neue Flügel schlechtere Flugeigenschaften beim Pfeilwinkel von 16° besaß. Damit wurden Starts und Landungen deutlich schwieriger. Grund war, dass die bei den Vorgängerversionen vorhandenen Vorflügel nicht in die modifizierte Tragfläche des Modells 1971 passten. Ohne den zusätzlichen Auftrieb der Vorflügel operierte die MiG-23 bei Start und Landung nahe am Strömungsabriss, was schlicht und ergreifend kreuzgefährlich war. Deshalb wurden Starts und Landungen mit höheren Geschwindigkeiten geflogen, was aber der gewünschten Kurzstart- und Landefähigkeit abträglich war.

Es kam zu heftigen Auseinandersetzungen zwischen Militär und OKB. Das Militär verlangte die prompte Änderung dieses untragbaren Zustandes. Weil aber bereits 80 Tragflächensätze gebaut worden waren beschloss man salomonisch, diese Tragflächen zunächst in Serienmaschinen zu verbauen. Wenn eine überarbeitete, wieder mit Nasenklappen ausgestattete, Tragfläche verfügbar war, sollten die bis dato gebauten MiG-23 Modell 1971 auf die neue Tragfläche umgerüstet werden.

Äußerlich nicht zu sehen war eine weitere Neuerung. Um die Reichweite des Flugzeugs zu steigern und den gestiegenen Durst des leistungsstärkeren Triebwerks R-27F2M-300 zu befriedigen, wurde im Heckteil der Maschine ein weiterer Rumpftank eingebaut. Dieser Rumpftank fasste 450 Liter, was das gesamte Tankvolumen auf 4.700 Liter steigerte. Dieser Tank brachte aber den Nachteil mit sich, dass das Flugzeug schwerer wurde und sich der Masseschwerpunkt nach hinten verschob. Der Masseanstieg wurde durch die größere Schubkraft des Triebwerks kompensiert. Es leistete nun einen Schub von 8.000 kp im Normalbetrieb und 10.200 kp mit Nachbrenner.

Verbesserungen betrafen auch das Radar. Es kam das weiterentwickelte Sapfir-23L zum Einsatz. Dieses Radar wies bessere Leistungsparameter auf. So konnte es besser mit schnell manövrierenden Luftzielen umgehen und verlor diese nicht so schnell aus dem Erfassungsstrahl wie das Vorgängermodell.

Insgesamt wurden 102 Maschinen des Typs MiG-23 Modell 1971 gebaut. Einige Maschinen dienten der Flugerprobung, der Rest ging an zwei Fliegerregimenter.

Im Laufe der Zeit ist die Masse des Models 1971 auf die neue Tragfläche umgerüstet worden. Einige[65] flogen bis Dienstende mit der Tragfläche ohne Nasenklappen.

Technische Daten: MiG-23 Modell 1971	
Bezeichnung OKB / NATO	isdelije 23-11, Flogger B
Werksbezeichnung	isdelije 2
Einsatzzeitraum	ab 1971
Abmessungen	
Spannweite	7,78 m - 13,96 m
Rumpflänge	16,71 m
Höhe	4,82 m
Flügelfläche	34,16 m² - 37,27 m²
Massen	
Leermasse	10.690 kg
Startmasse	15.700 kg
max. Startmasse	18.400 kg
max. Waffenlast	2.000 kg
Treibstoffmenge	4.090 kg / 4.700 l
Antrieb	1 x R-27F2M-300
Schub	8.000 kp / 78,48 kN trocken
	10.200 kp / 100,06 kN Nachbrenner
Flugleistungen	
Höchstgeschwindigkeit	2.500 km/h in 13.000 m
Marschgeschwindigkeit	1.200 km/h
Überführungsreichweite	2.000 km (2.500 km mit Zusatztanks)
Gipfelhöhe	17.500 m
Steiggeschwindigkeit	175 m/s
Startgeschwindigkeit	262 km/h
Landegeschwindigkeit	235 km/h
Bewaffnung	
Bordkanone	1 x GScha-23 mit 200 Schuss
Waffenstationen	4 x Luft-Luft-Raketen R-3S, R-13M, R-23
	4 x Bomben je 50 kg bis 500 kg
	4 x ungelenkte Raketen

64 Das konnte aber nicht ausgenutzt werden, weil die Schwenklager nur für 3,5 g ausgelegt waren.

65 Einige Quellen besagen, dass nur eine einzige MiG-23 Modell 1971 nicht auf die neue Tragfläche umgerüstet worden ist. Diese Maschine war beim OKB MiG verblieben und stürzte 1983 bei einem Testflug ab.

MiG-23M

Die eigentliche Hauptserienversion MiG-23M begann ihr Leben unter der Bezeichnung MiG-23 Model 1972. Vom Konstruktionsbüro wurde sie isdelije 23-11M genannt. Das Herstellerwerk vergab die Bezeichnung isdelije 2M.

Äußerlich war die MiG-23M nur schwer von der MiG-23 Modell 1971 zu unterscheiden. Die Hauptunterschiede zwischen beiden Versionen waren gut unter der Außenhaut versteckt. Der wichtigste Unterschied war das neue Triebwerk R-29-300 aus dem OKB Sojus[66]. Dieses Aggregat war eine Weiterentwicklung des R-27F2M-300. Es war 110 mm länger, dafür aber 43 mm schmaler als das Vorgängermodell. Sein Gewicht war im Vergleich zum R-27F2M-300 um 380 kg angestiegen. Dieser Gewichtsanstieg wurde aber durch eine deutlich größere Schubkraft mehr als ausgeglichen. Die ersten Baulose des R-29-300 hatten einen Trockenschub von 8.300 kp und eine Nachbrennerleistung von 12.200 kp. Etwa ein Jahr nach Produktionsbeginn konnte die Nachbrennerleistung auf 12.500 kp gesteigert werden. Das war damals, Anfang der 1970er-Jahre, ein hervorragender Wert.

Das R-29-300 zeichnete sich durch eine hohe Zuverlässigkeit und Robustheit aus. Außerdem war es sehr pilotenfreundlich, weil es eine schnelle Gasannahme hatte. Vom Leerlauf bis zur maximalen Schubleistung (ohne Nachbrenner) benötigte das R-29-300 ganze drei bis fünf Sekunden. Zwei Sekunden länger dauerte es bis der Nachbrenner auf volle Leistung kam. Das war für damalige Verhältnisse sehr schnell.[67] Auch ließ sich die Nachbrennerleistung kontinuierlich steuern, was von den Piloten sehr geschätzt wurde. Ein weiterer Vorteil der R-29-300 zum Vorgängermodell war der deutlich gesunkene Treibstoffverbrauch. Hier war von einer Einsparung von 10% die Rede.

Die Cockpitsektion der MiG-23M. (Foto: Sammlung Wautschassow)

66 Chefkonstrukteur Chatschaturow hatte bereits das Triebwerk R-27 entwickelt.
67 Nur zum Vergleich, das Triebwerk der MiG-21, das R-11F-300, hatte etwa 21 Sekunden benötigt, um vom Leerlauf bis zur maximalen Nachbrennerleistung hochzulaufen.

Das R-29-300 passte hervorragend in die Zelle der MiG-23M. Größere Umbauarbeiten waren nicht vonnöten.

Die Tragfläche der MiG-23M war ebenfalls neu. Weil es die dritte Tragflächenvariante bei der MiG-23 war nannte man sie *»Tragfläche 3. Ausführung«* oder *»Tragfläche Typ 3«*. Der Unterschied zur *»Tragfläche Typ 2«*, wie sie bei der MiG-23 Model 1971 zum Einsatz gekommen war, bestand darin, dass die Tragflächenvorderkante wieder mit einer Auftriebshilfe ausgestattet war. Diesmal kamen aber keine Vorflügel zum Einsatz, wie bei der *»Tragfläche Typ 1«*, sondern Nasenklappen. Der Unterschied bestand darin, dass die Vorflügel je nach Fluggeschwindigkeit und Anstellwinkel automatisch ein- und ausgefahren wurden, die Nasenklappen der »Tragfläche Typ 3« jedoch mit den Landeklappen des Tragflügels gekoppelt waren. Wenn die Landeklappen ausgefahren wurden fuhren auch die Nasenklappen aus und vice versa. Problematisch war, dass sich die Landeklappen nur bei minimaler Tragflächenschwenkung ausfahren ließen. Eine sichere Landung war also nur bei der Flügelstellung von 16° möglich.[68]

Die Tragfläche, sowie der Schwenkmechanismus und die Rumpfstruktur waren so verstärkt, dass die MiG-23M bei einer Flügelstellung von 16° ein Lastvielfaches von 4,5 g, bei 45° eine Belastung von 7 g und bei 72° sogar 8 g aushalten konnte. Unter den Tragflächen konnten bei der MiG-23M jeweils ein Treibstoffzusatzbehälter[69] angebracht werden. Diese hatten ein Fassungsvermögen von 800 Liter. Die Aufhängung der Behälter war starr, was bedeutet, dass die Tragflächen nicht geschwenkt werden konnten. Um ein unabsichtliches Schwenken der Tragflächen bei angehängten Zusatzbehältern zu verhindern wurde die Flügelposition bei 16° fixiert.

Das Waffenkontrollsystem der MiG-23M war ebenfalls überarbeitet worden. Es hieß zunächst S-23L, dann S-23D und abschließend S-23D-III. Wichtigste Änderung war der Einbau modernerer Varianten des Radargerätes Sapfir-23. Hatten die ersten MiG-23M noch das Sapfir-23L der MiG-23 Modell 1971, so kam bald das Sapfir-23D zum Einsatz. Dieses Radar hatte im Vergleich zum 23L elf Verbesserungen. Dazu zählte die Fähigkeit Luftziele vor dem Erdhintergrund entdecken[70] und bekämpfen zu können[71], eine erhöhte Störfestigkeit, die Fähigkeit kleine Ziele zu erkennen und noch einiges mehr.

Ab 1973 wurde die Weiterentwicklung Sapfir-23D-III[72] verwendet. Neu war bei dieser Variante, dass der Umstieg von Röhrentechnologie auf Halbleitertechnik begonnen wurde. Damit wurde nicht nur die Leistungsfähigkeit des Radars gesteigert, sondern auch seine Zuverlässigkeit.

Mit diesem Radar hatte die MiG-23M eine vergleichbare Sensorleistung wie die F-4E Phantom oder die französische Mirage F1. Doch im Vergleich zu den westlichen Radargeräten konnte die MiG-23M Ziele vor dem Erdhintergrund erkennen und bekämpfen. Ein weiterer Vorteil der MiG-23M gegenüber der Phantom und der Mirage F1 bestand darin, dass sie den Wärmepeiler TP-23 ins Waffenkontrollsystem integriert hatte. Mit diesem Gerät war es möglich Luftziele zu entdecken, ohne das eigene Flugzeug durch Radaremissionen zu verraten. Unter normalen Wetterbedingungen war der TP-23 in der Lage eine vorausfliegende F-4 Phantom aus etwa 20 km zu entdecken.[73] Bei gutem Wetter mehr, bei schlechtem Wetter weniger.

---

68 In der NVA gab es aus diesem Grund einen tödlichen Unfall. Er betraf eine MiG-23UB, die von erfahrenen Piloten gesteuert wurde. Sie hatten vergessen beim Landeanflug die Tragfläche in die 16° Position zu bringen, weshalb die Landeklappen nicht ausgefahren wurden. Dummerweise warnte das Warnsystem bei einer Flügelstellung von 45° nicht vor diesem Flugzustand. Bei 16° hätte es das getan. Als Lehre aus diesem Unfall wurde fortan von der Bodenkontrolle per Funk bei jedem Anflug »Krylo schestnadzad« also »Flügel 16« gefordert. Damit wurde der Pilot angewiesen die Flügelstellung zu kontrollieren. So steht es jedenfalls in der Literatur geschrieben.
Mich hat *aber* ein *ehemaliger NVA-Pilot* kontaktiert, der die *Geschichte anders* beschrieb. Er führte aus, dass die beiden, sehr erfahrenen Flugzeugführer die Tragflächen der MiG-23UB sehr wohl in die 16°-Stellung gebracht hatten, jedoch vergessen hatten die Landeklappen auf die notwendige Stellung von 45° zu fahren. Deshalb war der Auftrieb der Tragflächen nicht groß genug und die Maschine schlug etwa 800 m vor erreichen der Landebahn auf. Zu den Warnsystem der MiG-23 sagte er, dass das SORZ genannte System bei einem Landeanflug mit einer anderen Flügelstellung als 16° sehr wohl Alarm geben würde. Beim fehlerhaften Ausfahren der Landeklappen würde sich das Warnsystem jedoch nicht melden. Deshalb habe die Flugleitung während eines Landeanflugs von Piloten der MiG-23 fortan gefordert den Einstellwinkel der Landeklappen von 45° zu kontrollieren.

69 In der östlichen Fliegersprache verwendete man den Begriff »Zusatzbehälter«. In der westlichen Terminologie war es ein »Zusatztank«. Abgesehen von der unterschiedlichen Bezeichnung war es ein und dasselbe.

70 Vorhergehende Radargenerationen litten darunter, dass vom Erdboden reflektierte Radarstrahlen Störsignale erzeugten, die auf dem Radarschirm angezeigt wurden und damit das Radarecho des angepeilten Flugzeugs überlagerten. Die neue Generation filterte das Störsignal der Erdhintergrunds weitestgehend aus.

71 Im westlichen Sprachgebrauch Look-Down/Shot-Down bezeichnet.

72 Das III ist nicht etwa der Versuch den kyrillischen Buchstaben »Ш« (Scha) mit den Mitteln des lateinischen Alphabets darzustellen, sondern schlicht und ergreifend die römische Ziffer 3.

73 Das war ein großer Vorteil gegenüber der MiG-23S, die ein Luftziel in Jägergröße, mit dem Radar RP-22, aus etwa 7 bis 9 km Entfernung entdecken konnte und sich dabei durch ihre Radaremissionen noch verriet.

Ein großer Schritt voran war der Wegfall des Radarschirms in der MiG-23M. Alle Radaranzeigen wurden nun direkt im Blickfeld des Piloten, durch das Blickfelddarstellungsgerät ASP-23M, angezeigt. Durch die Anzeige aller Radardaten direkt im Sichtfeld musste der Pilot nicht wie bisher nach unten ins Cockpit schauen, um auf dem neuesten Stand zu sein. Er konnte aus dem Cockpit schauen und das Umfeld beobachten, während er zeitgleich alle notwendigen Informationen in seinem Blickfeld angezeigt bekam. Zu den angezeigten Informationen gehörten nicht nur die Radardaten, sondern auch Angaben über Flughöhe, Geschwindigkeit, Kurs, Waffenparameter, Fluglage und nächster Wegpunkt. Die Darstellung der Informationen auf dem Blickfelddarstellungsgerät waren einfacher, als man es von einem amerikanischen HUD kannte. Es wurde aber derselbe Informationsumfang dargestellt.[74]

Neu war auch die Integration der Luft-Luft-Rakete R-60. Die R-60 war eine hochagile Waffe für den Nahbereich. Sie hatte eine sehr kurze tote Zone[75] und konnte von einem stark manövrierenden Flugzeug aus abgefeuert werden. Das Lastlimit für den Raketenstart lag bei 7 g, so dass die Rakete von einer MiG-23M aus nahezu jeder Fluglage eingesetzt werden konnte. Die Rakete R-60 konnte während ihres Fluges Lastvielfache von 42 g aushalten und deshalb extrem enge Kurven fliegen. Mit dieser Waffe hatte der Pilot einer MiG-23M ein Mittel an der Hand, um sich auch gegenüber manövrierfähigeren Flugzeugen durchzusetzen. Ein großer Vorteil bestand darin, dass es für diese Rakete Doppelstartschienen gab, so dass die Zahl der mitführbaren Luft-Luft-Raketen auf sechs stieg.

In der Praxis zeigte sich, dass der Gefechtskopf der R-60 mitunter zu schwach war, um stabil gebauten gegnerischen Flugzeugen tödliche Schäden zuzufügen. Deshalb wurde er in späteren Ausführungen der Rakete durch ein Stabmantelgefechtsteil aus abgereichertem Uran ersetzt.

Auch in der MiG-23M wurde das Flugsteuerungssystem SAU-23A (САУ-23А) verwendet. SAU-23A war ein komplexes System aus Autopilot und Nahnavigationssystem. Mit Hilfe des Navigationssystems RSBN-6S war der Autopilot in der Lage das Flugzeug eine Strecke entlang vorher einprogrammierter Wegpunkte zu steuern und danach automatisch zum Heimatflugplatz zurückzukehren. Theoretisch war das System sogar in der Lage das Flugzeug automatisch zu landen. Außerdem überwachte SAU-23A die Einhaltung der Flugparameter und warnte den Piloten vor einer Überschreitung derselben. Die MiG-23M wurde ab 1972 gebaut, ab 1973 in den sowjetischen Flie-

MiG-23M im Hangar. (Foto: Wauptschassow)

MiG-23M vor einer geschlossenen Flugzeugdeckung. (Foto: Sammlung Scheffler)

gerverbänden eingesetzt und 1974 offiziell in die Bewaffnung der sowjetischen Luftstreitkräfte aufgenommen. Die Produktion endete 1978 nach 1.353 gebauten Exemplaren. Die maximale Produktionsrate erreichte 40 Flugzeuge pro Monat.

In den Fliegereinheiten wurde die MiG-23M nicht mit überschwänglichem Enthusiasmus empfangen. Es hatte sich herumgesprochen, dass dieses Flugzeug kein großer Kurvenkämpfer war. Und Kurvenkampf, also Nahluftkampf, gehörte, auch wenn man das im Westen nicht glauben wollte, in den 1970er-Jahren durchaus zum Ausbildungsalltag der sowjetischen Jagdflieger.[76] Dass eine MiG-23M nicht in der Lage war eine MiG-21bis im Nahluftkampf zu bezwingen nahmen die Flieger nicht gern zur Kenntnis. Sie erkannten aber an, dass die moderne Ausrüstung der MiG-23M, mit ihrem weitreichenden Radar, dem exzellenten Nahbereichsnavigationssystem RSBN-6S, dem Fernkommandosystem Lasur und modernen Luft-Luft-Raketen mittlerer Reichweite die Effektivität bei der Abfangjagd deutlich gesteigert hatte. Was sie aber vermissten war Manövrierfähigkeit.[77]

Zum schlechten Image bei seinen Piloten trug bei, dass die MiG-23M in ihrer Anfangsphase von einer Unfallserie geplagt war. Die Unfälle waren so zahlreich, dass die MiG-23M, unter der Hand, mit der ebenfalls pannenträchtigen F-104 Starfighter verglichen wurde.

---

74 So konnte ein »Informationsoverkill« vermieden werden, wie er heutzutage in manch militärischen Fluggerät auftritt, wenn der Pilot mit einer Fülle von Informationen überschüttet wird, die er im Zweifelsfall zur Erfüllung seiner Aufgabe gar nicht benötigt.

75 In dieser Zone fliegt die Rakete noch ungelenkt und trifft in der Regel ihr Ziel nicht.

76 In der Zeit des Kalten Krieges glaubte man im Westen, dass die sowjetischen Jagdflieger ausschließlich unter strengster Kontrolle der Bodenleitstellen operieren würden und sich deren Ausbildung auf die simple Abfangjagd beschränke. Das entsprach nicht der Realität. Zwischen 10 bis 20% der Ausbildung eines sowjetischen Jagdfliegers umfasste damals der Nahluftkampf. Es wurde sogar eine Schule für den Nahluftkampf gegründet. Sie war im Turkmenien beheimatet und stellte das Gegenstück zu den amerikanischen Ausbildungsprogrammen Red Flag und Top Gun dar. Hier wurden zunächst MiG-21, später dann MiG-23 und abschließend MiG-29 zur Feinddarstellung verwende.

77 Man spottet: »Gebt uns ein agiles Flugzeug und baut die 23 zu Zieldrohnen um. Dann ist uns allen gedient.«

MiG-23M im Flug fotografiert, 1982. (Foto: US DoD)

Eine MiG-23M fängt eine P-3 Orion der US-Navy ab. (Foto: US DoD)

Oft steht geschrieben, dass die Schwenklager der Tragflächen die Unfallursache gewesen wären. Das ist nicht ganz falsch, trifft aber nicht ganz den Kern der Sache. Die Schwenklager hielten in der Regel den auftretenden Kräften stand. Was brach war die Befestigung der Schwenklager im feststehenden Teil der Tragflächen. Hier riss die Beplankung bei übermäßiger Beanspruchung auf, brach die innere Struktur der feststehenden Tragflächen, so dass die gesamten Tragflächen wegknickten. Den Piloten blieb in einer solchen Situation nur der Notausstieg per Schleudersitz. Der Grund für das Versagen der Tragflächenbefestigung war die übermäßige Belastung derselben bei Luftkampfmanövern. Darauf wurde zunächst mit der Beschränkung der zulässigen Flugparameter per Befehl reagiert. Ab 1977 war das Problem durch konstruktive Maßnahmen beseitigt und die Ausbildung im Luftnahkampf konnte im vollen Umfang wieder aufgenommen werden.

Im Dienstalltag zeigten sich weitere Schwächen. So stellte sie hohe Anforderungen an ihre Piloten bei der Einhaltung von Flugparametern und Handlungsweisen beim Waffeneinsatz. Beim unsachgemäßen Einsatz von R-13M-Raketen kam es z.B. regelmäßig zum Triebwerksausfall.[78] Das interne Navigationssystem ließ sich durch wilde Kursmanöver schnell verwirren und führte zu Missweisungen. Normalerweise wurde die Missweisung durch das RSBN-System ausgeglichen und die Positionsbestimmung war wieder korrekt. Falls sich die MiG aber außerhalb der Reichweite der RSBN-Funkfeuer befand konnten die Abweichungen zwischen realer Position und Position laut Navigationssystem schnell gravierend sein.

Während des Dienstalltags kam es immer wieder vor, dass bei Start oder Landung Fremdkörper von der Landebahn angesaugt wurden. Dies führte zur Beschädigung der Verdichterschaufeln des Triebwerks. Der Austausch beschädigter Triebwerke konnte in den Fliegereinheiten bis zu fünf Arbeitstage in Anspruch nehmen.[79] Nur unter ganz günstigen Bedingungen konnte der Triebwerkswechsel auch innerhalb eines Tages durchgeführt werden.

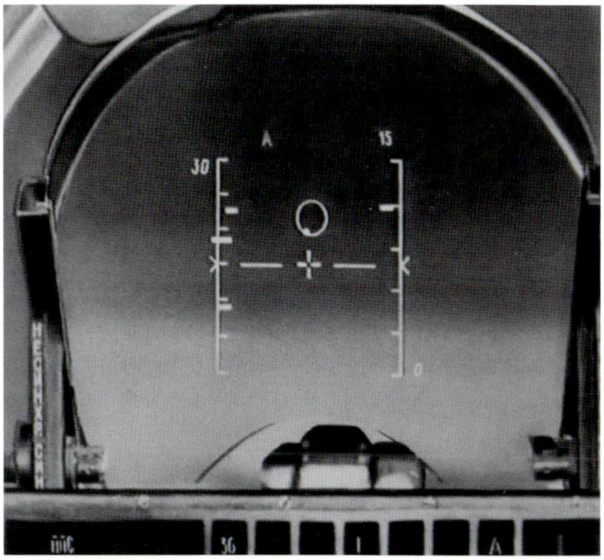

HUD der MiG-23M. (Foto: Sammlung Scheffler)

Wartungsarbeiten am Radar. (Foto: Wauptschassow)

Um dem entgegenzuwirken bekam die Sauberkeit der Start- und Landebahn, sowie der Rollwege bei MiG-23 Verbänden eine höhere Priorität, als man es von sowjetischen Flugplätzen gewohnt war.

Pflege und Wartung der MiG-23M stellten hohe Ansprüche an das Bodenpersonal. So war z.B. das Einrichten und Warten des Flugsteuerungssystems SAU-23A eine arbeitsintensive und knifflige Angelegenheit. Knifflig deshalb, weil die vorzunehmenden Einstellungen von Flugzeug zu Flugzeug unterschiedlich waren und

---

78 Wenn die Rakete von den Unterrumpfwaffenaufhängungen gestartet wurde, wurden Abgase der Rakete von den Lufteinläufen angesaugt. Diese führten wegen Sauerstoffmangels zum Triebwerksausfall. Deshalb musste während des Raketenstarts zusätzlicher Sauerstoff ins Triebwerk eingeblasen werden. Wurde dies vom Piloten vergessen ging das Triebwerk aus und die heikle Prozedur des Wiederanlassens in der Luft begann.

79 In der Regel arbeiteten Wehrpflichtige an den Maschinen. Diese waren nicht so perfekt ausgebildet wie berufsmäßige Techniker.

Etliche MiG-23M wurden zu MiG-23MF umgerüstet und exportiert. (Foto: Hendrik van Broekhuizen)

MiG-23M in offener Flugzeugdeckung. (Foto: Sammlung Wauptschassow)

MiG-23M mit abgezogenen Heck. (Foto: Wauptschassow)

MiG-23M im grauen Tarnanstrich der 1970er-Jahre. Später wurde auf eine Flecktarnung umgestellt. (Foto: Wauptschassow)

MiG-23M mit R-13M-Bewaffnung. (Foto: Wauptschassow)

MiG-23M mit Starterwagen. (Foto: Wauptschassow)

MiG-23M bei der Wartung.
(Foto: Wauptschassow)

MiG-23M im Flug fotografiert, 1989.
(Foto US DoD)

MiG-23M eines Fliegerausbildungsregiments. Siehe taktische Nummer. (Foto: Wauptschassow)

MiG-23M in Belgien abgestürzt. (Foto: Sammlung Normann)

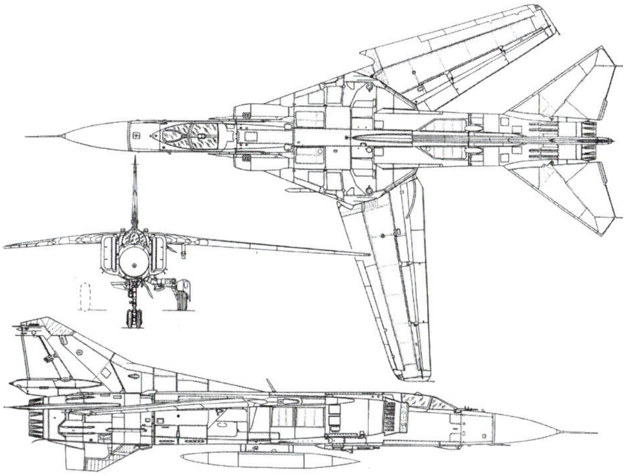

Die MiG-23M in der Dreiseitenansicht.

die dabei einzustellenden Parameter mitunter deutlich von den laut Vorschrift einzustellenden Werten abwichen.[80]

Die Avionik der MiG-23M machte ebenfalls Probleme. So stellte der Austausch von Komponenten des Radars Saphir-23D-III einen Kraftakt dar. Die Sendeanlagen konnten nur mit Hilfe eines Krans aus der Maschine gehoben werden, so schwer waren sie. Der Wechsel der Komponenten dauerte mindestens zwei Stunden, was zum Teil daran lag, das Teile der Elektronik in einem Fach hinter dem Cockpit eingebaut waren und man dort schlecht herankam. Das Kühlsystem des Radars war mit einem synthetischen Frostschutzmittel versehen.[81] Dieses Frostschutzmittel neigte aber zur Klumpenbildung und verstopfte die Filter des Kühlkreislaufs des Radars, was zum Radarausfall führen konnte. Auch zeigte sich, dass die Abdichtung der Flugzeuge oft nicht 100%ig funktionierte, so dass Feuchtigkeit in die Elektronik eindringen konnte und diese Schachmatt setzte.

Die MiG-23M war bis in die 1980er-Jahre hinein das Haupteinsatzmuster der sowjetischen Luftstreitkräfte. Ende der 80er-Jahre wurde sie durch die MiG-29 oder die Su-27 ersetzt. Sie blieb bis zum Ende der Sowjetunion im Einsatz. Etliche Maschinen gingen nach dem Zerfall der UdSSR in die Luftstreitkräfte der Nachfolgestaaten über, wurden aber recht schnell ausgemustert.

Die MiG-23M war allein den sowjetischen Streitkräfte vorbehalten. Sie wurde nicht exportiert. Allerdings wurden etliche MiG-23M zum nahezu baugleichen Exportmuster MiG-23MF umgerüstet und dann verkauft.

Technische Daten: MiG-23M	
Bezeichnung OKB / NATO	isdelije 23-11M, Flogger B
Werksbezeichnung	isdelije 2M
Einsatzzeitraum	ab 1973
Abmessungen	
Spannweite	7,78 m - 13,96 m
Rumpflänge	16,71 m
Höhe	4,82 m
Flügelfläche	34,16 m² - 37,27 m²
Massen	
Leermasse	10.890 kg
Startmasse	15.700 kg
max. Startmasse	18.400 kg
max. Waffenlast	2.000 kg
Treibstoffmenge	4.090 kg / 4.700 l + 1 bis 3 Zusatzbehälter je 800 l
Antrieb	1 x R-29-300
Schub	8.300 kp / 81,42 kN trocken
	12.500 kp / 122,62 kN Nachbrenner
Flugleistungen	
Höchstgeschwindigkeit	2.500 km/h in 13.000 m
Marschgeschwindigkeit	980 km/h
Überführungsreichweite	2.000 km (2.500 km mit Zusatztanks)
Gipfelhöhe	17.500 m
Steiggeschwindigkeit	195 m/s
Startgeschwindigkeit	262 km/h
Landegeschwindigkeit	235 km/h
Bewaffnung	
Bordkanone	1 x GScha-23 mit 200 Schuss
Waffenstationen	4 x Luft-Luft-Raketen R-60
	2 x Luft-Luft-Raketen R-3S, R-13M
	2 x Luft-Luft-Raketen R-23
	4 x Bomben je 50 kg bis 500 kg
	4 x ungelenkte Raketen

80 Am sichersten war es die Parameter vor Beginn der Wartung per Hand aufzuschreiben und am Ende der Wartung wieder einzustellen. Falls nicht machte das Flugzeug was es wollte und nicht was es sollte.

81 Beim Radar der MiG-21 hatte man noch 40%igen Alkohol für diese Aufgabe verwendet. Doch dieser Alkohol verdunstete gern in den Kehlen der Techniker.

MiG-23MS

Die MiG-23MS war die erste Exportversion der MiG-23. Sie war de facto eine Kombination aus dem Waffensystem der späten MiG-23S und der Zelle der MiG-23M. Allerdings mit einer Einschränkung: die Nase entsprach der des Trainers MiG-23UB.

Vom OKB MiG war dem Flugzeug die Bezeichnung isdelije 23-13 zugeteilt worden. Andere Bezeichnungen waren isdelije 23MS, isdelije 2MS und isdelije 12.

Der Ursprung der MiG-23MS lag im Oktoberkrieg 1973.[82] In diesem Krieg, den die Araber Ramadankrieg[83] nennen und den Israel und seine Verbündeten als Jom-Kippur-Krieg[84] bezeichnen, schlugen sich die Araber ganz respektabel. Auch wenn sie den Krieg aus westlicher wie östlicher Sicht verloren, so fühlten sie sich doch als Sieger, weil sie es vermocht hatten, Israel während der Kämpfe herbe Niederlagen[85] beizubringen. Trotz aller Erfolge, die die Araber erzielen konnten, hatte sie auch schwere Verluste erlitten und mussten erkennen, dass die ihnen zur Verfügung stehende Flugzeugtechnik nicht völlig in der Lage war mit den israelischen Flugzeugen mitzuhalten. Als Problem hatte sich erwiesen, dass es den MiG-21 nur schwer möglich war tief- und schnellfliegenden F-4E Kurnas[86] zu folgen. Die F-4 war in Erdbodennähe schneller als die MiG-21, so dass es vielfach vorkam, dass die arabischen Jagdflieger bombentragende F-4E Kurnas ziehen lassen mussten.

Die Araber brauchten also ein Flugzeug, dass in der Lage war einer F-4E im Tiefflug zu folgen. Und genau hier beginnt die Geschichte der MiG-23MS.[87] Weil zu den Interessenten für die MiG-23 nicht nur Syrien und Ägypten zählten, sondern auch finanzstarke Staaten wie Libyen und Irak, witterten die Verantwortlichen in den Sowjetunion ein gutes Geschäft und die Möglichkeit harte Petrodollar in die klammen Kassen der Sowjetunion zu spülen.

Allerdings war das sowjetischen Militär nicht sonderlich erfreut sein modernstes Jagdflugzeug in ausländischen Händen zu sehen. Schließlich war es sowjetische

MiG-23MS im Museum. (Foto: USAF Museum)

Diese MiG-23MS wurde von den sowjetischen Streitkräften zu Vorführungszwecken betrieben. (Foto: OKB MiG)

Doktrin niemals und unter keinen Umständen modernste Waffensysteme zu exportieren. Deshalb musste innerhalb kürzester Zeit eine vereinfachte Exportversion geschaffen werden.

Die Arbeiten begannen.

Um die Entwicklung zu beschleunigen wurde auf Bewährtes zurückgegriffen. Man nahm die Nasensektion der MiG-23UB und kombinierte sie mit der restlichen Zelle und dem Antrieb der MiG-23M. Dieses Konstrukt ergänzte man um das Waffenkontrollsystem Almas-23. Almas-23 war im Prinzip mit dem Waffenkontrollsystem S-22 der MiG-23S identisch. Kernstück des Systems war das Radar RP-22SM, alias Sapfir-21. Mit diesem Radar wurde erstmalig die radargelenkte Rakete R-3R für den Export freigegeben. Mit dieser Rakete konnte die MiG-23MS Luftziele in den Wolken bekämpfen, was ein großer Fortschritt war. Als infrarotgelenkte Rakete kam zunächst die R-3S in Frage. Als Option bot sich die weiterentwickelte Luft-Luft-Rakete R-13M an.

Für den Bodenangriff standen ungelenkte Bomben und Raketen zur Verfügung. Allerdings lag der Fokus der MiG-23MS auf der Bekämpfung von Luftzielen. Das Cockpit der MiG-23MS entsprach weitestgehend dem der MiG-23S. Es hatte wieder einen Radarschirm, die Radardaten wurden nicht ins Blickfelddarstellungsgerät eingespielt.

Das Flugsteuerungssystem SAU-23A (CAY-23A) wurde auch in der MiG-23MS verwendet. Es ermöglichte den automatischen Flug entlang vorher einprogrammierter Wegpunkte, sowie die Rückkehr zum eigenen Flugplatz. Eine automatische Landung war mit der in der MiG-23MS verwendeten SAU-23A Variante nicht möglich.

SAU-23A unterstützte den Piloten im Manöverluftkampf und überwachte die Einhaltung der Flugparameter. Allerdings arbeiteten die elektronischen Komponenten von SAU-23A etwas langsam, so dass das System mitunter bei schnell aufeinanderfolgenden Fluglageän-

82 Es gibt Quellen, die besagen, dass die MiG-23MS bereits vor dem Jom-Kippur-Krieg entwickelt worden sei und erste Lieferungen an Syrien bereits im Oktober 1973 erfolgten. Ich bezweifle die Aussagen dieser Quellen, weil in russischen Quellen zu erfahren ist, dass die MiG-23MS erst 1974 in Serienfertigung ging.
83 Soviel zum im Westen oft verbreiteten Mythos, dass die Araber im heiligen Monat Ramadan keine Kriege führen würden.
84 Alternative Schreibweise Yom-Kippur-Krieg.
85 Ich denke da nur an die Luftschlacht von Al Mansura am 14. Oktober 1973, die es laut der israelischen Geschichtsschreibung nie gegeben hat. Der 14. Oktober wird aber seit dem Krieg jährlich als Ehrentag der ägyptischen Luftstreitkräfte gefeiert.
86 Kurnas war der israelische Name für die Phantom.
87 Es gibt Quellen, die sagen, dass die Ägypter bereits 1970 Interesse an der MiG-23 gezeigt hätten und die sowjetische Seite die Lieferung von zwei Dutzend MiG-23 zusagte.

MiG-23MS in Libyen von einem US-Flugzeug im Jahre 1985 fotografiert. (Foto: US DoD)

derungen *»die Übersicht verlor«*. Deshalb war es durchaus möglich, dass das Flugzeug, trotz Autopilotunterstützung, in eine gefährliche Flugsituation geriet. Die Piloten mussten die MiG-23MS also mit Samthandschuhen anfassen und genau wissen, was sie ihrer Maschine zumuten konnten und was nicht.[88]

Funkgeräte, Freund-Feind-Kenngerät, sowie Radarwarner der MiG-23MS waren auf dem Stand, der von den Arabern bereits genutzten MiG-21MF. Doch nicht in allen Aspekten war die MiG-23MS ihrer sowjetischen Schwester MiG-23M unterlegen. So generierte die schlanke Radarnase einen geringeren Luftwiderstand, was sich in einem etwas besseren Beschleunigungsvermögen, einer geringfügig höheren Fluggeschwindigkeit und einer besseren Steigleistung bemerkbar machte.

Die MiG-23MS war ein Abfangjäger, der sich nur bedingt für den Kurvenkampf eignete. Wenn sie aber entsprechend ihrer Stärken eingesetzt wurde, so war sie ein durchaus effektives Waffensystem. Das zeigte sich 1974, als es einem syrischen Piloten gelang einen israelischen Angriffsverband, bestehend aus vier F-4E Kurnas, beim Anflug auf Aleppo zu überraschen. Er griff zunächst mit Raketen, dann mit der Bordkanone an und konnte zwei Kurnas abschießen. Es war ein klassischer Überraschungsangriff, der perfekt ausgeführt zum Erfolg führte.

Die MiG-23MS wurde zwischen 1974 und 1978 in Serie gefertigt. Es wurden insgesamt 178 Flugzeuge gebaut, die an Syrien, Ägypten, Libyen und den Irak verkauft wurden. Eine Handvoll MiG-23MS wurde von den sowjetischen Luftstreitkräften betrieben. Diese dienten als Vorführflugzeuge, die zukünftigen Käufern die Fähigkeiten der MiG-23MS demonstrieren sollten.

Interessant ist an dieser Stelle die Geschichte der ägyptischen MiG-23MS. Ägypten erhielt 1974 acht Maschinen dieses Typs. Zu weiteren Lieferungen kam es aber nicht, weil sich Ägyptens Präsident Sadat mit den Sowjets überwarf. Diese verweigerten nicht nur die Lieferung weiterer Flugzeuge, sondern auch die von Ersatzteilen, so dass die ägyptischen MiG-23MS bald nicht mehr flugbereit waren und abgestellt werden mussten. Es gab

88 Es heißt, dass in der Anfangsphase der Nutzung der MiG-23MS in den syrischen Luftstreitkräften mehr als ein Dutzend Maschinen abstürzten. Als Grund wurde unter anderem die Nichteinhaltung der Flugparameter wegen Selbstüberschätzung der Piloten angeführt.

MiG-23MS im Museum auf der Rollbahn. (Foto: USAF Museum)

MiG-23MS von der Seite gesehen. (Foto: USAF Museum)

MiG-23MS direkt von vorne gesehen. (Foto: USAF Museum)

Details des Bugrads. (Foto: USAF Museum)

Cockpit-Gesamtbild der MiG-23MS. (Foto: USAF Museum)

Details des Steuerknüppels. (Foto: USAF Museum)

Cockpit-Details der rechten Seite. (Foto: USAF Museum)

Cockpit-Details der linken Seite. (Foto: USAF Museum)

Details des Katapultsitzes der MiG-23MS. (Foto: USAF Museum)

Technische Daten: MiG-23MS	
Bezeichnung OKB / NATO	isdelije 23-11, Flogger E
Werksbezeichnung	isdelije 2MS, isdelije 23MS, isdelije 12
Einsatzzeitraum	ab 1974
Abmessungen	
Spannweite	7,78 m - 13,96 m
Rumpflänge	16,71 m
Höhe	4,82 m
Flügelfläche	34,16 m² - 37,27 m²
Massen	
Leermasse	10.890 kg
Startmasse	15.700 kg
max. Startmasse	18.400 kg
max. Waffenlast	2.000 kg
Treibstoffmenge	4.090 kg / 4.700 l + 1 Zusatzbehälter mit 800 Liter
Antrieb	1 x R-29-300
Schub	8.300 kp / 81,42 kN trocken
	12.500 kp / 122,62 kN Nachbrenner
Flugleistungen	
Höchstgeschwindigkeit	2.500 km/h in 13.000 m
Marschgeschwindigkeit	1.200 km/h
Überführungsreichweite	2.000 km (2.500 km mit Zusatztanks)
Gipfelhöhe	17.500 m
Steiggeschwindigkeit	195 m/s
Startgeschwindigkeit	262 km/h
Landegeschwindigkeit	235 km/h
Bewaffnung	
Bordkanone	1 x GScha-23 mit 200 Schuss
Waffenstationen	4 x Luft-Luft-Raketen R-3S, R-3R, R-13M
	4 x Bomben je 50 kg bis 500 kg
	4 x ungelenkte Raketen

aber zwei ausländische Mächte, die an diesen MiG-23MS interessiert waren: China und die USA. Deshalb verkaufte Ägypten zwei MiG-23MS an China. Die Chinesen nutzten diese Flugzeuge als Anschauungsobjekte und kopierten einige Systemlösungen. So finden sich die Lufteinläufe der MiG-23MS beim chinesischen Jagdflugzeug J-8II wieder, genau wie die faltbare Kielflosse.

Die USA verfolgten eine andere Absicht. Sie kauften die restlichen ägyptischen MiG-23MS und machten sie wieder flugfähig. Dann erprobten sie die Leistungsfähigkeit dieses Flugzeugtyps und als sie glaubten alles, was es zu wissen gab, zu wissen, gaben sie die MiG-23MS an die Aggressorstaffel der US Air Force ab. Dort bekamen die MiG-23MS Phantasietarnbemalungen, die den echten Tarnmustern sowjetischer MiG's nachempfunden waren, sowie den Roten Stern.[89] Anschließend wurden sie von Elitepiloten geflogen, die sowjetische Einsatztaktiken nachahmten und sich amerikanischen Piloten zum simulierten Luftkampf stellten. Eine sonderlich hohe Meinung hatten die amerikanischen Piloten nicht von der MiG-23MS. Mindestens zwei Maschinen gingen während der Übungsgefechte verloren. Ein Pilot verlor dabei sein Leben.

89 Dieser hatte allerdings keinen weißen Rand, sondern einen gelben.

MiG-23MF

Die MiG-23MF war die zweite Exportvariante der MiG-23. Wie ich bereits früher erwähnte war die Sowjetunion mehr als reluktant, wenn es darum ging erstklassige Waffensysteme zu verkaufen. Erstklassige Waffensysteme gab es nur für die eigenen Streitkräfte. Für den Export wurden stets *»entfeinerte«* Systeme freigegeben. *»Entfeinert«* bedeutet, dass leistungsschwächere Komponenten verbaut wurden. Der einfachste Weg der *»Entfeinerung«* war die Freigabe von Waffensystemen, die in etwa dem Leistungsstand der sowjetischen Systeme entsprachen, wenn die sowjetischen Streitkräfte bereits die leistungsmäßig nächsthöhere Version erhielt.[90] So geschah es auch bei der MiG-23. Als für die sowjetischen Luftstreitkräfte die deutlich leistungsstärkere MiG-23ML verfügbar war, wurde die ältere MiG-23M für den Export frei. Weil es aber auch noch bei der älteren MiG-23M einige Bauelemente gab, die als streng geheim eingestuft wurden, mussten diese bei der Exportversion durch andere Bauelemente ersetzt werden. Dies betraf unter anderem das Freund-Feind-Kenngerät und den Radarwarner. Weil es doch einige Unterschiede zwischen der MiG-23M und der Exportversion gab wurde letztere MiG-23MF genannt.

Das Konstruktionsbüro vergab die Bezeichnung isdelije 23-11A, bzw. isdelije 23-11B. Die Variante A war für befreundete Nationen innerhalb der Vertragsorganisation des Warschauer Paktes bestimmt, die Variante B ging an den Rest der Welt. Beim Herstellerwerk lief die MiG-23MF unter den Bezeichnungen isdelije 23MF, isdelije 2MF, isdelije 2A bzw isdelije 2B.

Die Variante A war äußerlich mit den sowjetischen MiG-23M identisch. Unter der Haut gab es aber einige Veränderungen. So war das Waffenkontrollsystem S-23E statt des S-23D-III verbaut. Unterschiede zwischen beiden Systemen bestand im Einbau des Radars Sapfir-23E und des Wärmesuchgerätes TP-23-1.[91] Radar und Wärmesucher waren nicht ganz so leistungsfähig und störsicher wie die sowjetische Originale.

Im Flugsteuerungssystem SAU-23A (САУ-23А) gab es einige kleine Abweichungen, das Freund-Feind-Kenngerät war älterer Natur und genau wie die Funkausrüstung.

Polnische MiG-23MF in Slupsk. (Foto: Rob Schleiffert)

90 Das betraf nicht nur Flugzeuge, sondern auch alle anderen hochentwickelten Waffensysteme. Als Beispiel sei hier der Panzer T-72A genannt, der erst dann unter der Bezeichnung T-72M1 in den Export ging, als für die sowjetischen Streitkräfte der deutlich leistungsstärkere T-72B zur Verfügung stand.

91 Es gab aber Differenzen zwischen den MiG-23MF. So hatten z.B. die MiG-23MF der NVA das Radar Sapfir-23D-III.

Dafür war die MiG-23MF von Anfang an für die Druckbetankung ausgelegt.

Der erste Exportkunde für die MiG-23MF Variante A war Bulgarien. Weitere Maschinen gingen an die Tschechoslowakei, die DDR, Polen, Ungarn und Rumänien.

Die Variante B der MiG-23MF war noch weiter *»entfeinert«*. So war das Radar nicht ganz so widerstandfähig gegen Störmaßnahmen des Gegners und das Datenfernübertragungssystem Lasur war nicht ganz so leistungsfähig. Die MiG-23MF Variante B wurde zunächst ohne die Luftkampfrakete R-60 geliefert. Diese wurde erst 1981 für den Export in *»B-Länder«* freigegeben.

Die MiG-23MF wurde zwischen 1978 und 1983 gebaut. Insgesamt wurden 278 Maschinen beider Varianten hergestellt.

Trotz aller Einschränkungen war die MiG-23MF für ihre Einsatzländer ein großer Schritt nach vorn. Zum ersten Mal erhielten sie ein Flugzeug, das in der Lage war ein Luftziel im Gegenkursabfangverfahren zu bekämpfen. Ein Flugzeug, das in der Lage war Ziele vor dem Erdhintergrund zu entdecken und zu vernichten. Ein Flugzeug, das eine atemberaubende Beschleunigung besaß und eine recht ansehnliche Steigleistung. Wurde sie taktisch korrekt angewendet, dann stellte die MiG-23MF ein ernstzunehmendes Jagdflugzeug dar.

Über der Ostsee änderte das Auftauchen der MiG-23MF die Spielregeln im Kalten

Radar Sapfir-23D III. (Foto: OKB MiG)

Das Cockpit der MiG-23MF. (Foto: OKB MiG)

Cockpit einer ungarischen Maschine. (Foto: VargaA)

Diese MiG-23MF trägt Schreiberraketen. Diese dienen der Ausbildung und besitzen einen echten Suchkopf. Erkenntlich sind sie an den drei schwarzen Streifen. (Foto: Rob Schleiffer)

Polnische MiG-23MF im dreifarbigen Tarnanstrich bewaffnet mit R-13M Raketen (Foto: Hendrik van Broekhuizen)

Diese MiG-23MF der polnischen Streitkräfte trägt einen weißen Streifen zur Unterscheidung von Freund und Feind während eines Manövers. (Foto: Rob Schleiffert)

Diese polnische Maschine war 1990 in den FWD Dresden zur Überholung. (Foto: Rob Schleiffert)

Krieg. Hier kam es zwischen dänischen Saab 35 Draken und MiG's der NVA immer wieder zu Reibereien. Solange die NVA-Piloten mit der MiG-21 antraten spielten die Dänen mit Vorliebe das Spiel *»Wer kann am langsamsten fliegen?«* Beim Auftauchen der MiG-21 verringerten sie die Geschwindigkeit der Draken solange, bis ihnen die MiG's nicht mehr folgen konnten und beschleunigen mussten, um nicht vom Himmel zu fallen. Dann setzten sich die Dänen hinter die MiG, erfassten diese mit dem Radar und freuten sich diebisch darüber, dass den MiG-21 Piloten die Ohren klingelten, weil deren Radarwarner ansprach.

Mit dem Auftauchen der MiG-23 änderte sich die Lage. Die MiG-23MF konnte deutlich langsamer fliegen als die Draken. Und nun begannen die Draken beim Langsamflugwettbewerb eher abzuschmieren und mussten beschleunigen, um nicht vom Himmel zu fallen. Dann schaltete die MiG-23 das Radar auf und den Dänen klingelten die Ohren. Sie verloren recht schnell die Freude am vorher beliebten Spiel und versuchten nun die Konfrontation bei höheren Geschwindigkeiten, wobei sie die exzellente Manövrierfähigkeit der Draken und später der F-16A einsetzten. Die Reaktion der NVA-Piloten bestand darin in aufgelöster Formation und mit mehreren Kilometern Abstand zu fliegen. Dank ihrer weitreichenden Radargeräte konnten sie nun aufdringliche Dänen aus der Distanz verscheuchen. Wie sagte es ein ehemaliger NVA-Pilot nach einem solchen Ereignis so schön: *»Ich habe noch nie jemanden so schnell abhauen sehen!«*

Die MiG-23MF, Variante B, bekam auf mehreren Kriegsschauplätzen Gelegenheit mit dem Gegner die Klingen zu kreuzen. Der erste Kampfeinsatz fand, im Bestand der irakischen Luftstreitkräfte, im Krieg gegen den Iran statt. Die irakischen MiG-23MF war zunächst nur mit Luftkampfraketen der Typen R-3S, R-13M und R-23 ausgerüstet. Diese Raketen waren für die Abfangjagd geeignet, jedoch nicht oder nur bedingt für den Manöverluftkampf. Deshalb rüsteten die Iraker ihre Flugzeuge so um, dass sie französische Luftkampfraketen des Typs Matra 550 Magic verwenden konnten. Ab 1983 wurden durch die Sowjetunion auch R-60 Raketen an den Irak geliefert und so modernisiert konnte sich die MiG-23MF im Luftkampf durchaus behaupten.

Etwas anders sah es in Syrien aus. 1982 kam es zum Libanonkrieg mit Israel, wo die MiG-23MF gegen F-15A und F-16A antreten mussten. Gegen diese neue Flugzeuggeneration hatte es die MiG-23MF schwer. Sie konnte sich nur behaupten, wenn sie taktisch korrekt eingesetzt wurde und die Geschwindigkeit hoch blieb. Sobald eine MiG-

Eine ungarische Maschine beim Start. Das Fahrwerk wird eingezogen. (Foto: Martin Baumann)

Eine MiG-23MF beim Landeanflug. (Foto: Rob Schleiffert)

Landung mit Bremsschirm. (Foto: Rob Schleiffert)

Technische Daten: MiG-23MF	
Bezeichnung OKB / NATO	isdelije 23-11A oder B, Flogger B
Werksbezeichnung	isdelije 2A oder B, isdelije 2MF, isdelije 23MF
Einsatzzeitraum	ab 1973
Abmessungen	
Spannweite	7,78 m - 13,96 m
Rumpflänge	16,71 m
Höhe	4,82 m
Flügelfläche	34,16 m² - 37,27 m²
Massen	
Leermasse	10.890 kg
Startmasse	15.700 kg
max. Startmasse	18.400 kg
max. Waffenlast	2.000 kg
Treibstoffmenge	4.090 kg + 1 bis 3 Zusatzbehälter je 800 Liter
Antrieb	1 x R-29-300
Schub	8.300 kp / 81,42 kN trocken
	12.500 kp / 122,62 kN Nachbrenner
Flugleistungen	
Höchstgeschwindigkeit	2.500 km/h in 13.000 m
Marschgeschwindigkeit	1.200 km/h
Überführungsreichweite	2.000 km (2.500 km mit Zusatzbehälter)
Gipfelhöhe	17.500 m
Steiggeschwindigkeit	195 m/s
Startgeschwindigkeit	262 km/h
Landegeschwindigkeit	235 km/h
Bewaffnung	
Bordkanone	1 x GScha-23 mit 200 Schuss
Waffenstationen	2 x Luft-Luft-Raketen R-3S, R-13M
	4 x Luft-Luft-Raketen R-60
	2 x Luft-Luft-Raketen R-23
	4 x Bomben je 50 kg bis 500 kg
	4 x ungelenkte Raketen

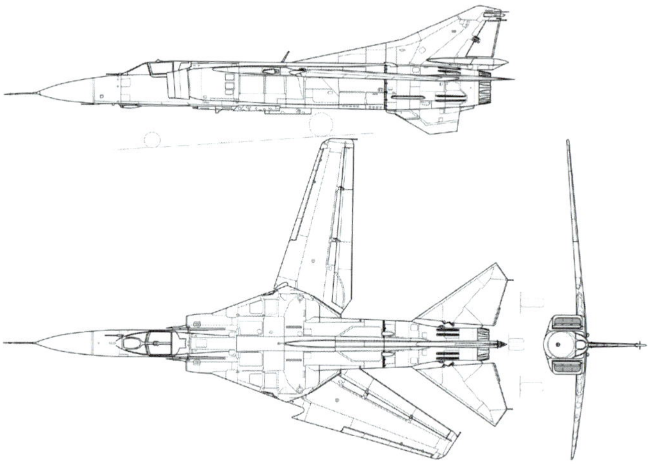

Die MiG-23MF in der Dreiseitenansicht.

23MF in den Luftnahkampf eintrat wurde sie ausmanövriert und abgeschossen. Im Kampf gegen die F-16A hatte die MiG-23MF den Vorteil eine Rakete im Gegenkursabfangverfahren einsetzen zu können. Syrische Quellen behaupten, dass auf diese Weise mehrere F-16A abgeschossen wurden und sich das Abschuss/Verlust-Verhältnis zwischen MiG-23MF und F-16A auf 1:2 belief.[92]

Bei ihren Piloten rief der MiG-23MF gemischte Gefühle hervor. Sie lobten die angenehmen Start- und Landeeigenschaften des Flugzeugs, die viel besser waren als beim Vorgängermodell MiG-21.[93] Auch wurden die weitreichenden Sensoren und Waffen positiv aufgenommen. Die hohe Geschwindigkeit wurde ebenfalls gelobt. Die maximal zulässige Geschwindigkeit von 2.500 km/h war spielend zu erreichen und auch zu überschreiten.[94]

Als nachteilig sah man die eingeschränkte Manövrierfähigkeit. Mancher Pilot meinte deshalb, dass die MiG-21bis, in der Rolle als Jagdflugzeug, besser gewesen sei als die MiG-23MF. Negativ fiel auch auf, dass die MiG-23MF nicht von Feldflugplätzen eingesetzt werden konnte. Das hatte weniger mit dem Fahrwerk zu tun, das manche Quellen als robust genug bezeichnen. Das Problem war der Neigungswinkel der Längsachse des Flugzeugs, der so ausgerichtet war, dass der Abgasstrahl des Triebwerks beim Start über die Startbahn schrammte und Schäden hinterließ. Beschädigungen der Startbahn konnte bereits bei Betonbahnen auftreten, bei Rasenpisten waren sie verheerend.

92 Die Syrer konnten aber keine Belege für ihre Behauptung beibringen, weshalb die Aussage durchaus bezweifelt werden kann.
93 Es wurde sogar behauptet, dass die MiG von allein starten würde, wenn man nur genug Gas gäbe. Dies kam durch die »Nase-hoch«-Position zustande, die perfekt für den Start geeignet war. Beim Landeanflug wurde die relativ geringe Landegeschwindigkeit und ein gutmütiges Verhalten in dieser Flugphase geschätzt.
94 Es soll in einem Fall vorgekommen sein, dass ein Pilot im Geschwindigkeitsrausch seine MiG-23 bis auf 2.900 km/h beschleunigt hat.

Die Jäger der zweiten Generation

MiG-23ML

Die Amerikaner hatten sehr schnell eingesehen, dass ihr Wundervogel F-111 nicht das Gelbe vom Ei war. Als Bombenträger war er recht brauchbar, aber als Jagdflugzeug war er ein Totalausfall. Deshalb begannen sie sehr bald eine neue Flugzeuggeneration zu entwickeln, zu der später die F-15, die F-16 und der Marinejäger F-14 gehören sollten. In die Entwicklung dieser Flugzeuggeneration flossen die Erfahrungen des Vietnamkrieges, sowie anderer lokaler Kriege, wie die im Nahen Osten oder zwischen Indien und Pakistan ein.

1971 entschloss sich die sowjetische Führung dazu auf diese Entwicklung zu reagieren und befahl zwei neue Jagdflugzeugtypen der nächsten Generation zu entwickeln. Die Projekte firmierten unter der Bezeichnung PFI[95] für einen schweren Luftüberlegenheitsjäger und PLMI[96] für ein zukünftiges Frontjagdflugzeug. Daraufhin erging an die Konstruktionsbüros Suchoi, Jakowlew und MiG die Aufforderung entsprechende Flugzeugentwürfe zu entwickeln und einzureichen. So entstanden im OKB Suchoi das Flugzeug T-10, bei Jakowlew die Jak-45M und Jak-47 und im Hause Mikojan Gurjewitsch das Projekt isdelije 9.

Die T-10 wurde als schwerer Luftüberüberlegenheitsjäger ausgewählt, MiG's isdelije 9 erhielt den Zuschlag für das zukünftige Frontjagdflugzeug. Jakowlew ging leer aus. Es war aber abzusehen, dass eine geraume Zeitspanne bis zur Serienreife der neuen Jagdflugzeuggeneration vergehen würde. Deshalb mussten die im Einsatz stehenden Flugzeugtypen so modernisiert werden, dass sie diese Frist überbrücken konnten. Im OKB MiG betraf dies die MiG-23.

Seit die MiG-23 entwickelt worden war hatten sich die Vorstellungen über den Ablauf des Luftkriegs gewandelt. Stand vorher die überschallschnelle Abfang-

So sah der MiG-23ML-Prototyp aus. (Foto: OKB MiG)

95 Perspektivnij Frontowoi Istrebitjel, Perspektivisches Frontjagdflugzeug
96 Perspektivnij Ljochki Massowij Istrebitjel, Perspektivisches leichtes und in großer Stückzahl herstellbares Jagdflugzeug

MiG-23ML der tschechischen Streitkräfte im Überflug. (Foto: Martin Baumann)

jagd im Vordergrund, so war nun, nach den Erfahrungen des Vietnamkrieges, eine hohe Durchsetzungsfähigkeit im Manöverluftkampf gefragt. Und damit standen die Konstrukteure der MiG-23 vor einem großen Problem. Ihr Flugzeug war einst als *»beschränkt manövrierfähiges«* Jagdflugzeug entwickelt worden. Ein maximales Lastvielfaches von 5 g schien damals völlig auszureichen. Doch nun war hochagiler Manöverluftkampf verlangt und ein Lastvielfaches von mehr als 8 g. Die Flugzeugzelle musste deshalb verstärkt werden. Gleichzeitig sollte das Gewicht abnehmen. Und niemand wusste, wie das gehen sollte. Der Auftraggeber forderte nichts geringeres als die Quadratur des Kreises.

Der erste Schritt zur Lösung des Problems stellte eine konsequente Leichtbauweise dar. Alle Bauteile wurden untersucht, ob sich ihr Gewicht nicht verringern ließ. Und nachdem getan war, was getan werden musste wog die MiG-23 nun fast 1.250 kg[97] weniger, wenn sie an der Startlinie stand.

Ein wichtiger Schritt war der Übergang zum neuentwickelten Triebwerk R-35-300. Das R-35 war eine Weiterentwicklung des in der MiG-23MF verwendeten R-29-300. Das Triebwerk war etwa 115 kg leichter, entwickelte einen etwas stärkeren Schub und, das war entscheidend, hatte einen deutlich geringeren Triebstoffverbrauch. Weil das Triebwerk nicht mehr so durstig war konnte man auf den vorher im Heck des Flugzeugs verbauten Treibstofftank Nr. 4 verzichten. In den Tragflächen wurde die Zahl der Tanks von sechs auf vier verringert. Das mitgeführte Treibstoffgewicht sank von ursprünglich 4.090 kg auf 3.700 kg.

Das neue Triebwerk war ein wenig kürzer als das Vorgängermodell, so dass es möglich war die Länge der Flugzeugzelle etwas zu reduzieren. Weil es Fortschritte im elektronischen Flugsteuerungssystem gab war es möglich die Längsstabilität des Flugzeugs herabzuset-

97 Andere Quellen geben etwas abweichende Werte an. So werden in der Literatur 1.400 kg bis 1.500 kg Gewichtsreduktion genannt.

98 Die Komponenten waren im Vergleich zu westlichen Bauteilen immer noch groß und klobig. Nicht zu Unrecht spottete man, dass die sowjetische Mikroelektronik die größte Mikroelektronik der Welt war. Dennoch war es ein Weg in die richtige Richtung und die erzielte Gewichtsreduktion war deutlich spürbar.

99 Ziele in Jägergröße konnten bis zu einer Distanz von etwa 60 km entdeckt werden.

zen. Dazu wurde das Seitenleitwerk überarbeitet. Die bisher weit nach vorn reichende Seitenleitwerkswurzel wurde in ihrer Länge erheblich gekürzt. Die Nasenkante des Seitenleitwerks wies nun nur noch einen kaum wahrnehmbaren Knick auf. Hier wurde einiges an Gewicht eingespart. Die Gesamtfläche des Seitenleitwerks nahm dabei um 1,20 m² ab.

Die Tragfläche wurde ebenfalls überarbeitet. Das betraf vor allem die Tragflächenhinterkante, wo die Zahl der Landeklappen von vier auf drei pro Tragfläche reduziert wurde. Auch dieser Schritt half ein paar Kilo Gewicht einzusparen.

Eine weitere Gewichtsreduktion konnte in den elektronischen Bauteilen erreicht werden. Auch in der Sowjetunion war die Mikroelektronik angekommen, weshalb es möglich war elektronische Bauteile kleiner und leichter zu machen.[98]

So gelang es zum Beispiel das Radar zu verkleinern, dabei Gewicht einzusparen und gleichzeitig seine Reichweite zu erhöhen. Das Sapfir-23ML (Сапфир-23МЛ) konnte ein Luftziel auf eine Distanz von bis zu 85 km orten[99], beim Sapfir-23D-III der MiG-23MF war dies nur auf 50 bis 55 km möglich gewesen.

Der in der MiG-23ML eingesetzte Infrarotsensor TP-23M war unter sehr günstigen Bedingungen in der Lage Ziele bis zu einer Distanz von 30 km zu entdecken. Äußerlich unterschied sich der Wärmepeiler vom Vorgängermodell, dass er nun drei, statt zwei Sichtfenster hatte.

Radar und Infrarotsensor waren im Waffenkontrollsystem S-23ML vereint. Die von den Sensoren gelieferten Informationen wurden auf dem Blickfelddarstellungsgerät ASP-23ML im Sichtfeld des Piloten dargestellt. Einen separaten Bildschirm gab es nicht.

Neuerungen gab es auch beim Waffenkontrollsystem. So war die MiG-23ML von Anfang an in der Lage die hochagilen Luftkampfraketen R-60 (NATO Code: AA-8 Aphid) einzusetzen. Für diese Rakete gab es Einzel- und Doppelstartschienen. Darüber hinaus war die MiG-23ML mit der Mittelstrecken-Luft-Luft-Rakete R-23 ausgestattet. Diese gab es in einer radargelenkten Variante, R-23R genannt, und eine mit wärmesuchendem Sensorkopf, R-23T. Beim Vorgängermodell MiG-23M, bzw. MF, konnte ein Flugzeug nur mit typengleichen Raketen ausgerüstet werden. Also zwei R-23R oder zwei R-23T. Eine Mischkonfiguration war nicht möglich. Beim Wechsel von einer Raketenart zur anderen mussten die Raketensteuerteile ausgetauscht werden, was zeit- und arbeitsintensiv war. Dies war bei der MiG-23ML nicht mehr nötig. Sie konnte sowohl typengleiche Raketen, als auch einen Mix aus R-23R und T tragen und einsetzen. Später wurde die verbesserte Rakete R-24 in das Waffensystem der MiG-23ML integriert.

Einen kleinen Nachteil hatte die modernere Ausrüstung der MiG-23ML doch. Es war nun nicht mehr möglich radargelenkte Raketen, die von einer zweiten MiG-

MiG-23ML im schnellen Überflug. Die Tragflächen sind auf 45 Grad eingestellt. (Foto: Martin Baumann)

Tschechische Sonderbemalung im Tigerlook. (Foto: Martin Baumann)

Der Pilot einer MiG-23ML steigt aus. (Foto: Rob Schleiffert)

23 abgefeuert wurden, ins Ziel zu lenken.[100]

Die Flugsteuerung war ebenfalls überarbeitet worden. Hier half das überarbeitete automatische Flugsteuerungssystem SAU-23AM dem Piloten die MiG-23ML bis an ihre Leistungsgrenze zu fliegen. Die Gefahr ins gefürchtete Trudeln zu fallen wurde durch das nun schneller und zuverlässiger arbeitende SAU-23AM System drastisch reduziert.

Das Flugzeug wurde aber nicht nur leichter, sondern auch stärker gemacht. Der Schwenkmechanismus der Tragflächen wurde so verbessert, dass nun Flugmanöver mit einem Lastvielfachen von 8,5 g erlaubt waren. Bei der MiG-23MF[101] hatte das Limit bei 7 g und bei der MiG-23S sogar nur bei 5,5 g gelegen.

Ein weiterer, äußerlich gut sichtbarer Unterschied zwischen der MiG-23ML und ihren Vorgängerinnen war das Fahrwerk. Bei der MiG-23ML war das Bugfahrwerk merklich gekürzt worden, während man die Bodenfreiheit des Hauptfahrwerks um 14,5 cm angehoben hatte. Das Gesamtbild des Flugzeugs wandelte sich dadurch deutlich. Die MiG-23 hockte nun nicht mehr wie ein hüftlahmer Köter auf der Startbahn, sondern wirkte wie ein aggressiver Terrier, der sich darauf freute endlich auf Jagd gehen zu können. Außerdem wurde die Kinematik des Fahrwerks vereinfacht, es wurde robuster und zuverlässiger gemacht. Das Fahrwerk der MiG-23 war nach seiner Überarbeitung so robust, dass es nun auch für den Betrieb auf Rasenpisten zugelassen war. Nicht alle Betreiber nutzten diese Möglichkeit. Zu denen, die der Standfestigkeit weiterhin misstrauten gehörte die NVA.

Die MiG-23ML hatte ihren Jungfernflug am 21. Januar 1975. Die Serienproduktion wurde 1976 aufgenommen und dauerte bis 1983 an. Sie wurde zunächst ausschließlich für die sowjetischen Streitkräfte gebaut, später aber für den Export freigegeben. Zu den Exportkunden gehörten die DDR, die Tschechoslowakei, Bulgarien, Angola, Kuba, der Irak, Syrien und Nordkorea.

Vom Konstruktionsbüro wurde die MiG-23ML isdelije 23-12 genannt. Im Herstellerwerk firmierte sie unter der Bezeichnung isdelije 3.

An dieser Stelle sei angemerkt, dass die Produktion der MiG-23ML fließend in die des Nachfolgemusters MiG-23MLA überging, so dass es schwer ist eine kon-

100 Im Libanonkrieg 1982 war es den Israelis gelungen das Radar der MiG-23MF auf kurze Distanz zu stören. Ein erfolgreicher R-23R Raketeneinsatz war deshalb nicht gegeben. Deshalb tauschten die Syrer die auf die Radare abgestimmten Raketen zweier MiG-23MF aus, so das jedes Flugzeug die Raketen des anderen, jedoch nicht seine eigenen, lenken konnte. Nun flog der Raketenträger voraus, während der der Raketenlenker einige Kilometer zurückblieb. Wenn die führende MiG-23MF in Feuerreichweite war startete sie ihre Rakete und ging augenblicklich in ein Ausweichmanöver. Die zweite MiG-23MF lenkte die gestartete Rakete aus der Distanz ins Ziel. Syrische Quellen behaupten, dass auf diese Weise mehrere F-16A der Israelis abgeschossen wurden.

101 Genau genommen waren es bei 16° Pfeilwinkel 8 g, aber bei 45° und 72° lag das Limit bei 7 g.

Tschechische MiG-23ML in Seitenansicht. (Foto: Marcel de Jong)

MiG-23 der CSSR während der Wartung. Man beachte die Schleifspuren. Foto: Sammlung Normann)

Technische Daten: MiG-23ML	
Bezeichnung OKB / NATO	isdelije 23-12, Flogger G
Werksbezeichnung	isdelije 3
Einsatzzeitraum	ab 1976
Abmessungen	
Spannweite	7,78 m - 13,96 m
Rumpflänge	16,63 m
Höhe	4,82 m
Flügelfläche	34,16 m² - 37,35 m²
Massen	
Leermasse	8.472 kg (10.230 kg)
Startmasse	14.770 kg
max. Startmasse	17.800 kg
max. Waffenlast	2.000 kg
Treibstoffmenge	3.700 l + 1 bis 3 x Zusatzbehälter je 800 l
Antrieb	1 x R-35-300
Schub	8.550 kp / 83,87 kN trocken
	13.000 kp / 127,53 kN Nachbrenner
Flugleistungen	
Höchstgeschwindigkeit	2.500 km/h in 11.000 m
Marschgeschwindigkeit	1.250 km/h
Aktionsradius	700 km
Gipfelhöhe	18.500 m
Steiggeschwindigkeit	215 m/s
Bewaffnung	
Bordkanone	GScha-23 mit 200 Schuss
Waffenstationen	2 x Luft-Luft-Raketen R-23 oder R-24
	2 - 4 x Luft-Luft-Raketen R-60
	4 x Bomben 50 bis 500 kg
	4 x ungelenkte Raketen
	2 x Kanonenbehälter UPK-23-250
	1 - 3 x Zusatzbehälter 800 l

krete Trennlinie zwischen beiden Versionen zu ziehen.

In etlichen Publikationen wird die MiG-23ML mit der MiG-23MLA gleichgesetzt, bzw. die MLA als Untervariante der ML angesehen.

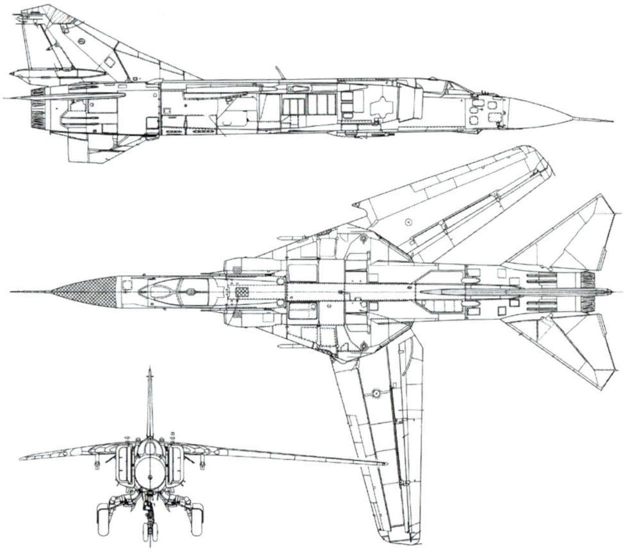

Die MiG-23ML in der Dreiseitenansicht.

Nach der Wende erhielt die USA von der Bundesrepublik Deutschland zwölf MiG-23ML aus Beständen der NVA geschenkt und nutzte sie in der Aggressorfliegerstaffel auf der Nellis Air Force Base in Nevada. Während sich die amerikanischen Elitepiloten über das vorher genutzte Modell MiG-23MS ständig beschwerten, gab es bei der Nutzung der MiG-23ML keinerlei Beschwerden mehr. Auch wenn man es nicht an die große Glocke hängte, so sahen die Amerikaner in der MiG-23ML ein durchaus ernstzunehmendes Kampfflugzeug, das wenn es taktisch geschickt eingesetzt wurde jedem Gegner große Unannehmlichkeiten bereiten konnte.

Ehemalige NVA-Piloten liebten die MiG-23ML aus ganzem Herzen. Sie hielten ihr Flugzeug für eine erstklassige Kampfmaschine, die sich vor niemandem zu verstecken brauchte. Gelobt wurden das verbesserte Avionikpaket mit seinen leistungsstärkeren Sensoren. Die deutlich größere Manövrierfähigkeit wurde ebenfalls immer wieder angesprochen. Vor allem dann, wenn man die Tragflächen auf die inoffizielle Stellung 30° brachte und die Tanks nicht mehr ganz voll waren, war die MiG-23ML als Kurvenkämpfer gut zu gebrauchen. Dieser Trick wurde von den NVA-Piloten gern angewendet, obwohl er so nicht in den Vorschriften stand. Glücklicherweise zeichnete der Flugdatenreiber die Tragflächenstellung nicht auf, andernfalls hätte es wohl einen *»ordentlichen Anschiss«* gegeben.

MiG-23P

In den sowjetischen Streitkräften wurde, anders als in der NVA, wo Luftstreitkräfte und Luftverteidigung unter einem Kommando zusammengefasst waren, streng zwischen den Luftstreitkräften und der Luftverteidigung unterschieden. Während erstere um die Luftherrschaft über der Front kämpfen sollte war letztere ausschließlich dafür da *»Rodina Match«*[102] vor Luftangriffen zu schützen. Die unterschiedlichen Aufgabenstellungen beider Teilstreitkräfte führten zu anderen Anforderungen an die eingesetzten Flugzeuge. So benötigten die Jagdflugzeuge der PWO Strany, also der Luftverteidigung, keine Bodenangriffsfähigkeiten. Oder um es mit amerikanischen Worten zu sagen: »No pound for Air to Ground!«[103]

Als es Zeit wurde die von der PWO Strany genutzten Abfangjäger Su-9 und Su-11 zu ersetzen wurde die Idee geboren aus der modernsten MiG-23-Version einen reinen Abfangjäger zu entwickeln. Dieses Flugzeug erhielt die Bezeichnung MiG-23P, wobei das P auf den Verwendungszweck hinweist. Es steht für Perechwatschik, also Abfangjäger.

Ausgangspunkt der Entwicklung der MiG-23P war die MiG-23ML. Wichtigste Änderung war der Einbau des Radars Sapfir 23P, alias N006 Ametist. Dieses Radar hatte eine verbesserte Fähigkeit wenn es darum ging tieffliegende Luftziele zu entdecken. Außerdem war es in der Lage mehrere Ziele gleichzeitig zu verfolgen. Die vom Radar entdeckten Ziele wurden auf dem Blickfelddarstellungsgerät ASP-17DZM-II dargestellt. Später wurde dieses Gerät gegen das fortschrittlichere ASP-17ML ausgetauscht. Unterschiedliche Angaben gibt es

MiG-23P bei der Startvorbereitung. (Foto: Sammlung Scheffler)

102 Rodina Match ... Mütterchen Heimat war ein in der sowjetischen Seele tief verankertes Konzept, das weit über den deutschen Begriff Heimat hinausgeht.
103 Unter diesem Slogan entwickelten die Amerikaner die F-15, als reines Jagdflugzeug ohne jegliche Luft-Boden-Fähigkeiten. Erst später wurden diese doch wieder integriert.

Diese MiG-23P trägt als spezielles Kennzeichen ein großes Auge. (Foto: Sammlung Scheffler)

Warnaufschrift Opasno = Gefahr vor dem Lufteinlauf. (Foto: Sammlung Scheffler)

zum Wärmepeiler. Während einige Quellen aussagen die MiG-23P hätte keinen Wärmepeiler gehabt, besagen andere, dass der TP-23M zum Einsatz gekommen sei. Wärmepeiler und Radar waren im verbesserten Waffenkontrollsystem S-23MLA integriert.

Eine Veränderung gab es im Datenfernübertragungssystem. Die PWO nutzte das System »Lutsch«, was ins Deutsche übertragen so viel wie »Strahl« bedeutet. Beim Lutsch-System arbeitete das Bodenleitsystem SPK-75P Raduga mit dem an Bord der MiG-23P vorhandenen System BAN-75 zusammen. Mit Hilfe dieses Datenverbundes konnte die Bodenstation die MiG-23P vollautomatisch an ein Luftziel heranleiten. Bei diesem Vorgang wurde das Flugzeug vom automatisierten Flugsteuerungssystem SAU-23PM gesteuert.

Es war dem Piloten aber auch möglich das Abfangmanöver per Hand zu fliegen. Die dafür notwendigen Informationen wurden ihm dabei auf dem Blickfelddarstellungsgerät angezeigt. Zur Anzeige gehörte ein kleiner Kreis, der den vorgeschlagenen Kurs markierte. Dieser musste durch Flugmanöver mit dem zentralen Fadenkreuz in Deckung gebracht werden. Weitere Markierungen auf dem Blickfelddarstellungsgerät zeigten die eigene Fluggeschwindigkeit und -höhe, die Flughöhe des Ziels und die Distanz zu selbigem an. Folgte der Pilot diesen Anweisungen wurde er automatisch in eine günstige Abfangposition geleitet.

Zur Avionik der MiG-23P gehörte ein verbessertes Freund-Feind-Kenngerät, das Radarwarngerät SPO-15 und ein moderneres Funkgerät.

Manche Quellen behaupten, dass die MiG-23P doch

Details des Cockpits der MiG-23P. (Foto: Sammlung Scheffler)

Technische Daten: MiG-23P	
Bezeichnung OKB / NATO	isdelije 23-14, Flogger G
Werksbezeichnung	isdelije 6
Einsatzzeitraum	ab 1978
Abmessungen	
Spannweite	7,78 m - 13,96 m
Rumpflänge	16,71 m
Höhe	4,82 m
Flügelfläche	34,16 m² - 37,35 m²
Massen	
Leermasse	10.215 kg
Startmasse	14.770 kg
max. Startmasse	17.800 kg
max. Waffenlast	2.000 kg
Treibstoffmenge	3.700 l + 1 bis 3 x Zusatzbehälter je 800 l
Antrieb	1 x R-35-300
Schub	8.550 kp / 83,87 kN trocken
	13.000 kp / 127,53 kN Nachbrenner
Flugleistungen	
Höchstgeschwindigkeit	2.500 km/h in 11.000 m
Marschgeschwindigkeit	1.250 km/h
Aktionsradius	700 km
Reichweite mit 3 Zusatztanks	2.820 km
Gipfelhöhe	18.500 m
Steiggeschwindigkeit	215 m/s
Bewaffnung	
Bordkanone	GScha-23 mit 200 Schuss
Waffenstationen	2 x Luft-Luft-Raketen R-24
	2 - 4 x Luft-Luft-Raketen R-60
	1 - 3 x Zusatzbehälter 800 l

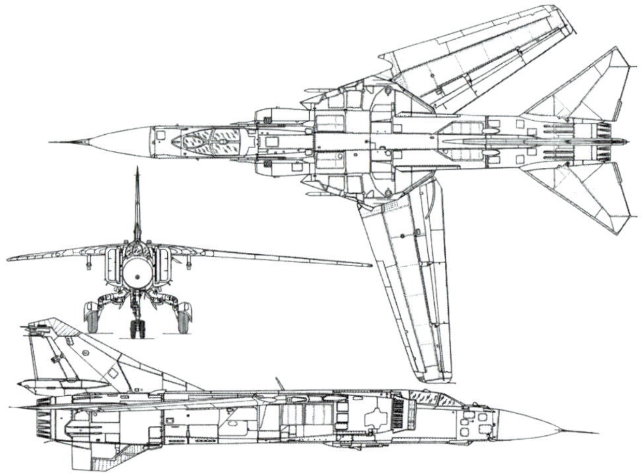

Die MiG-23P in der Dreiseitenansicht.

eine gewisse Luft-Boden-Kampffähigkeit gehabt habe. So soll sie in der Lage gewesen sein Luft-Boden-Raketen des Typs Cha-23 einzusetzen. Diese Aussage stimmt nur teilweise, denn um die Cha-23 nutzen zu können musste vorher, an einem der Unterrumpfträger, ein Zielbeleuchtungsbehälter, der das Gerät Delta-NG in sich trug, angebaut werden. Ohne diesen Behälter wäre der Einsatz der Cha-23 nicht möglich gewesen. Das traf aber auch auf die MiG-23M, MF und ML zu.

Die MiG-23P wurde ab 1977 in Serie gebaut. Zum Zeitpunkt der Aufnahme der Serienproduktion war die Flugerprobung aber noch nicht abgeschlossen. Diese zog sich bis August 1978. Die Serienfertigung lief bis 1983. Über die Zahl der gebauten Flugzeuge gibt es in der Literatur sehr widersprüchliche Informationen. Sie schwanken zwischen 321 und über 1.000 Exemplaren.

Die MiG-23P war äußerlich nur schwer von einer MiG-23ML oder MLA zu unterscheiden. Hinweise auf die Typzugehörigkeit konnten nur ein paar kleine Antennen am Lufteinlauf und der Spitze der Seitenleitwerkshinterkante geben. Weil keine größeren und augenfälligen Unterschiede zu entdecken waren gab die NATO der MiG-23P den gleichen Code-Namen wie der MiG-23ML, nämlich Flogger G.

Die MiG-23P war bis zum Ende der Sowjetunion im aktiven Dienst der PWO Strany und wurde dann von den russischen Streitkräften weiterbetrieben. Im Laufe des Jahres 1998 wurde die MiG-23P außer Dienst gestellt und eingemottet.

MiG-23MLA

Die MiG-23MLA war eine Weiterentwicklung der MiG-23ML. Mitunter wird sie als Untervariante der ML bezeichnet, weshalb es vorkommen kann, dass ein und dasselbe Flugzeug mal als ML, mal als MLA bezeichnet wird. Der Übergang von einem Modell zum anderen ist fließend, was die Unterscheidung noch zusätzlich erschwert.[104]

Vom Konstruktionsbüro bekam die MLA die Bezeichnung isdelije 23-16. Im Herstellerwerk wurde sie isdelije 23-12A genannt. Das A in der Typen- und Herstellerbezeichnung führt oft zum Missverständnis, dass es sich bei diesem Flugzeug um die Exportvariante A des Flugzeugs MiG-23ML handeln würde. Das ist in diesem Fall nicht korrekt, weil das A auf das verbesserte Radarsystem des Flugzeugs verweist. Dieses Radarsystem hat zwei Bezeichnungen. Zum einen nennt man es Saphier-23MLA, zum anderen N003 Ametist. Das A in MiG-23MLA verweist auf das Ametist Radar.

Das Ametist ist leichter als das Vorgängermodell, hat eine größere Reichweite, eine bessere Auflösung und eine höhere Störfestigkeit.

Weitere Verbesserung an der MiG-23MLA betrafen den Einbau modernerer Bauteile. Dazu gehörten das Blickfelddarstellungsgerät ASP-17ML, das überarbeitete automatische Flugsteuerungssystem SAU-23PM, neue Funkgeräte und ein besserer Radarhöhenmesser.

Äußerlich ist eine MiG-23MLA kaum von einer MiG-23ML zu unterscheiden. Nur der Blick unter den Unterrumpfpylon verrät um welche Version es sich handelt. Und zwar deshalb, weil bei der MLA erstmalig Störkörperwerfer eingebaut wurden. Diese befanden sich direkt im Unterrumpfpylon. Die Störkörperwerfer hatten die Typenbezeichnung PKWP-23. Jeder Werfer enthielt sechs Infrarotstörkörper, die nach unten ausgestoßen wurden. Damit dies geschehen konnte musste zuerst der zentrale Treibstoffzusatzbehälter abgeworfen werden. Dies wurde aber nicht als Problem angesehen, weil man davon ausging, dass der Pilot der MiG-23MLA vor dem Eintritt ins Gefecht in jedem Fall versuchen würde das Gewicht seines Flugzeugs und dessen Luftwiderstand durch den Abwurf des Zusatzbehälters zu reduzieren.

Technische Daten: MiG-23MLA	
Bezeichnung OKB / NATO	isdelije 23-16 / Flogger G
Werksbezeichnung	isdelije 23-12A
Einsatzzeitraum	ab 1978
Abmessungen	
Spannweite	7,78 m - 13,96 m
Rumpflänge	16,63 m
Höhe	4,82 m
Flügelfläche	34,16 m² - 37,35 m²
Massen	
Leermasse	10.230 kg
Startmasse	14.770 kg
max. Startmasse	17.800 kg
max. Waffenlast	2.000 kg
Treibstoffmenge	3.700 l + 1 bis 3 x Zusatzbehälter je 800 l
Antrieb	1 x R-35-300
Schub	8.550 kp / 83,87 kN trocken
	13.000 kp / 127,53 kN Nachbrenner
Flugleistungen	
Höchstgeschwindigkeit	2.500 km/h in 11.000 m
Marschgeschwindigkeit	1.250 km/h
Überführungsreichweite	700 km
Gipfelhöhe	18.500 m
Steiggeschwindigkeit	215 m/s
Bewaffnung	
Bordkanone	GScha-23 mit 200 Schuss
Waffenstationen	2 x Luft-Luft-Raketen R-23 oder R-24
	2 - 4 x Luft-Luft-Raketen R-60
	4 x Bomben 50 bis 500 kg
	4 x ungelenkte Raketen
	2 x Kanonenbehälter UPK-23-250
	1 - 3 x Zusatzbehälter 800 l

104 So besaßen z.B. die MiG-23ML der NVA viele Bauelemente, die der MiG-23MLA zugeordnet werden können. NVA-intern hieß die MiG-23ML Gerät 23-12A, was darauf hindeutet, dass die Flugzeuge eigentlich als MiG-23MLA produziert wurden.

Eine weitere Neuerung betraf die Tragflächen. Weil sich in der Truppenpraxis herausgestellt hatte, dass die MiG-23 bei einer Tragflächenpfeilung von 33° die beste Manövrierfähigkeit im Unterschallbereich aufwies, wurde diese Tragflächenstellung mit der MiG-23MLA offiziell gemacht. Sie verfügte nun über vier, statt bisher drei Tragflächenstellungen, nämlich 16°, die neue 33°, 45° und 72°.[105]

Die MiG-23MLA wurde ab 1978 in Serie produziert. Sie lief parallel zur MiG-23ML vom Band. Für die sowjetischen Streitkräfte wurde sie bis 1981 gebaut. Exportmaschinen fertigte man bis 1983. Von den schwer voneinander abzugrenzenden Versionen MiG-23ML und MLA wurden insgesamt 1.241 Maschinen hergestellt.

Etliche MiG-23MLA wurden ab 1984 zur Version MiG-23MLD aufgewertet.

Exportversionen der MiG-23MLA war die MiG-23MLAE-2, die es in zwei Varianten gab. Die erste Variante war für den Export in den Warschauer Vertrag gedacht. Ihre OKB Bezeichnung lautete isdelije 23-22A. Ihre Avionik war mit der der MiG-23MLD nahezu identisch.[106] 1984 wurden 16 Exemplare für Bulgarien gebaut. Weitere Exportkunden konnten nicht gewonnen werden, weil inzwischen die baldige Verfügbarkeit der MiG-29 absehbar war.

Die zweite Variante der MiG-23MLAE-2 war für *»den Rest der Welt«* vorgesehen. Allerdings beschafften nur Syrien und Libyen Flugzeuge dieser Version. Sie wurden zwischen 1982 und 1984 in 99 Exemplaren[107] gebaut. Die OKB-Bezeichnung lautete isdelije 23-22B.

Die syrischen MiG-23MLAE-2 besaß das Radar Sapfir-23MLAE, Alternativbezeichnung Ametist N003. Die libysche Variante war mit dem N008 Ametist ausgestattet.

Als Blickfelddarstellungsgerät war das ASP-17ML im Einsatz und auch sonst ähnelte die Avionik der der MiG-23MLD. Für die MiG-23MLAE-2 beider Varianten war die Rakete R-24 verfügbar. Diese Rakete entsprach in ihrer Leistungsfähigkeit in etwa der AIM-7F Sparrow.

Die syrischen und libyschen MiG-23MLAE kamen in den Bürgerkriegen im Nachgang des Arabischen Frühlings intensiv zum Einsatz.

MiG-23MLD

Die MiG-23MLD war die höchstentwickelte Serienversion der MiG-23. Das D in der Versionsbezeichnung steht für *»derabotanui«*, was auf Deutsch *»überarbeitet«* bedeutet. Vom OKB wurde das Flugzeug isdelije 23-18 genannt. Eine spezielle Bezeichnung vom Herstellerwerk gab es nicht, weil die MLD durch Kampfwertsteigerungsmaßnahmen aus MiG-23ML und MLA entstand.[108] Diese Umbaumaßnahmen wurden vornehmlich in der Wartungswerkstätten der Streitkräfte durchgeführt. Dies geschah in den Jahren 1982 bis 85. Insgesamt wurden 560 MiG-23 verschiedener Versionen auf den MLD Standard gebracht.

Äußerlich ist die MiG-23MLD einfach von den anderen Versionen zu unterscheiden. So hat sie an der Staurohrwurzel kleine dreieckige Luftleitbleche, die als Wirbelgeneratoren wirken. Sie sollen den Luftstrom bei hohen Anstellwinkeln so leiten, dass größere Nickbewegungen des Flugzeugs vermieden werden. Die zweite augenfällige Neuerung ist der zweite Sägezahn an der Tragfläche. Er befindet sich an der Vorderkante des feststehenden Tragflächenteils. Auch er soll durch Wirbelbildung dazu beitragen, dass sich das Flugzeug im Manöverluftkampf besser beherrschen lässt.

Die Neuerung wurde zunächst an einem MiG-23M-Testflugzeug erprobt und für gut befunden. Es hieß, dass das Flugzeug nun schwerer ins Trudeln zu bekommen sei und es einfacher war das Trudeln wieder zu beenden.[109]

Änderungen gab es an der Tragfläche. Die 33° Tragflächenstellung[110] wurde nun zur einzig offiziellen Luftkampfstellung gemacht. Die Zeit der *»illegalen«* Nutzung dieser Position war damit vorbei. Um die Manövrierfähigkeit weiter zu verbessern wurde das Flugsteuerungssystem so verändert, das die Nasenklappen bei Anstellwinkeln von 10° und größer und bei einer Geschwindigkeit kleiner 900 km/h automatisch um 20° ausgefahren wurden. Damit erhöhte sich der Auftrieb der Tragflächen merklich, was sich in einer verbesserten Kurvenflugfähigkeit niederschlug.

Weitere wichtige Veränderungen betrafen die Avionik. Hier sei an erster Stelle das Radar Saphir-23MLA-2, alias N008 Ametist genannt, das bereits in den zuletzt ge-

105 Andere Quellen besagen, dass nur die 45° Stellung durch die 33° Stellung ersetzt wurde.
106 In manchen Quellen wird davon geredet, dass die MiG-23MLAE-2 die Exportvariante der MiG-23MLD sei.
107 50 für die Syrer, 49 für Libyen.
108 Manche Quellen behaupten, dass auch einige MiG-23P auf den MiG-23MLD Standard gehoben wurden.
109 Es gibt auch die Aussage, dass die MiG-23MLD die einzige Version war, die man wieder aus dem Trudeln herausbringen konnte.
110 Nach anderer Quelle 36°.

MiG-23MLD. Der Blick von der Seite zeigt den maximalen Ausstellwinkel der Landeklappen. (Foto: Martin Baumann)

Eine MiG-23MLD im Landeanflug. Die Klappen sind voll ausgefahren. (Foto: Martin Baumann)

Syrische MiG-23MLD im tiefen Überflug. (Foto: Sammlung Normann)

bauten MiG-23MLA zum Einsatz gekommen war. Flugzeuge, die dieses Radar noch nicht besaßen wurden auf dieses umgerüstet. Das N008 Ametist war leichter und leistungsfähiger als die Vorgängermodelle. Es war in der Lage gleichzeitig bis zu sechs Luftziele zu beobachten und zwei davon zu erfassen. Die parallele Bekämpfung von zwei Luftzielen war damit möglich. Interessanterweise wurde in der Praxis von dieser Fähigkeit nicht Gebrauch gemacht. Vielleicht auch deshalb, weil die MiG-23MLD nur zwei radargelenkte Raketen tragen konnte.

Zur Hauptbewaffnung der MiG-23MLD gehörten die Raketen der R-24 Familie[111], sowie die neuesten Baureihen der hochgradig agilen Nahbereichswaffe R-60[112]. Von dieser konnten vier Raketen mitgeführt werden. Neu war, dass die MiG-23MLD die für die MiG-29 entwickelte infrarotgelenkte Rakete R-73[113] einsetzen konnte. Für diese Rakete mussten neue Startschienen geschaffen werden, die sie beim Start von der Flugzeugzelle weglenkten. Das war deshalb notwendig, da die R-73 einen deutlich größeren Abgasstrahl erzeugte, als die kleine R-60 und die Gefahr bestand, dass Abgase in die Lufteinläufe gerieten, die das Triebwerk absterben lassen konnten.

Mit der R-73 besaß die MiG-23MLD eine erstklassige Luftkampfrakete, die den damalige infrarotgelenkten Raketen der NATO-Staaten um mindestens eine Generation voraus war.

Um die Rakete bis zu ihrer Leistungsgrenze einsetzen zu können war eigentlich ein Helmvisier notwendig. Ein solches Gerät besaß die MiG-23MLD aber nicht. Dafür wurde das Blickfelddarstellungsgerät überarbeitet und zwar der Modus Luftkampf. Im Luftkampf suchte das Radar einen schmalen aber hohen Bereich vor dem Bug des

MiG-23MLD des 833ten Jagdfliegerregiments ist mit Treibstoffzusatzbehältern ausgestattet. (Foto: Martin Baumann)

111 NATO-Code: AA-7 Apex
112 NATO-Code: AA-8 Aphid
113 NATO-Code: AA-11 Archer

Flugzeugs ab. Dieser Bereich wurde auf dem Blickfelddarstellungsgerät markiert und konnte vom Piloten per Wählknopf hin und her geschoben werden. Bei der Nutzung der R-60 war der Wahlbereich eher schmal und konnte nun, für die R-73 deutlich vergrößert werden. Ein in diesem Auswahlbereich befindliches Luftziel wurde automatisch erfasst und konnte bekämpft werden. Dank der für die damaligen Verhältnisse unglaublich hohen Agilität der R-73 konnte der Pilot einer MiG-23MLD sprichwörtlich *»um die Ecke schießen«*.

Dieses Bild gewährt einen guten Blick auf die Störkörperwerfer. (Foto: Martin Baumann)

Weitere Veränderungen betrafen den Einbau des leistungsfähigeren Wärmepeilers TP-26, das automatisierte Flugsteuerungssystem SAU-23AM, ein neues Funkgerät, ein verbesserter Funkkompass und ein neuer Funkhöhenmesser. Für die Navigation kam nun das System A321 zum Einsatz. Es ersetzte das bisher verwendete RSBN-6. Wichtig war auch der Einbau des modernen Radarwarnsystems SPO-15 Berjosa-L.

Dieses Flugzeug zeigt ein ungewöhnliches Tarnmuster. (Foto: Martin Baumann)

Zur Abwehr von wärmesuchenden Raketen besaß die MiG-23MLD zunächst nur den Störkörperwerfer PKWP-23, der im zentralen Unterrumpfpylon eingebaut war. Er konnte 12 Störkörper des Kalibers 50 mm nach unten ausstoßen.

Erfahrungen aus dem Afghanistankrieges zeigten, dass das nicht ausreichte. Deshalb wurden auf dem Rumpfrücken zwei Störkörperwerfer BWP-50-60 angebracht. Diese konnten jeweils 60 Störkörper des Kalibers 50 mm nach oben auszustoßen. Damit besaß die MiG-23MLD 132 Störkörper, was sich im Laufe des Krieges als ausreichend erwies. Die Störkörper wurden vor allem bei Start und Landung eingesetzt, wenn die MiG-23MLD den Wirkungsbereich der tragbaren Luftabwehrrakete Stinger durchfliegen musste. Der kontinuierliche Ausstoß von Störkörpern verringerte die Trefferwahrscheinlichkeit der damals verwendeten Stinger auf ein akzeptables Maß.

Was der MiG-23MLD fehlte war ein Radarstörsender. Deshalb wurde eine verbesserte Version der MLD unter der Bezeichnung isdelije 23-19 entwickelt. Diese Variante bekam die Fähigkeit einer Störcontainer des Typs Gardenija mitzuführen. Weitere Verbesserungen betrafen den Einbau eines neuen Instrumentenlandesystems und einige Änderungen an der Avionik. Die 23-19 wurde für die Übernahme in den Truppendienst vorgeschlagen. Umgesetzt wurde diese Maßnahme jedoch nicht, weshalb es bei einem Prototyp blieb. Damit war auch die angestrebte Exportvariante MiG-23MLDG, isdelije 23-35, vom Tisch.

Die Idee die MiG-23MLD mit einem Störsender auszustatten wurde aber nicht aufgegeben. Weil die Verwendung eines Störcontainers eine Waffenstation blockierte wurde versucht eine Störstation im Inneren des Flugzeugs unterzubringen. Und zwar in etwa so, wie es bei den Jagdbombervarianten MiG-23BN und MiG-27 bereits der Fall war. In isdelije 23-37 wurde eine Störstation SPS-

Technische Daten: MiG-23MLD	
Bezeichnung OKB / NATO	isdelije 23-18 / Flogger K
Einsatzzeitraum	ab 1982
Abmessungen	
Spannweite	7,78 m - 13,96 m
Rumpflänge	16,63 m
Höhe	4,82 m
Flügelfläche	34,16 m² - 37,35 m²
Massen	
Leermasse	10.300 kg
Startmasse	14.840 kg
max. Startmasse	17.870 kg
max. Waffenlast	2.000 kg
Treibstoffmenge	3.700 l + 1 bis 3 x Zusatzbehälter je 800 l
Antrieb	1 x R-35-300
Schub	8.550 kp / 83,87 kN trocken
	13.000 kp / 127,53 kN Nachbrenner
Flugleistungen	
Höchstgeschwindigkeit	2.500 km/h in 11.000 m
Marschgeschwindigkeit	1.250 km/h
Überführungsreichweite	700 km
Gipfelhöhe	18.500 m
Steiggeschwindigkeit	215 m/s
Bewaffnung	
Bordkanone	GScha-23 mit 200 Schuss
Waffenstationen	2 x Luft-Luft-Raketen R-24
	2 - 4 x Luft-Luft-Raketen R-60
	2 x Luft-Luft-Raketen R-73
	4 x Bomben 50 bis 500 kg
	4 x ungelenkte Raketen
	2 x Kanonenbehälter UPK-23-250
	1 - 3 x Zusatzbehälter 800 l

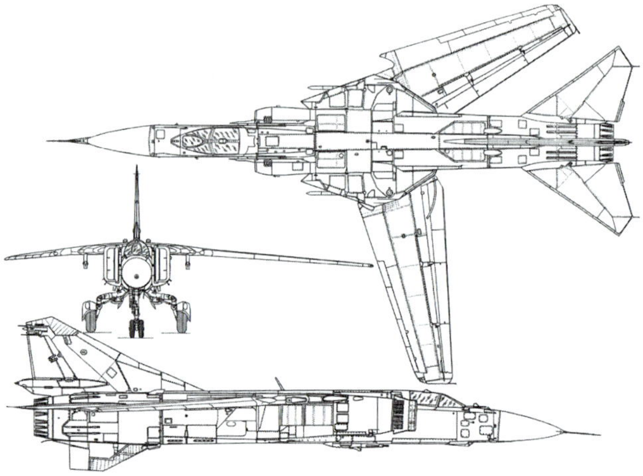

Die MiG-23MLD in der Dreiseitenansicht.

141[114] eingebaut. Das Ergebnis war zufriedenstellend. Es wurde vorgeschlagen das Flugzeug als Umrüstung von MiG-23ML und MLA zur Version MiG-23MLG herzustellen. Dieses Projekt wurde aber in der Praxis ebenfalls nicht umgesetzt.

Die MiG-23MLD wurde von ihren Piloten gern geflogen. Sie war der Höhepunkt der MiG-23 Entwicklung, womit sich der Wandel von einem beschränkt manövrierfähigen Kampfflugzeug zu einem agilen, hochmanövrierfähigen Flugzeug schlussendlich vollzogen hatte. Wie die Ergebnisse der sowjetischen TOP GUN-Schule auf der Fliegerbasis 1521 Marij zeigten, war eine gut geflogene MiG-23MLD durchaus in der Lage sich gegen eine MiG-29A, isdelije 9.12 und 9.13, durchzusetzen. In der Praxis zeigte sich, dass das Radar N008 der MiG-23MLD durchaus mit dem N009 der MiG-29A mithalten konnte, der Wärmepeiler TP-26 dem vergleichbaren Gerät der MiG-29A überlegen war. Überlegen war die MiG-23MLD außerdem in der Beschleunigung und in der Höchstgeschwindigkeit. Sie konnte einer MiG-29A davonfliegen.

Die MiG-23MLD wurde bis zum Ende der Sowjetunion genutzt und dann von den Nachfolgestaaten bis in die 1990er-Jahre hinein verwendet. Exportiert wurde die MiG-23MLD nach Bulgarien und Syrien, wobei die Exportvarianten keinen Sägezahn am starren Teil der Tragflächen besaßen. Von der NATO erhielt die MiG-23MLD den Codenamen Flogger-K.

114 Das Störsystem SPS gab es in den Varianten 141, 142 und 143. Die Unterschiede bestanden darin, dass sie zur Niederhaltung bestimmter westlicher Waffensystem optimiert waren. So war das SPS-142 zum Beispiel gegen das Fla-Raketensystem HAWK gerichtet. Tests der Bundeswehr, die nach der Wende dieses Störsystem aus Beständen der NVA bekam, zeigten, dass HAWK durch SPS-142 völlig unbrauchbar gemacht wurde und auch die Masse der Flugabwehrsysteme westlicher Kampfschiffe durch SPS-142 paralysiert wurden. Für eine gewisse Zeit wurde bei der Bundesluftwaffe mit der Idee gespielt das SPS-142, als Container, bei der Jagdbombervariante der F-4F Phantom zu verwenden.

Trägerflugzeuge MiG-23A und K (Projekt)

Die sowjetische Marine träumte lange von einem Flugzeugträger. Bereits in der Zeit vor dem Zweiten Weltkrieg gab es Pläne ein noch zu entwickelndes Schlachtschiff der Sowjetski Sojus Klasse zu einem Flugzeugträger umzubauen. Doch dann kam der Krieg und die Sowjetunion hatte anderes zu tun als Flugzeugträger zu bauen. Panzer und Schlachtflugzeuge waren wichtiger.

Die sowjetischen Marinespezialisten hatten aber trotzdem ein waches Auge darauf, was sich im Seekrieg tat und sie registrierten sehr wohl, dass sich der Flugzeugträger im Pazifikkrieg zum Hauptkampfmittel der Marinekriegsführung entwickelte. Deshalb wuchs bei ihnen der Wunsch eigene Flugzeugträger zu besitzen.

Als der Krieg beendet war hatte die sowjetische Wirtschaft zunächst keine Kapazitäten Flugzeugträger zu bauen. Der Wiederaufbau des Landes war wichtiger. Es ergab sich aber die Möglichkeit in Großbritannien drei Träger der modernsten Bauart zu erwerben. Großbritannien mochte zwar eine stolze Siegermacht des Zweiten Weltkriegs sein, aber de facto war das Land pleite, weshalb es versuchte Schiffe der Royal Navy weltweit zu verkaufen. Und da kam den Briten die sowjetische Offerte, drei Flugzeugträger kaufen zu wollen und diese mit Gold zu bezahlen, sehr recht. Doch dann änderte sich das politische Klima. Winston Churchill hielt seine Rede von Fulton. Er erfand den Begriff des Eisernen Vorhangs und erklärte den Kalten Krieg für eröffnet. Unter diesen Gegebenheiten war es für Großbritannien nicht mehr opportun der Sowjetunion Flugzeugträger zu verkaufen.

Und damit waren die sowjetischen Träume vom Flugzeugträger erst einmal ausgeträumt. Das eigene Land konnte sie nicht bauen, der Westen wollte keine verkaufen. Ende der Geschichte.

Sollte man meinen. Doch die sowjetische Marineführung wollte ihren Traum doch nicht so sang und klanglos begraben. Insgeheim wurden Pläne gemacht und Projekte erstellt.

Dann starb Stalin und nach einer kurzen, überaus turbulenten Phase kam Nikita Chruschtschow ans Ruder. Und das war für die Verfechter sowjetischer Flugzeugträgerträume keine gute Neuigkeit. Denn Nikita Sergejewitsch hasste Flugzeugträger, genau wie er schwere Panzer und bewaffnete Hubschrauber nicht ausstehen konnte. Dafür liebte er Raketen, weshalb nahezu alle Waffensys-

Diese Computersimulation gibt eine Vorstellung wie die MiG-23K ausgesehen haben könnte. (Foto: Normann)

tem mit Raketen ausgerüstet werden mussten. Flugzeuge, Panzer, Schiffe. Alle wurden zu Raketenträgern gemacht. Egal ob das sinnvoll war oder nicht. Nikita Sergejewitsch wollte das so und sein Wille war Gesetz.

Was er nicht wollte waren Flugzeugträger. Er hielt sie für große, teure und nutzlose Magneten für feindliche Abwehrwaffen. Deshalb wurde jegliche Beschäftigung mit Flugzeugträgern verboten.

Chruschtschow wurde 1964 aus dem Amt gejagt. Leonid Breschnew übernahm das Ruder. Die sowjetische Marineführung sah damit das Haupthindernis für einen eigenen Flugzeugträger überwunden. Die Arbeiten, die nun über ein Jahrzehnt geruht hatten wurden wieder aufgenommen. Nach mehreren Zwischenschritten wurde das Projekt 1160 Orjol ausgearbeitet. Das war ein nukleargetriebenes, 330 m langes und 80.000 to schweres Kampfschiff, das in den 1970er-Jahren gebaut werden sollte. Zur Bewaffnung sollten 60 bis 70 Flugzeuge gehören.

Am 5. Juni 1971 bekamen die Konstruktionsbüros Suchoi und Mikojan-Gurjewitsch den Auftrag Trägerkampfflugzeuge zu entwickeln. Die erste Entwicklungsphase war bis Ende 1972 abzuschließen. Suchoi sollte eine Trägervariante seines Schwenkflügelbombers Su-24 beisteuern und das OKB MiG eine trägertaugliche Version der MiG-23 schaffen. Dieses Flugzeug erhielt die Bezeichnung MiG-23A. Es sollte in drei Versionen gebaut werden: als Jäger MiG-23AI, als Jagdbomber MiG-23AB und als Aufklärer MiG-23AR.

Die MiG-23AI entstand als navalisierte Variante der MiG-23M, der damals modernsten Version der MiG-23.

Sie hatte ein verstärktes Fahrwerk, einen Fanghaken und eine starre Lufttanksonde. Das Cockpit wurde erhöht eingebaut, die Frontscheibe aus einem Stück gefertigt. Durch beide Maßnahmen verbesserte sich die Sicht nach vorn, was vor allem bei Landeanflügen auf den Träger von enormer Bedeutung war.

Die umklappbare Heckflosse wich zwei kleinen Falschkielen, die in ihrer Form an die MiG-21 erinnerten. Das Seitenleitwerk wurde leicht überarbeitet, die weit nach vorn reichende Nasenkante teilweise gekappt.

Die Avionik wurde den Bedingungen der Marinekriegführung angepasst. Die Bewaffnung entsprach im Prinzip der der MiG-23M. Mit einer Ausnahme, die MiG-23AI war nicht zu Bodenangriffen fähig, denn der Luftangriff auf Land- und Seeziele war die Aufgabe der MiG-23AB.

Ursprünglich hatte die MiG-23AB nicht im Lastenheft gestanden. Sie kam hinein, weil sich das OKB Suchoi schnell aus dem Wettbewerb zurückgezogen hatte. Als Grund gab man an, dass die Su-24 einerseits viel zu groß für einen Flugzeugträger sei und man andererseits mit den Arbeiten an der T-10, der späteren Su-27, völlig ausgelastet war.

Als sich Suchoi zurückzog bot das OKB MiG an aus der MiG-23BN eine Marinejagdbombervariante abzuleiten. Diese Variante besaß das verstärkte Fahrwerk, den Fanghaken, die Lufttanksonde, das überarbeitete Seitenleitwerk und die doppelten Kielflossen der MiG-23AI, war aber ansonsten, bis auf die marinetypische Avionik, baugleich mit der MiG-23BN. Sie konnte ungelenkte Bomben und Raketen, sowie die Lenkwaffe Cha-23 ins Ziel bringen und war mit einer Störstation SPS-142 ausgestattet.

Für den Aufklärer MiG-23AR nahm man einfach eine MiG-23AI und hängte ihr einen Aufklärungsbehälter unter den Bauch.

In der Zwischenzeit war die MiG-23ML spruchreif. Sie war leistungsfähiger und vor allem manövrierfähiger als die MiG-23M und deren Derivat MiG-23A. Deshalb wurde beschlossen das Trägerflugzeugprogramm völlig zu überarbeiten und nun die MiG-23ML als Basis der Bemühungen zu nehmen. So entstand die MiG-23K, isdelije 32-31.

Die MiG-23K war für ein verändertes Flugzeugträgerkonzept gedacht. Der neue Träger, Projekt 1153, Projektname Orjol, war etwas kleiner ausgelegt. Er brachte es nur noch auf eine Tonnage von 70.000 t und war 20 Meter kürzer. Die Entwicklungsarbeiten an der Orjol begannen 1974. Die Kiellegung war für 1977 vorgesehen und die Indienststellung war für Mitte der 1980er-Jahre geplant.

Am 25. April 1974 wurde der Ministerratsbeschluss zur Schaffung der MiG-23K getroffen. Das Flugzeug war innerhalb eines Jahres zu entwickeln und sollte auf der modernsten Variante der MiG-23 aufbauen. Die Arbeiten erhielten die Tarnbezeichnung »Wichr«[115].

Basis der MiG-23K war die MiG-23ML. Diese wurde grundlegend überarbeitet. Zuerst wurde der Bug verändert. Er erhielt eine etwas andere Form. Sie ermöglichte eine bessere Sicht während des Landeanflugs. Der Wärmepeiler wanderte auf die Bugoberseite. Das Cockpit wurde erhöht eingebaut und weitestgehend verglast. Die durchgehende Frontscheibe und die Form der Kanzel erinnerten an die damals in Entwicklung befindliche MiG-29.

115 Wichr … russ.: Wirbelwind

Die Avionik basierte ebenfalls auf der MiG-23ML, wurde aber um marinetypische Komponenten erweitert. Großen Wert legte man auf das Rettungssystem. Es wurde so ausgelegt, dass der Katapultsitz auch noch dann funktionierte, wenn das Flugzeug, nach einem Absturz ins Meer, bereits unter Wasser war. Die Auslösung des Katapultsitzes während der Start- und Landephase sollte durch eine Automatik erfolgen. Hierbei sollten Flugzeug und Schiff automatisch miteinander kommunizieren und im Gefahrenfall der Piloten aus dem Flugzeug herausschießen. Man wählte dieses Verfahren, weil man davon ausging, dass ein Mensch, während eines Trägerstarts oder einer Landung auf dem Schiff, nicht schnell genug reagieren könne.[116]

Der Rumpf des Flugzeugs wurde verstärkt, um die größeren Belastungen von Deckslandungen aushalten zu können. Hinzu kam ein aufwändiger Korrosionsschutz. Die Tragflächen blieben so wie sie waren. Das Fahrwerk wurde massiv verstärkt und an Trägerlandungen angepasst. Das Seitenleitwerk wurde komplett überarbeitet. Es erinnerte in seiner Form an das Seitenleitwerk der MiG-29, mit dem Unterschied, dass es deutlich größer war und es nur eine Leitwerksflosse gab. Die Vergrößerung wurde notwendig, weil man auf die Falschkiele unter dem Heck verzichtete. Durch das größere Seitenleitwerk konnte die notwendige Längsstabilität erreicht werden.

Als Antrieb war als Interimslösung das Triebwerk R-35-300 vorgesehen. Es sollte später durch das R-100-300 abgelöst werden. Das R-100 wurde speziell für die MiG-23K entwickelt. Es war für einen Nachbrennerschub von 14.000 bis 15.000 kp ausgelegt.

Um die Reichweite des Flugzeugs erweitern zu können sollte die MiG-23K mit einer Lufttanksonde ausgestattet werden. Es war eine starre Sonde, die sich rechts neben dem Cockpit befinden sollte.

Das OKB Mikojan-Gurjewitsch konnte die Entwicklungsarbeiten bis 1977 abschließen und wollte zur nächsten Phase, dem Bau von Prototypen, übergehen. Doch dem stand ein Politikwechsel im Verteidigungsministerium entgegen. Der den Trägerbau befürwortende Minister Gretschko war gestorben und wurde von Marschall Ustinow ersetzt. Dieser hielt die Projekte »Orjol« und »Wichr« für überambitioniert und favorisierte stattdessen den Bau von Baby-Trägern der Kiew-Klasse.[117] Im Dezember 1977

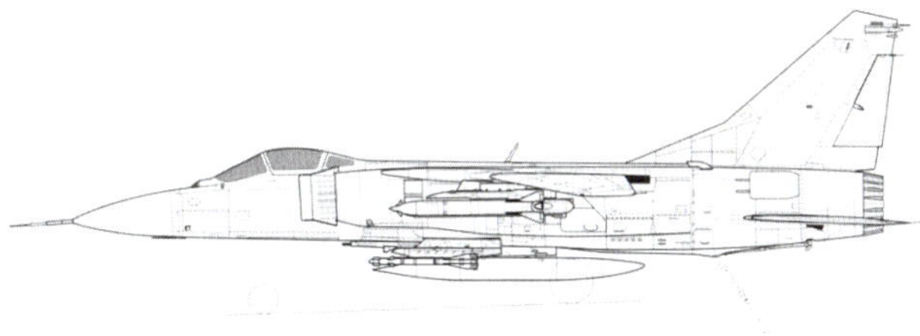

Die MiG-23A in der Seitenansicht.

ordnete er an die Arbeiten an der MiG-23K einzustellen.

Interessant ist in dem Zusammenhang, dass bereits damals, in Vorbereitung der MiG-23K Trägereinsätze, auf dem Flugplatz Saki, der auf der Krim liegt, ein Übungsgelände für Trägerlandungen aufgebaut wurde. Dabei wurden die Silhouette eines Trägers auf den Beton der Landebahn gemalt und Fangseile installiert. In einem neben diesem Objekt errichteten Gebäude wurde die Schiffselektronik, die für die Trägerlandungen gebraucht wurde, installiert. Der Komplex erhielt die Bezeichnung »Nitka«. Um Nitka zu testen wurden einige MiG-27[118] modifiziert, indem man ihre Elektronik marinetauglich machte und sie mit einem Fanghaken ausrüstete. Die klappbare Heckflosse wurde dafür entfernt.

Auch nach Ende des »Orjol«-Programms wurden die Arbeiten an der Nitka-Einrichtung weiter vorangetrieben. Sie wurden nun zur Erprobung von Einsatzverfahren für die zukünftigen Trägerflugzeuge MiG-29K und Su-33 genutzt.

Die neuen und ersten echten sowjetischen Flugzeugträger »Riga« und »Tbilissi« baute man in den 1980er Jahren. Die Tbilissi wurde kurz vor der politischen Wende fertiggestellt und im Nachgang des Umbruchs in »Admiral Kusnetzow« umgetauft. Sie wurde von der Russischen Marine übernommen. Das Schwesternschiff Riga, das noch nicht fertiggestellt war, erhielt den neuen Namen »Warjag«. Es lungerte jahrelang auf der nun zur Ukraine gehörenden Werft Nikolajew herum. Weil die Ukraine kein Geld hatte, um das Schiff fertigzustellen, wurde überlegt es abwracken zu lassen. Doch auch dafür fehlte das Geld. In dieser Situation traten die Chinesen auf den Plan und kauften das Schiff, angeblich um es als schwimmendes Kasino zu betreiben. Nach der Verlegung nach Fern Ost bauten die Chinesen das Schiff um und stellten es unter dem neuen Namen »Lianoning« in Dienst.

116 Ein vergleichbares System wurde auf den Trägern der Kiew-Klasse und den darauf stationierten Senkrechtstartern des Typs Jak-38 verwendet. Es hat in seiner Einsatzzeit etlichen Piloten das Leben gerettet.

117 Die wurden im Laufe der Jahre auch immer größer und schwerer. Die letzten beiden Schiffe waren noch einmal vergrößert und erhielten eine Sprungschanze. Auf ihnen sollten Su-33 und MiG-29K stationiert werden.

118 Nach anderer Quelle wurde nur eine MiG-27 umgerüstet.

MiG-23ML-1 (Projekt)

Erwähnt sei an dieser Stelle eine nicht realisierte Variante des Flugzeugs, die als Überbrückungsmodell zur MiG-29 gesehen werden kann. Sie wurde unter der Bezeichnung isdelije 23-15 entwickelt.

Ziel dieses Projektes war es die MiG-23 zu einem echten Kurvenkämpfer zu machen. Dazu wurden die Tragflächen tiefgreifend überarbeitet. Der feststehende Teil der Tragflächen wurde vergrößert und zu einem Strake umgearbeitet. So vergrößerte sich nicht nur die Flügelfläche, sondern es veränderte sich auch die Wirbelstruktur, die an den Tragflächenkanten entstanden. Sie bildeten stabilisierende Wirbel, die über den beweglichen Teil der Tragflächen geleitet wurden und die dortige Luftströmung über den Tragflächen stabilisierte. So wurde das Flugverhalten beim fliegen enger Kurven deutlich verbessert.

Eine verbesserte Variante des automatisierten Flugsteuerungssystems SAU-23AM sollte schneller und effizienter arbeiten und helfen das Flugzeug bis zur absoluten Leistungsgrenze ausfliegen zu können.

Als Radar war das N008 Ametist im Gespräch, das Teil des modernisierten Waffenkontrollsystems S-23ML-1 werden sollte. Für die MiG-23ML-1 sollten neue Raketen entwickelt, sowie Raketen, die bereits für die MiG-29 entwickelt wurden, in die Bewaffnungsoptionen aufgenommen werden. Dazu zählten die Raketen R-73 und R-27. Für den Einsatz der Rakete R-73 sollte die MiG-23ML-1 mit einem Helmvisier ausgestattet werden.

Als Antrieb wurden drei Varianten untersucht. Zunächst wurde das Triebwerk R-69F in Betracht gezogen. Über dieses Triebwerk ist so gut wie nichts bekannt. Dann dachte man darüber nach das R-100F-300, das für das Trägerkampfflugzeug MiG-23K entwickelt wurde, als Antrieb zu nutzen. Dieses Triebwerk entwickelte einen Trockenschub von etwa 10.000 kp und hatte eine projektierte Nachbrennerleistung von 14.000 bis 15.000 kp. Das war für die damalige Zeit enorm viel.

Als dritte Antriebsvariante wurde vorgesehen die MiG-23ML-1 mit zwei Triebwerken RD-33 auszustatten. Dieses Triebwerk wurde für die MiG-29 entwickelt und kam später bei ihr zum Einsatz. In der MiG-23ML-1 sollten zwei dieser Triebwerke nebeneinander eingebaut werden. Jedes RD-33 entwickelte einen Trockenschub von 5.040 kp und eine Nachbrennerleistung von 8.300 kp.

Diese dritte Variante erforderte eine Neukonstruktion des gesamten Rumpfhecks und eine Überarbeitung des Hauptfahrwerks.[119]

Letzten Endes entschlossen sich die Verantwortlichen des OKB MiG das Projekt isdelije 23-15 zu den Akten zu legen. Der Aufwand für die Entwicklung dieses Flugzeugs schien zu groß, im Verhältnis zum erwarteten Nutzen. Man konzentrierte sich lieber auf die Entwicklung von isdelije 9, der späteren MiG-29.

Die Arbeiten an der MiG-23ML-1 waren aber nicht wertlos. Einige der gefundenen Problemlösungen wurden bei späteren Serienvarianten umgesetzt. So fand sich das Radar in der MiG-23MLD wieder und vergrößerte Tragflächenwurzeln wurden bei den Jagdbombern MiG-27K, D und M erfolgreich eingesetzt.

MiG-23-98

Nach dem Ende der Sowjetunion versuchte die Nachfolgeorganisation des OKB MiG die MiG-23 zu modernisieren. Herzstück war eine komplette Überarbeitung des Sensorpaketes. Dazu zählten der Austausch des Radars Sapfir-23 durch das neuentwickelte Moskit-23, sowie der Austausch des Wärmepeilers TP-23 durch das Wärmezielsuchsystem der MiG-29.

Verbesserungen waren auch im Cockpit angedacht. So sollten Multifunktionsanzeigen die bisherigen Rundinstrumente ersetzen. Hinzu kam ein modernes Blickfelddarstellungssystem und ein Helmvisier für den Piloten. Die Bewaffnungsoptionen der MiG-23-98 umfassten alle modernen Lenkwaffen, die für die MiG-29 entwickelt worden waren.

Dank moderner Sensoren, Lenkwaffen und einer auf den neuesten Stand gebrachten Bordelektronik versprach die MiG-23-98 es mit jedem Ende der 1990er-Jahre existierenden Kampfflugzeug aufnehmen zu können.

Das Projekt MiG-23-98 wurde verschiedenen Nutzern der MiG-23 angeboten, konnte aber keine Verkaufserfolge erzielen. Deshalb blieb es bei einem Prototyp. Damit war das Kapitel MiG-23 beendet.

119 Die Grundidee dieser Variante wurde für einen frühen MiG-29-Entwurf weiterentwickelt. Dazu wurden Tragfläche und Lufteinläufe komplett überarbeitet.

Die MiG-23-98 konnte moderne Lenkwaffen einsetzen. (Foto: MiG MAPO)

Das Waffenarsenal. (Foto: MiG MAPO)

MiG-23-98 bewaffnet mit R-77- und R-73-Raketen. (Foto: MiG MAPO)

Die Jagdbomber

MiG-23B

Während des Zweiten Weltkriegs hatten die Schlachtfliegerkräfte eine große Bedeutung erlangt. Sie bekämpften Bodenziele, wie Panzer, Fahrzeuge oder auch Marschkolonnen an der Front oder im frontnahen Gebiet. Dazu setzten sie Bordkanonen, Bomben und Raketen ein. Die Deutschen nutzten für diesen Zweck die Ju-87 Stuka, die Sowjetunion setzte auf den *»fliegenden Panzer«* IL-2.[120] Beide Flugzeugtypen griffen effektiv in die Bodenkämpfe ein und fügten dem Gegner nicht zu unterschätzende Verluste zu.

In der Sowjetunion dauerte die Zeit der Schlachtflieger bis in die späten 1950er-Jahre. Dann wurden sie durch die Jagdbombenflieger ersetzt. Der Verzicht auf die Schlachtflieger resultierte aus der *»Atomeuphorie«* jener Zeit. In der Atomkraft sah man das Mittel der Zukunft, sowohl zivil, als auch militärisch. Für die Militärs war die Atombombe damals nichts weiter als ein in seiner Wirkung überdimensional verstärkter Sprengkörper. Mit ihm wollte man jede Art von Ziel angreifen und das mit einem vergleichsweise geringen Aufwand. Angriffe, für die früher hunderte oder tausende Bombenflugzeuge notwendig gewesen waren, konnten nun durch ein einzelnes Flugzeug ausgeführt werden. Und zwar mit gleicher oder sogar größerer Waffenwirkung im Ziel.

Damit ein Angriffsflugzeug, auch bei starker gegnerischer Abwehr, zum Ziel durchbrechen konnte, musste es möglichst schnell sein. Deshalb wurden die Jagdbomber jener Zeit so konstruiert, dass sie Mach 2 und mehr erreichen konnten. Mit ihrer Mach-2 Fähigkeit waren die Jagdbomber deutlich schneller als Schlachtflugzeuge, weshalb man ihnen eine höhere Überlebenswahrscheinlichkeit im Kampf zubilligte. Man glaubte fest daran zukünftig auf die Schlachtflieger verzichten zu können.

Selbst für das herkömmliche Schlachtfeld hielt man die Jagdbomber für das Mittel der Wahl. Mit ihnen konnten Truppenkonzentrationen, Luftabwehrsysteme und Radarstellungen schnell ausradiert werden. Und zwar

Kennzeichen der MiG-23B war dass sich das Triebwerksende auf einer Höhe mit dem Leitwerksende befand. (Foto: Wauptschassow)

120 In den frühen 2000er-Jahren gab es in Russland eine Diskussion, ob die IL-2 eher als kriegsentscheidend oder aber als Rohrkrepierer anzusehen sei.

Die erste Variante der MiG-27Scha. (Foto: MiG Museum)

Die zweite Variante der MiG-27Scha. (Foto: MiG Museum)

durch den Einsatz kleinerer Kernwaffen.[121] Die sowjetischen Militärspezialisten hielten eine Sprengkraft von 30 kt[122] für ausreichend. 30 Kilotonnen entsprachen in etwa dem Doppelten der Hiroshimabombe.[123]

Mitte der 1960er-Jahren war die *»Atomeuphorie«* im Abklingen. Bei den Militärs machte sich die Erkenntnis breit, dass die Kernwaffe doch nicht die alleinseligmachende Waffe war. Man erkannte, dass sie defacto nur als Terrorwaffe gegen Großstädte wirksam war. Gegen dezentralisiert auf dem Schlachtfeld operierenden Verbände war ihre Wirksamkeit verhältnismäßig gering. So zeigten Berechnungen, dass der Einsatz einer 30 kt Bombe gegen eine Großstadt hunderttausende Opfer verursachen würde. Würde die gleiche Waffe gegen ein zum Angriff voll entfaltetes Panzerbataillon eingesetzt werden, und dieses genau in der Mitte der Gefechtsordnung treffen, dann würden die Panzer, die an den Flügeln der Gefechtsordnung fuhren, den Kernwaffenschlag überleben und den Kampf weiter fortsetzen. Und das war unbefriedigend. Die Lösung des Problems konnte darin bestehen die Sprengkraft der taktischen Nuklearwaffen weiter zu steigern, was problemlos machbar war. Doch stellte sich vermehrt die Frage nach dem Sinn dieses Weges.

Es hatte sich nämlich beim Militär herumgesprochen, dass eine Kernwaffe kein überdimensionierter Knallfrosch war, sondern eine ganze Reihe unangenehmer und gravierender Nebenwirkungen hatte. Und die bestanden in der großflächigen und langandauernden Verseuchung des Abwurfgebietes. Man fragte sich: *»Was nutzte es ein Land mit Kernwaffen zu verteidigen oder zu erobern, wenn es anschließend für Jahrtausende nuklear verstrahlt ist und unbewohnbar wird?«*

Die Lösung des Dilemmas bestand darin wieder zur konventionellen Kriegsführung zurückzukehren. Der Kampf gegen feindliche Panzer, Flugplätze, Marschkolonnen und Fahrzeuge sollte wieder mit herkömmlichen Bomben und Raketen geführt werden. Deshalb wurden ausgemusterte Jagdflugzeuge, wie die MiG-17, einer Zweitverwendung zugeführt. Man rüstete sie mit Startbehältern für ungelenkte Raketen aus und machte sie damit zu Jagdbombenflugzeugen.

Bei den großen Manövern der Sowjetarmee und des Warschauer Vertrages, die Mitte, Ende der 1960er-Jahre durchgeführt wurden, zeigte sich, dass eigentlich kernwaffentragenden Jagdbomber des Typs Su-7B in der konventionellen Rolle der Luftnahunterstützung kläglich versagten.[124] Bei den in die Luft-Boden-Rolle gedrängten älteren MiG-21-Versionen sah es nicht besser aus. Die einzigen Flugzeuge, die mit einigermaßen guten Ergebnissen aufwarten konnten, waren die alten und vergleichsweise langsamen MiG-17.

Nach Auswertung der Manöver verlangten die sowjetischen Fliegerkräfte spezialisierte Angriffsflugzeuge, die bei der Bekämpfung kleiner Punktziele hocheffizient sein sollten. Entsprechende Aufträge wurden an die Flugzeugkonstruktionsbüros herausgegeben.

Im OKB Mikojan-Gurjewitsch versuchte man es mit zwei Ansätzen. Der erste Ansatz sah vor aus der MiG-21 ein Angriffsflugzeug abzuleiten. Dazu wurde der vordere Teil des Flugzeugs komplett umgebaut. Der Rumpfbug wurde abgeflacht, so dass er die Form eines Gänseschnabels erhielt. Die Lufteinläufe wanderten zur Seite und die Tragflächen bekamen eine leicht gepfeilte Form. Das Projekt erhielt die Bezeichnung MiG-27Scha[125]. Es wurde aber nicht zu Ende entwickelt, weil man die mitführbare Waffenlast als für zu gering erachtete.

Der zweite Ansatz sah vor aus dem Experimentalflugzeug A-144 ein Angriffsflugzeug abzuleiten. Die A-144 war eine Abwandlung der MiG-21S, die im Rahmen der Flugerprobung des Überschallpassagierflugzeugs Tu-144 gebaut worden war. Mit diesem Flugzeug sollten die Flugeigenschaften eines großen Deltaflügels mit geschwungenen Kanten untersucht werden. Irgendjemand kam auf die Idee aus der A-144 ein Bodenangriffsflugzeug abzuleiten. Dazu wurden die Lufteinläufe an die Seite verlegt und der Bug bekam die Gänseschnabelform. Die Zahl der Triebwerke wurde auf zwei erhöht. Das Projekt erhielt die Bezeichnung MiG-27-11, verlief sich aber auch sehr schnell im Sand, weil niemand sagen konnte, wie die Bodencrews Bomben und Raketenbehälter, bei der recht geringen Bodenfreiheit des Flugzeugs, unter der vergleichsweise großen Tragfläche anbringen sollten.

Was man brauchte war ein völlig neuer Ansatz. Und dieser Ansatz wurde in der damals in Entwicklung befindlichen MiG-23 gefunden. Das neue Flugzeug bot einige sehr interessante Möglichkeiten. Es war groß genug, um auch schwerere Waffenlasten tragen zu können. Durch seinen Schwenkflügel konnte es sowohl schnell, als auch langsam fliegen. Das hatte den Vorteil, dass es die gegnerische Luftabwehr im Schnellflug überwinden konnte und dann im Zielgebiet bei langsamer Fluggeschwindigkeit optimale Voraussetzungen für die Zielsuche und -bekämpfung hatte.

Die Idee gefiel und wurde umgesetzt. Das Flugzeug erhielt die Bezeichnung MiG-23B. Das B stand für *»Bombardirowtschik«*, also Bomber. Als Prototyp der MiG-23B diente der vierte MiG-23-Prototyp, 23-11/4.

Dieser unterschied sich äußerlich kaum von den ersten beiden Prototypen[126]. Er hatte die gleiche weit nach vorn reichende, aerodynamisch geformte Nase. Diese war völlig aus Metall gefertigt. In ihr waren Avionikkomponenten, wie z.B. Teile, des noch nicht vollständig einsatzbereiten hochkomplexe Navigationssystems KN-23 und des damit vernetzten Waffenkontrollsystems Sokol-23[127] untergebracht.[128]

---

121 Die damalige sowjetische Einsatztaktik zur Überwindung des NATO Fla-Raketengürtels in der Bundesrepublik sah vor jede HAWK- und Nike-Hercules-Stellung mit taktischen Kernwaffen anzugreifen und auszuradieren.

122 Die Größe kt steht für Kilotonne. Sie ist eine Messgröße für die Sprengkraft. Als Vergleichsmaßstab gilt die Sprengkraft des konventionellen Sprengstoffs TNT. 30 kt entspricht somit der Sprengkraft von 30.000 t TNT.

123 Über die Sprengkraft der Hiroshimabombe gibt es verschiedene Angaben. Sie reichen von 9 bis 15 kt.

124 Die Trefferwahrscheinlichkeit bei der Bekämpfung von Panzern auf dem Gefechtsfeld lag bei gerade einmal 10%.

125 Der Buchstabe Scha symbolisierte den Einsatzzweck, nämlich »Schturmowik«, also Schlachtflieger.

126 Der dritte Prototyp hatte bereits die spätere »Jägernase«.

127 russ.: Сокол-23. Das Wort Сокол, Sokol, bedeutet »Falke«.

128 Es fehlte z.B. das Laserentfernungsmesssystem.

Der Prototyp der MiG-23B trug den Kenner 321. Kennzeichen der Jagdbomber war der Gänseschnabelbug, der dem Piloten eine gute Sicht nach vorn ermöglichte. (Foto: OKB MiG)

Für die Positionsbestimmung besaß KN-23 sowohl ein Doppler-, als auch ein Trägheitsnavigationssystem. Hinzu kam das Nahbereichsnavigationssystem RSBN-6S. Geflogen wurde das Flugzeug mit Hilfe des für den Tiefflug optimierten Flugsteuerungssystems SAU-23B.

Die 23-11/4 bekam zwei zusätzliche Aufhängepunkte für Abwurfwaffen, die beiderseits des Hecks am Rumpf angebracht wurden.

Während der Flugerprobung von 23-11/4 wurde festgestellt, dass das Flugzeug spielend in der Lage war eine Waffenlast von 3.000 kg mitzuführen. Die erreichbaren Geschwindigkeiten waren gut, die Reichweite zufriedenstellend. Das Flugzeug ging problemlos in den Überschallbereich, selbst bei maximaler Waffenlast.

Beim Bodenangriff waren die Ergebnisse jedoch alles andere als positiv. Die lange Nase verdeckte einen Großteil des Sichtfeldes des Piloten. Ein Bodenziel anzuvisieren war deshalb mehr als schwierig. Probleme wurden auch beim Fahrwerk gesehen. Man hielt es für zu grazil, um sichere Starts und Landungen auf unbefestigten Pisten durchstehen zu können, vor allem dann, wenn das Flugzeug bis zum Maximum mit Waffen und Treibstoffzusatzbehältern beladen war. Und weil es noch eine Reihe anderer Probleme gab wurde beschlossen die auf der 23-11/4 basierende MiG-23B zu den Akten zu legen und das Projekt neu anzugehen.

Damit war isdelije 32-24, hausinterner Projektname MiG-23Scha, geboren.

Isdelije 32-24 basierte auf der ersten MiG-23B. Der Hauptunterschied bestand darin, dass der bei den Projekten MiG-27Scha und MiG-27-11 angedachte Gänseschnabelbug nun in die Realität umgesetzt wurde. Mit diesem Bug hatte der Pilot des Flugzeugs eine exzellente Sicht nach vorn und konnte Bodenziele leicht entdecken, verfolgen und anvisieren.

Ein wichtiger Punkt bei der Entwicklung der 32-24 war die Auswahl des Triebwerks. Die MiG-23B verfügte über das bei den MiG-23-Prototypen verwendete Aggregat R-27F-300, das gerade einmal 7.800 kp Schub im Nachbrennerbetrieb abgeben konnte. Mit diesem Triebwerk war es unmöglich mit einer maximal beladenen Maschine, innerhalb der vom Auftraggeber verlangten Startstrecke von 700 m, abzuheben. Dafür war das Triebwerk einfach zu schwach. Selbst die leistungsgesteigerte Variante R-27F2-300, die 9.300 kp Schub ablieferte, schien für die geforderte Aufgabe nicht gut genug zu sein. Deshalb verlangte das OKB MiG von den Triebwerksentwicklern des Tumanski OKB ein leistungsfähigeres Triebwerk. Nur hatten die Triebwerksleute keine große Lust darauf. Sie meinten 9.300 kp seien völlig ausreichend, und wenn nicht, dann könnten die Ingenieure des OKB MiG ihren Vogel ja doch wohl ein klein wenig abspecken. Doch dazu waren die wiederum nicht bereit. Sie forderten vehement ein Triebwerk mit 10.000, besser noch 11.000 kp Nachbrennerschub, was die Triebwerksbauer des Tumanski OKB genauso vehement zurückwiesen.

Es kam zu einem gehörigen Zerwürfnis, das damit endete, dass die Flugzeugbauer zur Konkurrenz gingen. Für uns im Westen, die festen Glauben aufgewachsen sind, dass es in der Sowjetunion ausschließlich eine restriktive Planwirtschaft gegeben habe, mag es erstaunlich klingen, dass es im Bereich der Rüstungsentwicklung heftigste Konkurrenzkämpfe gegeben hat. Und das war von der sowjetischen Führung auch so gewollt. Auf diesem Wege verhinderte man, dass sich einzelne Konstruktionsbüros zu *»Haus-und-Hoflieferanten«* entwickelten und sich auf ihren Lorbeeren ausruhten. Und aus genau diesem Grund gab es verschiedene Triebwerkskonstruktionsbüros, wie Iwtschenko, Kusnetzow, Klimow, Tumanski und Ljulka.

Und genau zu diesem Ljulka gingen nun die MiG-Leute. Sie hatten in der Vergangenheit bereits einmal mit Ljulka zusammengearbeitet und zwar als es darum ging einen schweren Mach-2-fähigen Abfangjäger zu bauen. Doch aus den Projekten I-7 und I-75 war nichts geworden, weshalb sich das OKB MiG auf leichte Jagdflugzeuge konzentrierte und die kleineren Triebwerke von Tumanski bevorzugte. Die MiG-23 war aber nun kein leichtes und kleines Jagdflugzeug mehr, weshalb die Option offen stand die deutlich größeren Triebwerke aus dem Hause Ljulka zu verwenden.

Zur Sprache stand das AL-21F-3. Dieses Triebwerk wurde bereits in Serie gebaut und kam bei der Su-17 und dem Bomber Su-24 zum Einsatz. Es gab 11.200 kp Schub ab, wenn der Nachbrenner aktiviert war und diese Leistung entsprach in etwa dem, was sich die MiG-Leute vorgestellt hatten. Die äußeren Abmessungen des AL-21F-3 waren auch so, dass das Triebwerk problemlos im Rumpfheck der MiG-23 untergebracht werden konnte. Die Nutzung des AL-21F-3 in der MiG-23Scha war also eine Win-Win-Situation für beide Seiten.

Die MiG-Konstrukteure waren von dem neuen Triebwerk so begeistert, dass sie planten auch die Jagdflugzeugvarianten der MiG-23 auf das neue Triebwerk umzustellen. Ein Prototyp mit der Bezeichnung 23-41 wurde gebaut, erprobt und für gut befunden.

Die Aussicht auch den Auftrag für die Triebwerke der MiG-23 Jagdflugzeuge zu verlieren veranlasste den Direktor des Triebwerksherstellers »Sojus« zum OKB Tumanski zu gehen, um den Konstrukteur K. R. Chatschaturow[129] zu beknien, doch endlich der Forderung des MiG-OKB, nach einer stärkeren Triebwerksvariante für die MiG-23, nachzugeben.[130] Das tat Chatschaturow dann auch und begann die Arbeiten am Triebwerk R-29-300. Dieses Triebwerk versprach noch stärker zu werden, als es das Ljulka Aggregat war, doch für die MiG-23Scha kam es zu spät. Die Wahl für das Triebwerk der MiG-23Scha war bereits gefallen. Das Flugzeug würde mit dem Ljulka AL-21F-3 ausgerüstet werden.

Die MiG-23Scha war als hochspezialisiertes Angriffsflugzeug mit hohem Automatisierungsgrad gedacht. Durch die Automatisierung sollte die Arbeit des Piloten von Routineaufgaben befreit werden, so dass er sich auf die Beobachtung des Umfeldes und die Suche nach Zielen konzentrieren konnte. Um das umzusetzen sollte die MiG-23Scha ein fortschrittliches Flugsteuerungssystem erhalten, in dem Autopilot und Navigationssystem, sowie ein System zur Überwachung der Flugparameter integriert waren. Hinzu sollte ein Waffenkontrollsystem kommen, das die Sensoren, das Navigationssystem, Selbstschutzmittel und die Mittel zum Waffeneinsatz koordinierte. MiG-23Scha war soweit automatisiert, dass das Flugzeug seinen Piloten im Prinzip nur noch zum Start der Maschine und zum Einsatz konventioneller Waffen benötigte. Alles andere konnte das Flugzeug selbständig durchführen.

Im Laufe des Jahres 1969 wurde ein Maket[131] der MiG-23Scha gebaut und dem zukünftigen Auftraggeber präsentiert. Die Militärs waren von den wesentlich besseren Sichtbedingungen aus dem Cockpit angetan.

Im OKB MiG war man sich seiner Sache so sicher, dass bereits im Januar 1970, ohne den staatlichen Auftrag abzuwarten, mit dem Bau des ersten Prototyps begonnen wurde. Der Auftrag kam dann einige Wochen später.

Am 4. Februar 1970 beschlossen der Ministerrat der Sowjetunion und das ZK der KPdSU das Projekt 32-24 in seiner Form zu bestätigen. Die Entwicklung wurde auf die nächste Stufe gehoben und der Bau von Prototypen

129 In der englischsprachigen Literatur Khachaturov genannt, im Original wird er so geschrieben: K.P. Хачатуров.
130 Konstruktion und Herstellung von Militärgütern war in der Sowjetunion organisatorisch getrennt. Wer welches Rüstungsgut herstellte bestimmte die Sowjetführung.
131 Maket ... russ. für Attrappe oder engl.: Mock up

befohlen. Der Projektname MiG-23Scha wurde verworfen und in MiG-23B umgewandelt.[132]

Der Bau des ersten Prototyps begann. In ihm wurden die vom Auftraggeber angemahnten Verbesserungen zur 23-11/4 umgesetzt. Dazu zählte der Gänseschnabelbug, in dem ein Großteil der Elektronik, der Laserentfernungsmesser Fon[133] und das aktive Störsystem SPS-141 untergebracht wurde. Vor der Cockpitsektion wurde eine Panzerplatte eingebaut. Dasselbe tat man hinter dem Cockpit. So war der Pilot gegen Beschuss aus leichten Fla-Waffen gut geschützt. Später, als das Flugzeug in Serie gebaut wurde, baute man zusätzliche Panzerungselemente seitlich des Cockpits an. Das seitliche Panzerungspaket bestand aus einer 9 mm dicken Stahlplatte und einer Kunststoffschicht[134]. Der Kunststoff sollte bei Treffern, aus der Panzerung herausgerissene Splitter stoppen. Weitere Panzerungselemente bestanden aus dicken, hochfesten Aluminiumpaneelen und waren unterhalb des Triebwerks angebracht. So ausgestattet waren die MiG-23-Jagdbomber, bis zum Auftauchen des Schlachtflugzeugs Su-25, die am besten geschützten Flugzeuge der sowjetischen Luftstreitkräfte.

Das Cockpit wurde vom Blickfelddarstellungsgerät ASP-17 dominiert. Es ermöglichte einen Blick nach vorn und unten von -18°, was eine deutliche Verbesserung darstellte. Das Blickfelddarstellungsgerät arbeitet beim Waffeneinsatz mit dem Waffenkontrollsystem Sokol-23 zusammen und markierte den errechneten Einschlagort von Bomben und Raketen. So konnte die Trefferwahrscheinlichkeit drastisch erhöht werden.

Hinter dem Cockpit gab es genügend Platz, der bei den Jägerversionen des Flugzeugs von Elektronik und Teilen des Radarsystems genutzt wurde. Dieser Platz wurde für den Einbau eines zusätzlichen Treibstofftanks verwendet.[135] Der Rumpftank 1 wurde vergrößert und im Heckteil des Flugzeugs wurde ein vierter Rumpftank eingebaut. Das interne Treibstoffgewicht stieg auf etwa 4.600 kg. Hinzu kam die Möglichkeit außen am Flugzeug drei Treibstoffzusatzbehälter von jeweils 800 Liter Fassungsvermögen mitzuführen. Bei dieser, nur für Überführungsflüge gedachten, Konfiguration konnte die MiG-23B, unter optimalen Bedingungen, etwa 2.850 km weit fliegen.

Weitere Veränderungen betrafen das Fahrwerk. Es wurde massiver ausgelegt und mit größeren Reifen ausgestattet. Weil die neuen Reifen nicht mehr vollständig in die Fahrwerksschächte passten bekamen die Fahrwerksklappen eine gewölbte Form. Die neuen Reifen hatten eine Größe von 840x290 mm und einen von 12,5 auf 11 kg/cm^2 gesenkten Luftdruck[136]. So konnte auf Rasenpisten besser operiert werden.

Die Tragflächen des MiG-23B-Prototyps entsprachen denen der MiG-23S. Es waren Tragflächen der ersten Generation, d.h. ohne Sägezahn, dafür aber mit automatisch fahrenden Vorflügeln. Ein weiterer äußerer Unterschied zur ersten Jägerversion MiG-23S war, dass das gesamte Leitwerk 86 cm in Richtung Heck verschoben wurde.

Der erste Prototyp wurde im Laufe des Jahres 1970 komplettiert. Am 18. Februar 1971 startete er zu seinem Jungfernflug. Zwei weitere Prototypen wurden im Laufe des Jahres 1971 gebaut. Diese besaßen bereits die neuen Tragflächen mit Sägezahn. Ein vierter Prototyp folgte 1972.[137] Während der Flugerprobung zeigte sich die MiG-23B von ihrer guten Seite. Sie hatte eine gute Reichweite, konnte eine ansehnliche Waffenlast tragen und diese punktgenau im Ziel platzieren. Solange man die Maschine entsprechend ihrer Flugparametergrenzen behandelte, flog sie zuverlässig und stabil. Überschritt man die allerdings die Parameterbeschränkungen, dann konnte die MiG-23B sehr schnell zum Biest werden.

Die MiG-23B wurde 1972 und 73 in Serie gefertigt. Insgesamt verließen 49 Maschinen die Fertigungslinien und wurden in drei sowjetischen Fliegereinheiten eingesetzt. In der Truppe wurde die MiG-23B positiv aufgenommen. Die Linienpiloten lobten die gute Sicht aus dem Cockpit und den hohen Automatisierungsgrad des Flugzeugs. Starts und Landungen waren mit der MiG-23B deutlich einfacher als mit der Su-7B. Die MiG-23B konnte auch deutlich mehr Waffen tragen und sie viel genauer ins Ziel bringen. Im Flug ließ sie sich leicht steuern und erreichte sehr hohe Geschwindigkeiten. Ohne Waffenlast

132 Der Grund für diese Umbenennung ist unbekannt. Es wird vermutet, dass bereits damals damit geliebäugelt wurde die Jagdbombervariante der MiG-23 zu einem späteren Zeitpunkt zu exportieren. Es war auch bekannt, dass es in den Sprachen der potentiellen Exportkunden Fäkalworte, die mit »Sch...« begannen, im Umlauf waren. Und Spitznamen wie »MiG-23 Schei...e« oder »Sh...t« wollte man vermeiden. Aus demselben Grund wurde der Buchstabe G nicht verwendet, denn »Schei...e« heißt in der russischen Sprache »gowno«.

133 russ.: Фон. Fon, bedeutet: Hintergrund oder Kulisse.

134 Manche Quellen sprechen hier von Gummi.

135 Tank 1A.

136 Die Größe der Reifen des Bugfahrwerks war 570x140 mm.

137 Die Bordnummern der Prototypen lauteten 321, 322, 323 und 324.

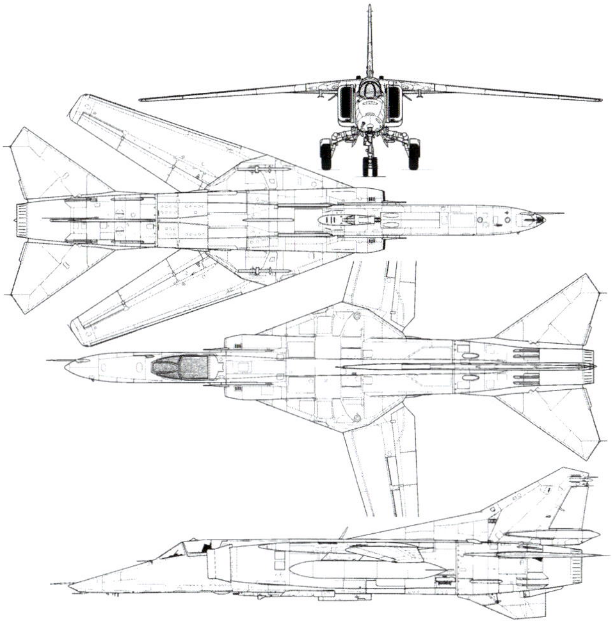

Die MiG-23B in der Vierseitenansicht.

konnte eine MiG-23B im Tiefflug bis zu 1.350 km/h schnell fliegen. Bei maximaler Waffenlast waren immerhin noch 1.000 km/h drin. In größeren Höhen war es problemlos möglich Überschall zu erreichen. Der Übergang vom Unterschall- in den Überschallbereich ging relativ glatt über die Bühne. Geschwindigkeiten bis Mach 1.7 waren möglich.

Es gab aber auch ein paar Nachteile. Teile der Elektronik arbeiteten zu langsam und waren noch nicht ausgereift. Das Triebwerk AL-21F-3 war noch nicht zu 100% betriebssicher. Es kam gelegentlich zu Überhitzungen, die mitunter zu Triebwerksbränden führten. Diese ließen sich schwer löschen, weil Teile des Triebwerks aus Titan gefertigt waren.[138]

Ein weiterer Nachteil des AL-21F-3 war, dass das Triebwerk sehr teuer und komplex war. Es konnten also nicht genug Triebwerke gebaut werden, um alle Abnehmer zufrieden zu stellen. Deshalb entschloss sich das OKB MiG zu den Produkten des Triebwerkskonstruktionsbüros Tumanski zurückzukehren, was letztendlich zur MiG-23BN führte.

Ein in der Sowjetunion geläufiger Spitzname der MiG-23B war »Krokodil Gena«. Krokodil Gena war eine populäre Figur aus dem Kinderfernsehen. Von der NATO erhielt die MiG-23B den Codenamen Flogger-F.

Technische Daten: MiG-23B	
Bezeichnung OKB / NATO	isdelije 32-24 / Flogger F
Werksbezeichnung	isdelije 24
Einsatzzeitraum	ab 1972
Abmessungen	
Spannweite	7,78 m - 13,96 m
Rumpflänge	16,84 m
Höhe	5,15 m
Flügelfläche	34,16 m² - 37,35 m²
Massen	
Leermasse	10.441 kg
Startmasse	16.500 kg
max. Startmasse	20.000 kg
max. Waffenlast	3.000 kg
Treibstoffmenge	5.380 l + 1 bis 3 x Zusatzbehälter je 800 l
Antrieb	1 x AL-21F-3
Schub	7.800 kp / 76,50 kN trocken
	11.200 kp / 109,90 kN Nachbrenner
Flugleistungen	
Höchstgeschwindigkeit	1.810 km/h in 11.000 m
	1.350 km/h in Bodennähe
Marschgeschwindigkeit	1.150 km/h
Aktionsradius	550 km
Gipfelhöhe	16.000 m
Steiggeschwindigkeit	108 m/s
Bewaffnung	
Bordkanone	GScha-23 mit 200 Schuss
Waffenstationen	18 x 100 kg Bomben
	8 x 250 kg Bomben
	6 x 500 kg Bomben
	4 x Raketenbehälter UB 32
	2 x Cha-23 Lenkrakete
	3 x 800 l Zusatzbehälter

138 Metallfeuer, egal ob Brände von Aluminium, Titan, Magnesium oder Lithium, sind sehr heftig, heiß und zerstörerisch. Sie lassen sich nur sehr schwer bekämpfen.

MiG-23BN

Die MiG-23BN war die Weiterentwicklung der MiG-23B. Neu waren das Triebwerk R-29B-300 und eine modernisierte Avionik. Wofür das N in der Typenbezeichnung MiG-23BN steht ist unbekannt. Wahrscheinlich bedeutet es *»Nowui«*, also *»Neu«*.[139]

Ursprünglich war die MiG-23BN als reine Ummotorisierung der MiG-23B gedacht und wurde zunächst unter der OKB-Bezeichnung isdelije 32-23 vorangetrieben. Der Grund für den Wunsch das Flugzeug auf einen neuen Antrieb umzurüsten lag darin, dass die ersten Baureihen des Triebwerks AL-21F-3 nicht die notwendige Betriebssicherheit hatten, öfter ausfielen und gelegentlich abbrannten. Außerdem war das AL-21F-3 viermal so teuer wie das vom Tumanski OKB in der Zwischenzeit fertig entwickelte R-29-300.

Bereits im Laufe des Jahres 1972 war die Idee aufgenommen worden das R-29-300, das für das Jagdflugzeug MiG-23M auserkoren war, auch bei der MiG-23B zu verwenden. Dies sollte zu logistischen Vereinfachungen für Nutzer der MiG-23 führen, wenn sowohl die Jagd- als auch die Jagdbomberversion mit dem gleichen Triebwerk ausgerüstet würden.

Am 22. November 1972 wurde dem Ministerrat der Sowjetunion das Konzept von isdelije 32-23 vorgestellt und von diesem bestätigt. Damit war der Weg frei für den Bau von Prototypen.

Gesagt, getan. Ein Prototyp wurde gebaut und als er soweit fertig war, dass er mit dem neuen Triebwerk ausgerüstet werden konnte, hatte das Tumanski OKB bereits eine Abwandlung des R-29 Triebwerks geschaffen. Dieses Triebwerk hieß R-29B-300. Wobei das B für »Bombardirowtschik«, also Bomber stand.

Das R-29B-300 war für den Einsatz in Erdbodennähe optimiert. Es war leichter und etwas kürzer als das AL-21F-3 und reagierte schneller in der Gasannahme. Zudem war es betriebssicherer und verbrauchte im Nachbrennermodus etwas weniger Treibstoff. Dafür war es im Normalbetrieb etwas durstiger.[140] Vom Jägerantrieb R-29-300 unterschied es sich durch eine neugestaltete Nachbrennerdüse.

Ein weiterer Vorteil des R-29B-300 bestand darin, dass es einen Maximalschub von 8.000 kp erzeugte. Das war fast genauso viel wie beim Jägertriebwerk R-29-300 und 200 kp mehr als beim AL-21F-3 der MiG-23B. Dafür

MiG-23BN 689 rollt in Richtung der Vorstartlinie des Flugplatzes Drewitz. (Foto: Martin Baumann)

Ein Paar aus der Froschperspektive fotografiert. (Foto: Martin Baumann)

war der Nachbrennerschub um etwa 1.000 kp geringer.

1973 wurde ein erster Prototyp gebaut. Dazu wurde eine MiG-23B aus der laufenden Serienproduktion genommen und mit dem neuen Triebwerk ausgerüstet. Die Flugerprobung zeigte, dass das Flugzeug mit dem R-29B-300 problemlos betrieben werden konnte. Zu einer Serienfertigung kam es aber nicht, weil das sowjetische Militär weitere Verbesserungen an der Avionik verlangte. Daraufhin wurde das Flugzeug zu isdelije 32-27 weiterentwickelt.

Weil die Unterschiede zur MiG-23B aber nicht zu groß war taufte man das Flugzeug im OKB MiG wieder in isdelije 32-24 zurück, diesmal jedoch mit dem Zusatz B.

Kern von isdelije 32-24B war das modernisierte Navigationssystem KN-23. Es beinhaltete ein Trägheitsnavigationssystem, ein Dopplernavigationssystem, ein funkgestütztes Nahnavigationssystem und war mit dem Autopiloten und dem automatisierten Flugsteuerungssystem SAU-23B vernetzt.

Mit Hilfe dieses, für die damalige Zeit hochmodernen Komplexes war das Flugzeug in der Lage vollautomatisch einem Kurs entlang von drei vorher festgelegten Wegpunkten zu folgen, um anschließend zu einem von vier einprogrammierten Flugplätzen zurückzukehren. An den Wegpunkten konnten entweder Kursmanöver ausgeführt werden oder vollautomatisch Waffen eingesetzt werden. Dazu war das Navigationssystem KN-23 mit dem Waffenkontrollsystem Sokol-23N vernetzt.

139 Eine alternative Deutung des Buchstaben »N«, die man gelegentlich findet, ist das Wort »nositjel«. Nositjel bedeutet »Träger« und wird in der russischen Sprache sowohl für »Trägerrakete«, als auch für »Kernwaffenträgermittel« verwendet. Ich schließe mich dieser Deutung aber nicht an, weil bereits die MiG-23B kernwaffentauglich war und bei der MiG-23BN nur die in den sowjetischen Streitkräften und im Warschauer Vertrag genutzten Flugzeuge Kernwaffen tragen konnten. Exportmodelle für den Rest der Welt konnten das nicht. Deshalb bleibe ich bei der Deutung des Buchstabens »N«, bei der alten DDR-Weisheit, die besagt: »Irgendwas werden sich die Genossen schon dabei gedacht haben. Ich weiß zwar nicht was, aber irgendeinen Sinn wird es sicher schon haben.«

140 Diese Aussage trifft beim Flug mit maximalem Schub zu. Wurde aber nur mit halber Kraft geflogen, z.B. bei Überführungsflügen, so war der Treibstoffverbrauch von AL-21F-3 und R-29B-300 nahezu identisch.

Letzter Blickkontakt zwischen Pilot und Techniker. Es kann losgehen. (Foto: Martin Baumann)

Die MiG-23BN macht sich zum Start bereit. Das Triebwerk läuft, die Tragflächen werden ausgeschwenkt. (Foto: Martin Baumann)

Startbereit. Die Tragflächen sind in vorderster Position, die Klappen auf Start gestellt. (Foto: Martin Baumann)

Das automatisierte Flugsteuerungssystem SAU-23B unterstützte den Pilot beim Steuern des Flugzeugs. Es war in der Lage das Flugzeug jederzeit in eine normale Fluglage zurückzuführen. Das geschah, wenn der Pilot den sogenannten *»Panikknopf«* drückte, weil er, z.B. durch heftige Flugmanöver, die Orientierung über die Fluglage des Flugzeugs verloren hatte. Orientierungsverlust konnte auch bei Flugmanövern im Nebel oder den Wolken auftreten. Des weiteren konnte SAU-23B das Flugzeug automatisch auf eine sichere Flughöhe bringen, wenn die vom Piloten geflogene Höhe unterhalb eines Sicherheitswertes lag. SAU-23B war in der Lage Schwingungen des Flugzeugs, die durch Luftturbulenzen ausgelöst wurden, zu dämpfen. Das machte das Fliegen in geringen Flughöhen für den Piloten erträglicher, weil er nicht so stark durchgeschüttelt wurde. Als Nebeneffekt wurde die Gefahr flugkrank zu werden merklich reduziert.

SAU-23B unterstützte den Piloten bei der Ausführung von Flugmanövern, die für den Einsatz als Jagdbombenflugzeug typisch waren, wie z.B. das Abfangen des Flugzeugs nach einem Sturzangriff. Dabei wurde die Einhaltung von Betriebsgrenzen überwacht. Wurden diese überschritten, oder drohte eine Überschreitung, wurde ein, bei den Fliegern »Rita« genanntes, Sprachinformationssystem aktiv und mahnte den Piloten die Betriebsgrenzen einzuhalten.

Als Schwachpunkt des Systems SAU-23B stellte sich in der Praxis später heraus, dass es mitunter zu langsam reagierte und Flugfiguren des Manöverluftkampfes nicht wirklich unterstützte.

Aus der heutigen Sicht mag es verwundern, dass diese Flugmanöver nicht unterstützt wurden. Der Grund dafür war, dass sie bei der Entwicklung nicht im Forderungskatalog standen. Und zwar deshalb nicht, weil den Entwicklern bewusst war, wie begrenzt die Rechenleistung der damals verfügbaren Computer war. Es kamen noch keine Digitalrechner zum Einsatz, sondern Analogrechner. Und die waren, im Vergleich zu heutigen Computern, quälend langsam. Deshalb kam es in der Praxis gelegentlich vor, dass das SAU-23B bei heftigen Flugmanövern zu spät reagierte und sich das Flugzeug mit der Nase voran in den Boden bohrte.

Solange das Flugzeug isdelije 32-24B innerhalb seiner Betriebsgrenzen geflogen wurde war es leicht steu-

Die MiG 23BN der Nationalen Volksarmee mit der Kennung 690 wurde hier bei ihrem Start fotografiert. (Foto: Martin Baumann)

erbar und gut zu handhaben.[141] Start und Landung waren im Vergleich zur Su-7B oder der MiG-21 spielend einfach und der hohe Automatisierungsgrad entlastete den Piloten beim Fliegen des Flugzeugs merklich.

Ein Herzstück der 32-24B war das bereits erwähnte Waffenkontrollsystem Sokol-23N. Mit ihm war es möglich ungelenkte und gelenkte Waffen punktgenau ins Ziel zu bringen. Allerdings muss man einschränkend sagen, dass Sokol-23N darauf optimiert war kleine, stationäre Objekte anzugreifen. Gegen bewegliche Ziele nahm seine Effektivität deutlich ab.

Der wichtigste Sensor von Sokol-23N war der Laserentfernungsmesser »Fon«.[142] Er war in der Lage die Entfernung zu einem Ziel in einem Entfernungsbereich von 400 bis 5.000 m zu bestimmen. Die Fehlertoleranz lag bei +/- 10 m. Die vom Laserentfernungsmesser ermittelten Werte wurden an den Waffenrechner weitergeleitet und dort mit den Daten anderer Sensoren verarbeitet. Der ermittelte Einschlagspunkt wurde dem Piloten im Blickfelddarstellungsgerät als Zielmarke angezeigt. Er musste die Zielmarke nun mit dem tatsächlichen Ziel in Deckung bringen und das Feuer eröffnen. Auf diese Weise verbesserten sich die Treffererergebnisse bei der Bekämpfung statischer Ziele erheblich.

Zur punktgenauen Bekämpfung kleinerer Ziele eignete sich die Lenkrakete Cha-23. Diese war speziell für die MiG-23 entwickelt worden und wurde über einen Funkleitstrahl ins Ziel gelenkt. Das Steuergerät, Delta-NG, befand sich unter einer keulenförmigen, aerodynamisch geformten Verkleidung am starren Teil des rechten Tragflügels. Dieses Gerät sendete Lenkkommandos an das Empfangsteil der Rakete, das sich im Heck des Flugkörpers befand. Die Rakete musste während ihres gesamten Fluges vom Piloten gesteuert werden. Dabei kam das Dreipunkt-Zielverfahren zum Einsatz, bei dem der Pilot das Ziel, den Flugweg der Rakete und die eigene Position beachten musste, um die Waffe ins Ziel zu lenken. Dieses Verfahren war mehr eine Kunst als eine Wissenschaft und benötigte vom Piloten sehr viel Fingerspitzengefühl und Erfahrung. Sowjetische Ausbilder gingen davon aus, dass bis zu 1.000 Raketenstarts im Simulator nötig waren, um dem Piloten das nötige Rüstzeug zu geben eine echte Rakete ins Ziel lenken zu können.

Die Rakete Cha-23 wurde nur an den Pylonen unter den starren Tragflächenteilen mitgeführt, weil sonst die

MiG-23BN in Landeanflug auf Drewitz. (Foto: Martin Baumann)

Gefahr bestand, dass die Abgase der Rakete in die Lufteinläufe gelangen könnten und damit das Absterben des Triebwerks provozieren würden.

MiG-23BN abgestellt in Drewitz. (Foto: Rob Schleiffert)

Sowjetische MiG-23BN waren in der Lage eine Atombombe mit einer Sprengkraft von 30 kt einzusetzen. Die dafür notwendigen Bedienteile befanden sich im Cockpit des Flugzeugs. Dazu gehörte ein Bombenzielgerät, das für den indirekten Bombenwurf geeignet war. Beim indirekten Bombenwurf, auch Schulterwurf oder *»Idiotenlooping«* genannt, zieht der Pilot seine Maschine beim Erreichen der Abwurfzone steil nach oben und klinkt die Bombe während des möglichst senkrechten Steigflugs aus. Dann zieht der seine Maschine in einen halben Looping, rollt von der Rückenlage in die Normallage und gibt Vollgas, um aus dem Wirkungsbereich der Bombe herauszukommen. In der Zwischenzeit fliegt die Bombe auf Grund der Masseträgheit noch ein Stück in die Höhe, ehe sich ihr Weg umkehrt und sie nach unten stürzt. Damit das Flugzeug genügend Zeit hat, um zu entkommen, ist die Bombe mit einem Bremsfallschirm versehen. Auf diese Weise ist zwar kein punktgenauer Treffer möglich, der ist bei einer Sprengkraft von 30 kt aber auch nicht nötig.

MiG-23BN wird vom Starterwagen Ural geschleppt. (Foto: Rob Schleiffert)

Als Sicherheitsmaßnahme war es bei den sowjetischen Streitkräften üblich, dass weder der Pilot, noch die Bodencrew eine Kernwaffe scharf machen konnten. Eine Fernsicherung verhinderte den vorzeitigen oder eigenmächtigen Einsatz einer Atombombe. Um die Kernwaffe scharf zu schalten war eine Funkübertragung des zentralen Gefechtsstandes notwendig, der die Fernsicherung aufhob.

MiG-23BN der Staaten des Warschauer Vertrages waren ebenfalls für den Kernwaffeneinsatz vorbereitet. Exportmaschinen an Drittstaaten hatten diese Fähigkeit nicht.

Für den Selbstschutz besaß die MiG-23BN die aktive Störstation SPS-142. SPS-142 war ein Ablenkstörer, der einem feindlichen Radar ein abseits gelegenes Scheinziel vorgaukelte. Tests, die die Bundeswehr nach der Wende durchführte, zeigten, dass dieses Störgerät, bei korrekter Bedienung, zuverlässig in der Lage war alle damaligen westlichen Radargeräte matt zu setzen. Das betraf sowohl Überwachungsradare, als auch Feuerleitgeräte von Flak oder Fla-Raketen oder die Feuerleitkanäle von westlichen Jagdflugzeugradargeräten.[143] SPS-142 war im Bug der MiG-23BN untergebracht. Die Sendean-

141 Überschritt man die Betriebsgrenzen wurde die MiG-23BN schnell zum Biest. Gefürchtet war ihr Trudelverhalten. Es war recht einfach das Flugzeug ins Trudeln zu bringen, aber schwierig es wieder zu beenden.

142 In der damaligen Sprachregelung bezeichnete man das System noch als Quantenbewegungssensor.

143 Gegen östliche Radargeräte war SPS-142 weniger effektiv, weil diese andere Frequenzbereiche als die Konkurrenz im Westen verwendeten. Schwestersysteme waren SPS-141 und 143, die auf anderen Frequenzen arbeiteten.

Ein Nutzer der MiG-23BN war Äthiopien. (Foto: Sammlung Normann)

Auch Indien war ein Nutzer der MiG-23BN. (Foto: IAF)

tennen befanden sich beiderseits des Bugs unter aerodynamischen Verkleidungen. Der Schutz von SPS-142 richtete sich ausschließlich nach vorn, d.h. eine abfliegende MiG-23BN konnte vom Radar durchaus erfasst werden.

Zur Selbstschutzeinrichtung gehörte auch ein Radarwarngerät SPO-10. Es überwachte einfallende Radarstrahlen im Umkreis von 360° und in einem Höhenwinkel von +/- 45°. Das Radarwarnsystem zeigte dem Piloten die relative Position der Radarquelle optisch an und gab eine akustische Warnung aus.
Störkörperwerfer besaß die MiG-23BN nicht. Und zwar deshalb weil man davon ausging, dass das Flugzeug so nah am Boden fliegen würde, dass es von den damals verfügbaren Luft-Luft-Raketen nicht bekämpft werden konnte. Außerdem war die MiG-23BN in Bodennähe so schnell, dass es für westliche Jagdflugzeuge sehr schwer war ihr zu folgen.[144]

Bei den MiG-23BN der ersten Baureihen trat, wie zuvor schon bei der MiG-23S und M, ein Fertigungsproblem beim zentralen Rumpfteil auf. Das zentrale Rumpfteil, das aus dem integrierten Rumpftank Nr.2, einer tragenden Außenstruktur, den Befestigungspunkten für die Schwenklager der Tragflächen und den Ansetzpunkten für das Hauptfahrwerk bestand, war im Flugbetrieb sehr starken Belastungen ausgesetzt. Dies führte regelmäßig zu Rissbildungen, die die Festigkeit des Bauteils drastisch herabsetzte. Es kam vereinzelt sogar zu Brüchen, weil die Befestigungspunkte für die Schwenklager wegbrachen und die Tragfläche damit ihren Halt verlor. Deshalb musste im Truppendienst stets ein wachsames Auge auf dieses Bauteil geworfen werden. Die Gründe für die Probleme waren eine Nichtbeherrschung der Fertigungstechnologie und eine zu schwache Auslegung von Teilen des Bauelements. Zunächst versuchte man sich darin die Wandstärken aufzudicken, damit diese den Belastungen standhalten konnten. Das machte die Sache etwas besser, konnte das Problem aber noch nicht vollständig lösen. Dann versuchte man das Bauteil aus Titan herzustellen. Titan ist leichter und widerstandsfähiger als Stahl. Dafür lässt es sich schwerer verarbeiten und ist sehr teuer. Der für die MiG-23 zuständige Fliegergeneral monierte beim OKB MiG die hohen Kosten und meinte: *»Es käme der Sowjetunion billiger, wenn das OKB seine Flugzeuge ganz aus Gold bauen würde.«* Zur Überraschung aller zeigte

144 Nur die F-104 Starfighter war in der Lage einer mit Höchstgeschwindigkeit in Bodennähe dahinjagenden MiG-23 zu folgen.
145 Das Schweißen des Tanks wurde dann unter einer Schutzatmosphäre durchgeführt.
146 Manche Quellen behaupten, dass die MiG-23BN bis 1985 verkauft wurde. Die Flugzeuge seien in den Jahren zuvor auf Halde gebaut worden und wurden bis 1985 sukzessive abverkauft.

sich, dass die aus Titan gefertigten zentralen Rumpfteile genauso schnell zur Rissbildung neigten, wie die aus Stahl gefertigten. Den richtigen Weg zur vollständige Lösung des Problems wies eine genommene Materialprobe. In ihre stellte man Wasserstoffmoleküle fest, die dort nicht hingehörten. Die Wasserstoffatome waren in die Metallstruktur eingebunden und schwächten diese erheblich. Als man dann die Fertigungstechnologie so änderte, dass kein Wasserstoff mehr mit dem Metall in Berührung kam, war das Problem endlich gelöst und die Zeit der Rissbildung im Tank Nr.2 vorbei.[145] Ab 1977 kamen Rissbildungen nicht mehr vor.

Äußerlich unterschied sich die MiG-23BN von der MiG-23B durch das kürzere Triebwerk. Bei der MiG-23B liegen Triebwerksende und Hinterkante des Seitenleitwerks auf einer Ebene, bei der MiG-23BN ist das Triebwerk kürzer, weshalb das Seitenleitwerk etwas übersteht. Andere Erkennungsmerkmale sind zwei Staurohre vor dem Cockpit, die bei der BN vorhanden sind und bei der MiG-23B nicht. Dafür hat die MiG-23B zwei kleine zusätzliche Lufteinläufe am Heck, die es bei der MiG-23BN nicht gibt.

Der Prototyp der MiG-23BN, isdelije 32-24B, entstand als Umbau aus einer MiG-23B Serienmaschine im Frühjahr 1973. Nach Absolvierung der Werkserprobung wurde er noch im selben Jahr den zuständigen Stellen zur staatlichen Flugerprobung übergeben. 1974 konnte die Serienproduktion aufgenommen werden. Sie dauerte bis 1985 an.[146] Insgesamt wurden 624 Maschinen gebaut, die in der Variante A an die sowjetischen Fliegerkräfte, Bulgarien, die DDR und die Tschechoslowakei geliefert wurden. Die vereinfachte Variante B ging an Algerien, Ägypten, Äthiopien, den Irak, Indien, Kuba, Libyen und Syrien.

Tschechoslowakische MiG-23BN im Flug. (Foto: Sammlung Normann)

Der Pilot klettert ins Cockpit (Foto: Stefan Petersen)

MiG-23BN mit Bundeswehr-Kennung 20 45. (Foto: Rob Schleiffert)

Diese MiG-23BN mit der Bundeswehr-Kennung 20+48 wurde 1991 bei der WTD-61 in Manching fotografiert. (Foto: Martin Baumann)

Technische Daten: MiG-23BN	
Bezeichnung OKB / NATO	isdelije 32-24B / Flogger H
Werksbezeichnung	isdelije 24A oder 24B
Einsatzzeitraum	ab 1974
Abmessungen	
Spannweite	7,78 m - 13,96 m
Rumpflänge	16,84 m
Höhe	5,15 m
Flügelfläche	34,16 m² - 37,35 m²
Massen	
Leermasse	10.700 kg
Startmasse	16.500 kg
max. Startmasse	20.100 kg
max. Waffenlast	3.000 kg
Treibstoffmenge	5.380 l + 1 bis 3 x Zusatzbehälter je 800 l
Antrieb	1 x R-29B-300
Schub	8.000 kp / 78,48 kN trocken
	11.500 kp / 112,81 kN Nachbrenner
Flugleistungen	
Höchstgeschwindigkeit	1.810 km/h in 11.000 m
	1.350 km/h in Bodennähe
Marschgeschwindigkeit	1.150 km/h
Aktionsradius	550 km
Gipfelhöhe	16.000 m
Steiggeschwindigkeit	108 m/s
Bewaffnung	
Bordkanone	GScha-23 mit 200 Schuss
Waffenstationen	18 x 100 kg Bomben
	8 x 250 kg Bomben
	6 x 500 kg Bomben
	4 x Raketenbehälter UB-32
	4 x ungelenkte Raketen S-24
	2 x Cha-23 Lenkrakete
	3 x 800 l Zusatzbehälter

Die Bemalung der Flugzeuge war je nach Betreiber unterschiedlich. Sowjetische MiG-23BN wurden zunächst in einem hellen Grau geliefert. Es war dasselbe Grau, wie es auch die Jagdflugzeuge jener Zeitepoche trugen.[147] Das hatte den Effekt, dass die MiG-23BN, ab einer gewissen Distanz, kaum von den Jagdversionen der MiG-23 zu unterscheiden war. Später, ab Mitte der 1970er-Jahre führten die sowjetischen Frontfliegerkräfte Tarnbemalungen aus verschieden großen, unterschiedlich geformten Flecken ein. Die Größe der Flecken sollte, laut Vorschrift, dabei jeweils mindestens einen Quadratmeter betragen. Für die jeweiligen Klimazonen der Sowjetunion wurden unterschiedliche Tarnmuster eingeführt, auf eine spezielle Wintertarnung wurde aber verzichtet.

Die Exportmaschinen wurden je nach Kundenwunsch getarnt. Die Farbwahl variierte zwischen Grün-Blau für Kuba, einen Mix verschiedener Waldfarben für europäische Kunden und sandfarben für den Nahen Osten. Im Herstellerwerk wurde die Aufgabe der Lackierung der Flugzeuge ausschließlich Frauen übertragen. Und zwar deshalb, weil sich herausstellte, dass Frauen sorgfältiger arbeiteten und weniger Farbe verbrauchten.[148]

Die an die verschiedenen Betreiber gelieferten MiG-23BN unterschieden sich hinsichtlich ihrer Fähigkeiten doch etwas. So gab es z.B. MiG-23BN die Luft-Luft-Raketen einsetzen konnten, während andere, wie z.B. die NVA Maschinen, dazu nicht in der Lage waren.

Ein in der Sowjetunion verbreiteter Spitzname der MiG-23BN lautete »Krokodil Gena«. Krokodil Gena war eine populäre Trickfilmfigur aus dem Kinderfernsehen.

Von der NATO erhielt die MiG-23BN den Codenamen Flogger-H. Weil die Unterschiede zur MiG-23B auf den ersten Blick nicht so einfach zu erkennen waren wurde die MiG-23BN oft auch als Flogger-F bezeichnet.

Die USA beschafften sich einige ägyptische MiG-23BN und nutzten sie zur Feinddarstellung im Rahmen der Red Flag Manöver.[149] China kaufte ebenfalls eine MiG-23BN aus ägyptischer Quelle.

---

147 Es ist interessant, dass zu dieser Zeit die sowjetischen Flugzeuge im Luftüberlegenheitsgrau antraten und später auf eine Tarnbemalung umgestellt wurden, während in der NATO im selben Zeitraum eine gegenteilige Entwicklung zu beobachten war.

148 So sollen pro Flugzeug 40 kg Farbe eingespart worden sein.

149 Das geschah 1980. Die MiG-23BN zeigte sich in den USA von ihrer biestigen Seite. Das lag zum einen an der schwierigen Ersatzteillage, zum anderen aber auch daran, dass die US-Piloten es anfangs für unter ihrer Würde hielten das automatisierte Flugsteuerungssystem SAU-23B einzuschalten.

MiG-23BM, alias MiG-27

Die MiG-23B und BN waren nur zur Bekämpfung statischer Ziele geeignet. Um auch gegen bewegliche Ziele erfolgreich zu sein musste das Waffenkontrollsystem des Flugzeugs grundlegend modernisiert werden. Die ersten Arbeiten daran begannen bereits 1972. Das dementsprechende Projekt erhielt vom OKB MiG die Bezeichnung isdelije 32-25. Als zukünftige Typenbezeichnung war MiG-23BM vorgesehen, wobei das M für *»modernisierowanij«*, also »modernisiert« stand.

Vor dem OKB MiG stand also die Aufgabe das Flugzeug effizienter zu machen. Es sollte zukünftig in der Lage sein nicht nur stationäre, sondern auch bewegliche Ziele erfolgreich angreifen zu können. Die Waffenzuladung sollte auf 4.000 kg gesteigert werden, was eine Verstärkung des Fahrwerks notwendig machen würde. Darüber hinaus sollten Verbesserungen am automatisierten Flugsteuerungssystem SAU-23B, wie sie in ähnlicher Form auch bei der MiG-23ML zum Einsatz kamen, das Handling des Flugzeugs verbessern und es den Piloten ermöglichen ihre Maschinen bis an die Grenzen ausfliegen zu können, ohne in eine gefährliche Fluglage zu fallen. Dieses Bündel von Aufgaben konnte bewältigt werden, weil sich auch in der Sowjetunion ein Umbruch im Bereich der Computertechnik vollzog. Man stellte von Analogrechnern auf Digitalrechner um. Diese waren schneller und genauer, und sie konnten weitaus umfangreichere Datenmengen verarbeiten. Damit war es möglich kompliziertere Aufgaben in kürzerer Zeit zu bewältigen.

Kern der MiG-23BM, isdelije 32-25, war der neue kombinierte Navigations- und Angriffskomplex PrNK-23. Dieser hatte als Herzstück den Digitalcomputer Orbita-10[150]. Dieser vernetzte die einzelnen Bausteine des PrNK-23 miteinander. Zu den Bausteinen gehörte der verbesserte Navigationskomplex KN-23. Dieser beinhaltete ein Trägheitsnavigationssystem, ein Dopplernavigationssystem und ein funkgestütztes Nahbereichsnavigationssystem. Hinzu kamen der Autopilot und das automatisierte Flugsteuerungssystem SAU-23B1.

Für die Aufgabe von Zielerfassung und Bekämpfung gab es den Laserentfernungsmesser Fon[151], die optische Zieleinrichtung S-17WG, sowie Sensoren, die über die Flugdaten, wie Geschwindigkeit, Fluglage, Anstellwinkel etc. Auskunft geben konnten.

Der PrNK-23 Komplex ermöglichte es der MiG-23BM einem im Voraus programmierten Kurs zu folgen. Dazu

MiG-27-Flightline am Tag der offenen Tür in Lärz. (Foto: Rob Schleiffert)

150 Nach anderer Quelle Orbita-10-15-23. Russ.: Орбита-10-15-23.

151 Ursprünglich war für die MiG-23BM das System Клён , Kljon (Ahorn) vorgesehen. Es war in der Lage sowohl als Laserentfernungsmesser, als auch als Laserzielbeleuchter zu arbeiten. Weil es aber Verzögerungen bei der Entwicklung von Kljon gab wurde auf das altbekannte System Fon zurückgegriffen. Das Bedienteil im Cockpit der MiG-23BM stammte aber bereits vom Kljon-System.

MiG-27 geschleppt vom Starterwagen Ural. (Foto: Marcel de Jong)

MiG-27 bereit zum Start. (Foto: Sammlung Normann)

war es möglich sechs Wegpunkte festzulegen, an denen Kursmanöver und/oder ein Waffeneinsatz durchgeführt werden konnte. Das Waffenkontrollsystem war, im Verbund mit dem Navigationssystem, in der Lage Waffen auch ohne direkte Sicht zum Ziel einzusetzen.[152] Nach Abschluss des Einsatzes konnte das Flugzeug vollautomatisch zum Heimatflugplatz oder einem von vier Ausweichflugplätzen zurückkehren, um dort, falls es notwendig war, automatisch zu landen.

Die Bewaffnungsoptionen der MiG-23BM waren de facto identisch mit denen der MiG-23BN.[153] Sie konnte die Waffen aber genauer und effektiver ins Ziel bringen. Der größte Unterschied bestand in der eingebauten Kanone. Bei der MiG-23BN war die zuverlässige Doppelrohrkanone GScha-23L zum Einsatz gekommen. Diese war aber für die Bekämpfung gepanzerter Ziele nicht durchschlagskräftig genug. Deshalb wurde bei der MiG-23BM auf die 30 mm Kanone GScha-6-30, alias GScha-30A, zurückgegriffen.

Die GScha-6-30 war ursprünglich als Schiffsgeschütz entwickelt worden. Unter der Bezeichnung AO-18 war sie als Nahbereichswaffe dafür verantwortlich anfliegende Seezielraketen oder Flugzeuge vor deren Erreichen des Schiffs abzuschießen. Sie war auch in der Lage im Nahbereich[154] auftauchende Schnellboote oder maritime Kleinkampfmittel auszuschalten. Die Waffe hatte eine extrem hohe Feuergeschwindigkeit von 5.500 bis 6.100 Schuss pro Minute. Über den Daumen gepeilt spuckte die Kanone dem Angreifer 100 Schuss pro Sekunde entgegen und deckte ihn mit einem dichten Granatenhagel ein. Jedes einzelne Geschoss wog dabei 400 Gramm. Das war genug um jeden Seezielflugkörper, jedes Flugzeug oder jedes Schnellboot sprichwörtlich zu zersägen.

Die Waffe war als Gatlingkanone ausgelegt. D.h. sie hatte ein rotierendes Laufbündel, das aus sechs separaten Läufen bestand. Im Gegensatz zu westlichen Gatlings, die alle einen Fremdantrieb zur Rotationserzeugnis nutzten, wurde das Rohrbündel der AO-18 durch den Rückstoß der Pulvergase angetrieben. Für den Einsatz als Flugzeugwaffe war die AO-18 aber zu schwer, weshalb sie von den Tulaer Waffenschmieden ordentlich abgespeckt wurde, ehe sie zur GSch-6-30 werden konnte.[155]

Die GScha-6-30 und die GScha-23L der MiG-23BN wurden an derselben Stelle eingebaut. Im Gegensatz zur GSch-23L wurde die GScha-6-30 ohne eine aerodynamische Verkleidung eingebaut. Das war zwar aerodynamisch ungünstig, begünstigte aber die Kühlung des Rohrbündels und verhinderte damit ein Heißschießen der Waffe und damit verbundene Ladehemmungen.[156]

Mit der GSch-6-30 hatte der Pilot der MiG-23BM eine äußerst schlagkräftige Waffe, die alle gepanzerten Fahrzeuge, die die NATO in den 1970er-Jahren im Einsatz hatte, zerstören konnte. Allerdings hatte die Waffe auch Nachteile. Sie zeigte heftige Erschütterungen, die beim Abfeuern auftraten. Sie waren so stark, dass elektronische Bauteile versagten, Sicherungen herausflogen oder im Extremfall sogar das Bugfahrwerk blockierte. Im Truppenalltag hat sich so mancher MiG-23BM Pilot durch den Einsatz der GScha-6-30 *»selbst abgeschossen«*. In der Regel kam er mit dem Schrecken davon, wenn das Flugzeug nur auf den Hauptfahrwerksrädern landete, um am Ende der Rollstrecke auf die Nase zu fallen und sich diese einzubeulen. Manchmal verlor der Pilot aber auch die Kontrolle über sein Flugzeug und stürzte ab.

In der Praxis stellte man fest, dass sich die zerstörerische Gewalt der GScha-6-30 erst nach dem 50ten abgegebenen Schuss bemerkbar machte.[157] Deshalb wurde darauf orientiert, dass der Pilot nur äußerst kurze Feuerstöße, von maximal einer halben Sekunde Länge, abgeben sollte. Als Übergangsmaßnahme wurde in manchen Einheiten vorgeschrieben den Kampfsatz der Kanone auf 30 Schuss zu begrenzen.[158]

Bei der MiG-23BM wurde die Waffenzuladung auf 4.000 kg erhöht. Das geschah durch eine Verstärkung der hinteren Aufhängepunkte, so dass auch diese in der Lage waren Bomben bis zu einem Gewicht von 500 kg zu tragen. Eine weitere Änderung betraf die Positionierung der vorderen Rumpfpylone. Sie wanderten ein wenig nach außen, so dass sie nun direkt unter den Lufteinläufen ange-

---

152 Zum Beispiel wenn das Ziel durch Nebel, Wolken oder Rauchschwaden verdeckt ist.
153 Es gibt Quellen, die besagen, dass spätere Baureihen der MiG-23BM die Rakete Cha-25 einsetzen konnten.
154 Etwa 1.000 bis 1.500 m.
155 Unter anderem wurden die Läufe gekürzt.
156 Zumindest in der Theorie. In der Praxis stellten sich bei den Kanonen der ersten Baureihen durchaus Überhitzungserscheinungen heraus. Nach etwa 150 Schuss Dauerfeuer kam es zu Ladehemmungen. Danach musste die Kanone 10 bis 15 Minuten abkühlen, ehe sie wieder einsatzbereit war. Es dauerte ein paar Jahre bis dieses Problem gelöst werden konnte.
157 Es dauerte ein kleines Weilchen bis sich die Waffe aufschaukelte.
158 Das war zwar materialschonend, wirkte sich aber negativ auf die Trefferwahrscheinlichkeit aus. Feuerkorrekturen waren nicht mehr möglich. Entweder lagen alle Granaten im Ziel oder gingen allesamt fehl. In der Ausbildung gab es deshalb nur die Noten 5 und 1. (Die 5 war im sowjetischen System die Bestnote.)

Diese MiG-27 ist mit Bomben und ungelenkten Raketen bewaffnet. (Foto: Sammlung Schaffler)

MiG-27 halblinks.
(Foto: Sammlung Normann)

MiG-27 von vorn gesehen.
(Foto: Sammlung Scheffler)

bracht waren. Der Grund für die Verlegung bestand darin, dass die ursprüngliche Position sehr nah am zentralen Treibstoffzusatzbehälter lag. Man fürchtete, dass schwere ungelenkte Raketen, wie die S-24, beim Waffenstart den Treibstoffzusatzbehälter beschädigen könnten oder ihn sogar in Brand setzen würden.

Das zusätzliche Gewicht der MiG-23BM führte dazu, dass sie sich auf Feldflugplätzen schlechter manövrieren ließ. Deshalb wurde das Fahrwerk überarbeitet. Um den Bodendruck zu senken wurden die Reifen des Hauptfahrwerks um 10 cm breiter gemacht. Die Kinematik des Hauptfahrwerks wurde, analog zur MiG-23ML, überarbeitet. Die Bodenfreiheit erhöhte sich um 14,5 cm. Das Bugfahrwerk wurde entsprechend dem der MiG-23ML gekürzt. Daraus resultierte eine andere Ausrichtung des Flugzeugs, wenn es am Boden stand. Hockten die MiG-23B und BN mit abgesenktem Hinterteil auf der Piste, so stand die MiG-23BM nahezu waagerecht.[159] Das gab dem Flugzeug ein deutlich aggressiveres Aussehen. Um die zusätzlichen Lasten tragen zu können wurde das Fahrwerk der MiG-23BM massiver und stärker ausgelegt.

Ein weiterer Unterschied zwischen MiG-23BM und ihren Vorgängerinnen betraf den Lufteinlauf. Bei den Vorgängerinnen war diese regelbar, bei der MiG-23BM war er starr. Er war für den Einsatz in Bodennähe und für Flüge im Unterschallbereich optimiert. Anstelle der großen, verschiebbaren Grenzschichtschneide der MiG-23B hatte die MiG-23BM eine kleine unbewegliche Grenzschichtschneide, die etwa 8 cm vom Rumpf entfernt angebracht war. So wurden unbeabsichtigte Einflüsse der Luftströmung des Rumpfes auf die Luftzufuhr zu den Triebwerken vermieden. Der Verzicht auf verstellbare Lufteinläufe sparte etwa 300 kg Gewicht ein. Man gewann auch etwas Platz im Rumpf, der dazu genutzt wurde den Rumpftank 1A zu erweitern. Dies war notwendig, weil Teile des Platzes, den dieser Tank bisher eingenommen hatte, nun vom Munitionslager der Kanone in Beschlag genommen wurde.

Durch den neuen Lufteinlauf veränderten sich die Flugeigenschaften des Flugzeugs. Es war nun nicht mehr so gut in den Überschallflug zu bringen, der Übergang erfolgte ruppiger. Die Höchstgeschwindigkeit in größeren Flughöhen sank erheblich ab und das Flugverhalten in großen Höhen wurde schlechter. Dafür war die MiG-23BM in Bodennähe agiler. Und genau darauf kam es dem Auftraggeber an. Wie die MiG-23BN hatte auch die MiG-23BM Probleme bei Flügen mit hohen Anstellwinkeln, wenn die Tragflächen auf die Positionen 45° und 72° eingestellt waren. Bei einer zu heftigen Bewegung des Steuerknüppels, bei hohen Anstellwinkeln, konnte das Flugzeug ohne jede Vorwarnung ins Trudeln fallen.[160] Um den Piloten vorzuwarnen wurde das Sprachinformationssystem »Rita« eingeführt, bei dem eine weibliche Stimme zur Einhaltung der vorgeschriebenen Betriebsgrenzen mahnte und vor Gefahrensituationen warnte. Piloten berichteten, dass »Rita« im Gefahrenfall einen ziemlich fordernden, dominanten Tonfall anschlagen konnte.

Die MiG-23BM war im Prinzip eine Parallelentwicklung zur MiG-23BN. Für sie war, genau wie bei der BN, zunächst das Triebwerk AL-21F-3 vorgesehen. Die beiden Prototypen, die 1972 gebaut wurden und die ersten Serienmaschinen waren mit diesem Triebwerk ausgestattet. Im Laufe des Jahres 1973 erfolgte die Umstellung auf das Triebwerk R-29B-300.

Wie bereits erwähnt wurden 1972 die beiden Prototypen der MiG-23BM, isdelije 32-25, gebaut. Der erste Prototyp hatte seinen Jungfernflug am 17. November 1972, sein Kollege erhob sich am 7. März 1973 erstmalig in die Luft. Nach kurzer Werkserprobung wurden beide Maschinen bereits Ende März 1973 den zuständigen Stellen für die staatliche Flugerprobung übergeben. Diese dauerte bis in den September 1974 an.

Noch während die Erprobung lief wurde, im Flugzeugwerk Irkutsk, die Serienfertigung der MiG-23BM aufgenommen. Die ersten Serienmaschinen der MiG-23BM konnten noch im Jahr 1973 fertiggestellt werden. Neun Flugzeuge nutzte man für weitere Erprobungsflüge. Der Rest ging an die Fliegerkräfte.

Die ersten Einheiten übernahmen Anfang 1974 die MiG-23BM. Das Flugzeug kam gut bei den Piloten an, die in ihm einen großen Fortschritt im Vergleich zur bisher geflogenen Su-7B sahen. Die Umgewöhnung gelang schneller als erwartet. Nur das Rollen auf der Startbahn war ungewohnt. Und zwar deshalb, weil dem Flugzeug ein visueller Fixpunkt fehlte. Bei der Su-7B oder den Jäger- und Schulversionen der MiG-23 gab es ein vom Pilotensitz

159 Sie hatte einen minimalen Neigungswinkel von etwa 1° in Richtung Heck.

160 Andere Flugzeuge zeigten durch Vibrationen oder Schütteln einen bevorstehenden Strömungsabriss und darauffolgendes Trudeln an. Die MiG-23 war in dieser Hinsicht ein Biest, das ohne jegliche Vorwarnung ins Trudeln fiel und sich auch nur schwer aus dem Trudeln wieder herausführen ließ. Im Regelfall musste sich ein Pilot, beim Auftreten des Trudelns, mit dem Katapultsitz in Sicherheit bringen.

Waffenoptionen der MiG-27.

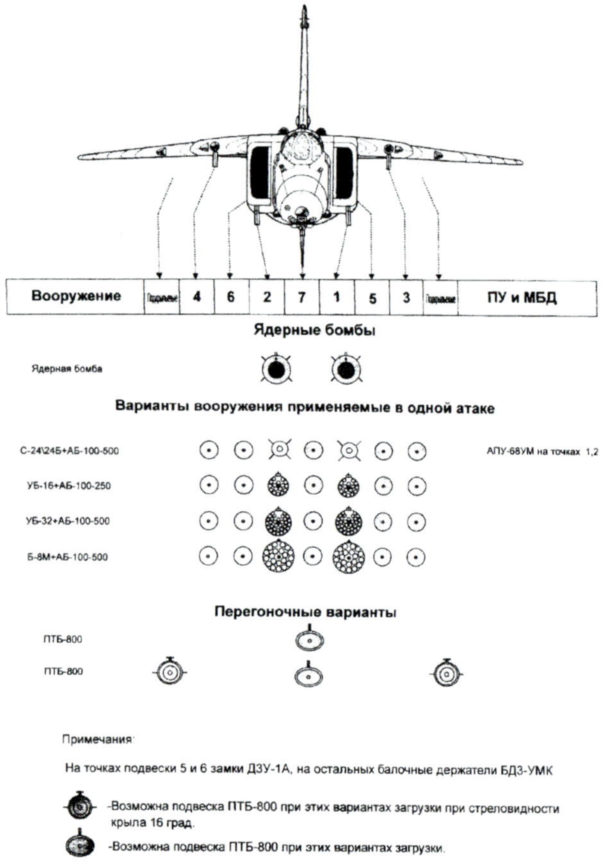

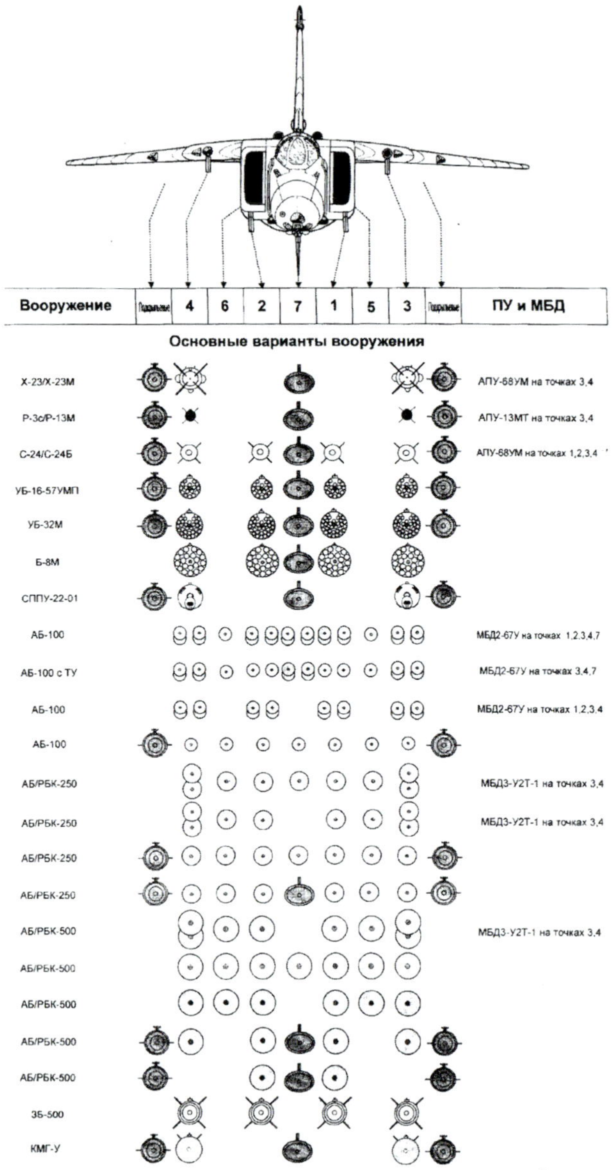

gut sichtbares Staurohr, das von den Piloten gern als Indikator, der in Richtung der Rollbewegung des Flugzeugs wies, verwendet wurde. Weil bei der MiG-23BM dieser Fixpunkt fehlte kam es in der Anfangsphase der Nutzung des Flugzeugs zu einem permanenten Übersteuern beim Rollen. Die Maschinen bewegten sich also nicht geradlinig auf der Rollbahn, sondern in Schlangenlinien. Es dauerte eine Weile bis sich die Piloten daran gewöhnt hatten.

1975 wurde die MiG-23BM offiziell in den Kampfbestand der sowjetischen Fliegerkräfte aufgenommen. Weil das Oberkommando der Meinung war, dass es genügend Unterschiede zwischen MiG-23BN und BM gäbe wurde beschlossen letztere Maschine in MiG-27 umzutaufen. Die Serienfertigung der MiG-27 lief, parallel zu der der MiG-23BN, bis 1977. Insgesamt wurden 360 Maschinen dieses Typs hergestellt.

Interessanterweise hatte die Spionage der NATO-Staaten eher von der Existenz der MiG-27 Wind bekommen, als von der MiG-23BN. Deshalb erhielt die MiG-27 auch den Reporting-Code Flogger-D, während die BN als Flogger-F oder sogar Flogger-H bezeichnet wurde.

Eine einzelne MiG-27 sei an dieser Stelle noch erwähnt. Sie entstand als Umbau einer frühen Serienmaschine im Zeitraum 1975-76, um als Versuchsflugzeug für ein zukünftiges Trägerkampfflugzeug zu dienen. Der Fokus lag dabei auf der Erprobung von Landungen auf einem Flugzeugträger. Die Wahl fiel auf die MiG-27, weil ihr Gänseschnabelbug dem Piloten eine hervorragende Sicht beim Landeanflug ermöglichte.

Die Umbauarbeiten am Flugzeug konzentrierten sich auf das Fahrwerk und die Heckflosse. Das Fahrwerk wurde in seiner Struktur verstärkt, um die heftigen Landestöße einer Trägerlandung[161] aushalten zu können. Die

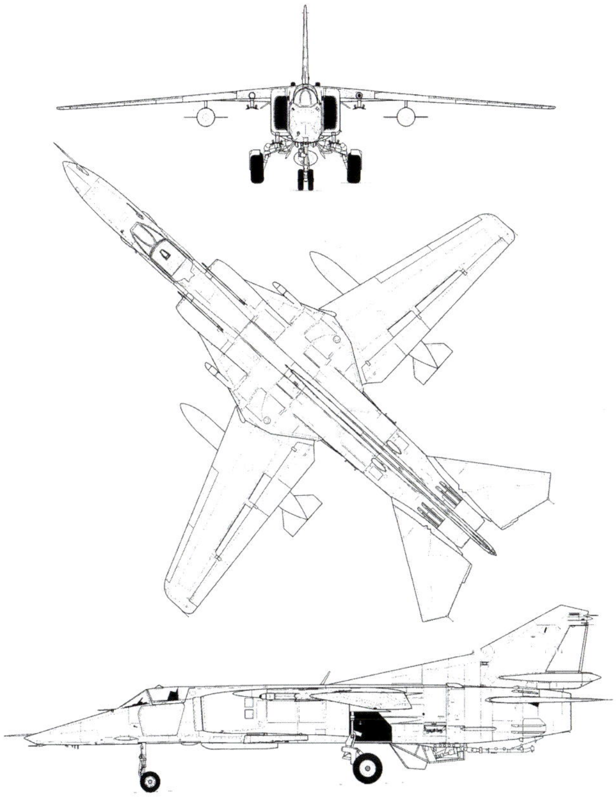

Die MiG-27 in der Dreiseitenansicht.

Verstärkung führte aber dazu, dass das Fahrwerk nicht mehr eingefahren werden konnte. Um etwaige Kollisionen zwischen Fangseilen und Fahrwerksklappen zu vermeiden wurden letztere beim Flugzeug entfernt. Dasselbe tat man mit der abklappbaren Kielflosse. Sie wich einem massiven Fanghaken. Dadurch verringerte sich aber die Längsstabilität des Flugzeugs. Um dem entgegenzuwirken wurde vor dem Befestigungspunkt des Fanghakens eine kleine Kielflosse angebracht.

Die Flugerprobung verzögerte sich bis Anfang der 1980er-Jahre, weil die NITKA genannte Flugzeugträgersimulationsanlage auf dem Militärflugplatz Nowofjodorowka[162] noch nicht fertiggestellt war. Die Testflüge begannen 1982, nach anderer Quelle 1983.

Nach Abschluss der Testflüge wurde festgelegt, dass es besser sei auf die Trägervarianten der MiG-29 und Su-27 zu warten, anstatt weiter in eine trägertaugliche Variante der MiG-23 bzw. MiG-27 zu investieren.

Technische Daten: MiG-23BM, alias MiG-27	
Bezeichnung OKB / NATO	isdelije 32-25 / Flogger D
Werksbezeichnung	isdelije 25
Einsatzzeitraum	ab 1974
Abmessungen	
Spannweite	7,78 m - 13,96 m
Rumpflänge	17,04 m
Höhe	5,15 m
Flügelfläche	34,16 m² - 37,35 m²
Massen	
Leermasse	10.950 kg
Startmasse	17.825 kg
max. Startmasse	20.425 kg
max. Waffenlast	4.000 kg
Treibstoffmenge	3.970 kg + 1 bis 3 x Zusatzbehälter je 800 l
Antrieb	1 x R-29B-300
Schub	8.000 kp / 78,48 kN trocken
	11.500 kp / 112,81 kN Nachbrenner
Flugleistungen	
Höchstgeschwindigkeit	1.810 km/h in 11.000 m
	1.350 km/h in Bodennähe
Marschgeschwindigkeit	1.150 km/h
Aktionsradius	550 km
Gipfelhöhe	15.600 m
Steiggeschwindigkeit	100 m/s
Bewaffnung	
Bordkanone	GScha-6-30A mit 300 Schuss
Waffenstationen	22 x 100 kg Bomben
	9 x 250 kg Bomben
	8 x 500 kg Bomben
	4 x Raketenbehälter UB-32, B-8M
	4 x ungelenkte Raketen S-24
	2 x Cha-23 Lenkraketen
	3 x 800 l Zusatzbehälter

161 Bei einer Trägerlandung ist der Anflugwinkel steiler, weshalb die Kräfte, die auf das Fahrwerk wirken größer sind..

162 Manchmal auch Saki genannt, weil sich in der Nähe des Flugplatzes das kleine Städtchen Saki befindet. Saki liegt auf der Halbinsel Krim.

MiG-23BK, alias MiG-27K

Als die verantwortlichen Stellen in der Sowjetunion darüber nachdachten, wie man aus der MiG-23 ein schlagkräftiges Jagdbombenflugzeug machen könne, war ihnen bewusst, dass die Entwicklung langwierig und teuer sein würde. Um dem entgegenzuwirken wurde beschlossen die Entwicklung in drei Etappen durchzuführen. In der ersten Etappe sollte ein relativ einfacher Jagdbomber entstehen, der in der Lage sein würde statische Ziele effektiv zu bekämpfen. Diese Phase konnte mit Indienststellung der MiG-23B, bzw. MiG-23BN im Zeitraum 1972 - 74 abgeschlossen werden. In der zweiten Etappe sollte ein Jagdbombenflugzeug entwickelt werden, dass sowohl statische, als auch bewegliche Landziele punktgenau angreifen konnte. Dafür sollte das Flugzeug mit dem Laserentfernungsmesser/-zielbeleuchter Kljon[163] ausgerüstet werden. Weil dieser jedoch nicht rechtzeitig fertig wurde konnte die MiG-23BM, alias MiG-27, die an sie gestellten Aufgaben nur eingeschränkt lösen.

In der dritten Etappe sollte ein Jagdbomber entstehen, der in der Lage war sowohl statische, als auch bewegliche Land- und Seeziele zu bekämpfen. Dazu sollte er neben den Lasergeräten auch mit einer TV-Anlage ausgerüstet werden.[164] Im OKB MiG liefen die Entwicklungsarbeiten unter der Bezeichnung isdelije 32-26, die vorgesehene Typenbezeichnung lautete MiG-23BK. Der Entwicklung begann 1970 und wurde parallel zur Entwicklung der MiG-23BN und der MiG-23BM, der späteren MiG-27, vorangetrieben.

Herzstück der MiG-23BK war das kombinierte Laser/TV-Zielsystem Kaira.[165] Kaira war ein etwa 125 kg schweres optoelektronisches Gerät, das mit einem Fernsehkanal ausgestattet war. Für diesen Kanal gab es zwei Optiken mit unterschiedlicher Brennweite.[166] Je nach Zielentfernung konnte auf die passende Optik umgeschaltet werden. Mit Hilfe der Teleoptik konnte ein Ziel auf etwa 8 km Entfernung ausgemacht werden.[167] Das von der Optik aufgenommene Fernsehbild wurde auf einem Bildschirm auf der rechten Cockpitseite angezeigt werden.[168] Auf dem Bildschirm wurde neben dem von der Kamera gelieferten Bild auch eine Zielsymbolik eingeblendet. Der Pilot musste nun das Zielzeichen mit dem anzugreifenden Objekt

Erkennungsmerkmal der MiG-27K war die größere Nasenspitze, die das Sensorsystem Kaira in sich trug. (Foto: Marcel de Jong)

MiG-27K mit Cha-29-Lenkrakete. (Foto: Sammlung Scheffler)

in Deckung bringen. Den Rest machte der Bordcomputer.[169]

Neben der Kamera befand sich im Zielsystem Kaira noch ein Laserentfernungsmesser/-zielbeleuchter. Dieser war an die Kamera gekoppelt und maß die genaue Entfernung zwischen Flugzeugnase und dem von der Kamera angepeilten Ziel. Der Laserkopf war mit einem kreiselgestützten Stabilisatorsystem ausgestattet, das den Laser, trotz Erschütterungen im Flug oder Kurswechseln des Flugzeugs, stets aufs Ziel gerichtet hielt. Mit Hilfe des Laserstrahls konnten lasergelenkte Raketen oder Bomben punktgenau ins Ziel gelenkt werden.[170] Weil beim Einsatz lasergelenkter Bomben das Flugzeug den Bomben vorausfliegt, wurde der Laserkopf so ausgelegt, dass er auch nach unten und hinten *»schauen«* konnte. Der Schwenkbereich lag bei +10° / - 170° in der Vertikalen und +/- 35° in der horizontalen Ebene.[171]

Das Zielsystem Kaira war in den weiterentwickelten Navigations- und Angriffskomplex PrNK-23K integriert. Herzstück dieses Komplexes war der Bordrechner Orbita-20-23K.[172] Orbita-20-23K war ein Digitalrechner mit, im Vergleich zum Vorgängermodell, höherer Taktrate[173] und größerem Speicherplatz.

163 Kljon russ.: Клён. Bedeutet auf Deutsch Ahorn.
164 Zur Bekämpfung von Seezielen sind lasergelenkte Waffen eher ungeeignet, weil die Wasseroberfläche Laserstrahlen reflektieren kann und in solch einem Fall die eingesetzten Waffen alles Mögliche treffen, nur nicht das anvisierte Schiff.
165 Kaira ist der russische Name einer arktischen Vogelart, nämlich der Trottellumme.
166 Eine Optik war ein Teleobjektiv mit einer Brennweite von 140 mm, die andere war ein Normalobjektiv mit 40 mm Brennweite.
167 Aus etwa 5 km Entfernung war man in der Lage anvisierte Panzer nach ihren Typen unterscheiden zu können.
168 Typenbezeichnung IT-23. Oft wird die 23 mit einer Bildschirmdiagonalen von 23 mm übersetzt. Das kann aber nicht stimmen, weil der Bildschirm deutlich größer war.
169 Die Zielzuweisung konnte auch über das Blickfelddarstellungsgerät geschehen. Auch hier war es ausreichend das Zielzeichen mit dem Ziel in Deckung zu bringen und es per Knopfdruck an den Computer zu übergeben.
170 In der Praxis schlugen lasergelenkte Raketen mit hoher Wahrscheinlichkeit in einem Zielkreis von 1,50 m Durchmesser ein. Lasergelenkte Bomben hatten eine Zielabweichung von +/- 5 m.
171 Nach anderer Quelle betrug der vertikale Schwenkbereich +6 / -140° und der horizontale +/- 12°.
172 Während der Entwicklung als ZWM-20-23K bezeichnet.
173 Die Taktrate bestimmt u.a. die Schnelligkeit eines Computers.

Das Kaira-System in der Nase der MiG-27K. (Foto: Sammlung Normann)

Ein weiterer Baustein von PrNK-23K war das überarbeitete automatische Flugsteuerungssystem SAU-23BI. Mit ihm waren nun auch vollautomatische Flüge in extrem geringen Höhen möglich. Neu waren auch ein überarbeiteter Funkkompass, das neue Nahnavigationssystem Korall-I, in späteren Baureihen ein Fernnavigationssystem RSDN und das Freund-Feind-Kennsystem Parol. Für den Selbstschutz wurde der modernisierte Störsender SPS-141M genutzt. Als Radarwarngerät kam das SPO-15L Berjosa zum Einsatz. SPO-15 war ein großer Fortschritt, denn es zeigte nicht wie bisher nur die Grobrichtung an, aus der das Flugzeug von einem Radar angestrahlt wurde. Stattdessen wurde die genaue Richtung angezeigt und ob die Anstrahlung von unten, oben oder aus der selben Höhe erfolgte. Zusätzlich konnte Berjosa die Art des Radars analysieren und mitteilen, ob es sich um ein Überwachungsradar, ein Jägerradar, eine Feuerleitstation für Flak oder SAM handelte. Für die Empfangsantennen von SPO-15L Berjosa wurde die Vorderkante der starren Tragflächenteile überarbeitet. Sie wurden mit vergrößerten Tragflächenwurzeln (LERX) versehen, die bis zu den Lufteinläufen vorgezogen wurden. In die Spitzen der LERX wurden die Empfangsantennen eingebaut. Die LERX hatten noch einen Nebeneffekt. Sie vergrößerten die Flügelfläche ein wenig und verbesserten das Flugverhalten bei hohen Anstellwinkeln.

Weil die Gesamtheit der neuen oder überarbeiteten Baugruppen nicht ganz in die schlanke Nase der MiG-27 passte wurde diese überarbeitet und etwas breiter gemacht. Augenfälligste Veränderungen betrafen die direkten Nasenspitze. Sie erhielt nun eine große, glasverkleidete, runde Öffnung, durch die die Optik des Kaira-Systems hindurchspähte. Direkt oberhalb der Optik befand sich eine Verdickung, die die Empfangsantenne des Störsenders SPS-141M beherbergte. Unter der Nase war der Laserentfernungsmesser/-zielbeleuchter angebracht.

Ein weiterer äußerer Unterschied zwischen der MiG-23BK und der MiG-23BM, alias MiG-27, bestand darin, dass die keulenartigen Verdickungen an den feststehenden Tragflächenteilen weggelassen wurden. Auf die Zielkamera, die sich ursprünglich an der linken Tragfläche befand, wurde ganz verzichtet. Das Raketensteuerungsgerät Delta-NG verschwand ebenfalls. So konnten etwa 65 kg Gewicht eingespart werden. Sollte die MiG-23BK mit leitstrahlgelenkten Raketen, wie der Cha-23M oder der Cha-25MR, bewaffnet werden, so musste sie fortan ein in einem Container verbautes Raketensteuergerät Delta-NG2 an einem Unterrumpfpylon mitführen.

Von der MiG-23BK wurden sechs Prototypen gebaut. Der erste Prototyp entstand durch Umrüstung einer MiG-23BM im Jahr 1974. Er startete am 30. Dezember 1974 zu seinem Jungfernflug. Er wurde, ohne eine Werkserprobung absolviert zu haben, sofort den zuständigen Stellen zur staatlichen Flugerprobung übergeben. Der zweite Prototyp wurde im Jahr 1975 gebaut. Ihm folgte ein Jahr später Prototyp Nr.3. All diese Maschinen entstanden durch Umrüstung von Serienmaschinen der Version MiG-23BM in der OKB-eigenen Flugzeugwerkstatt. Die restlichen drei Prototypen wurden zwischen 1976 und 1977 im zukünftigen Herstellerwerk Irkutsk gebaut.

174 Wjuga ... russ.: Вьюга

Die staatliche Erprobung endete 1978. Bereits vor Abschluss der Erprobung wurde die MiG-23BK in die Serienproduktion überführt. Zwischen 1976 und 1982 entstanden 215 Flugzeuge dieses Typs. Davon wurden 214 an die Streitkräfte ausgeliefert. Ein Flugzeug stürzte bei einem Werksflug vor seiner Auslieferung ab.

1980 wurde isdelije 32-26 offiziell in den Kampfbestand der sowjetischen Fliegerkräfte aufgenommen. Damit änderte sich eine Typenbezeichnung von MiG-23BK zu MiG-27K.

In der Truppe wurde die MiG-27K wegen ihrer großen Schlagkraft geschätzt. Sie konnte eine Vielzahl präzisionsgelenkter Waffen zum Einsatz bringen. Dazu gehörten lasergelenkte Bomben und Raketen, fernsehgelenkte Raketen, Raketen zur Radarbekämpfung und leitstrahlgelenkte Raketen.

Zu letzteren gehörten die Raketentypen Cha-23M und Cha-25MR. Diese konnten bekanntlich bereits von den Vorgängermodellen eingesetzt werden. Die MiG-27K bot aber den Vorteil, dass der Pilot nur noch das Ziel markieren und an den Computer übergeben musste. Der Bordcomputer übernahm die Steuerung der Waffen und entlastete damit den Piloten, der neue Ziele suchen oder Ausweichmanöver durchführen konnte. Es war auch möglich das Ziel während eines ersten Anflugs zu markieren und an den Computer zu übergeben, dann ein Ausweichmanöver zu fliegen, um anschließend das Ziel erneut anzugreifen. In diesem Fall eröffnete der Bordcomputer vollautomatisch das Feuer.

Das galt auch für lasergelenkte oder TV-gelenkte Raketen. Bei TV-gelenkten Raketen war es sogar möglich zwei unterschiedliche Ziele nahezu gleichzeitig anzugreifen, wenn diese vorher vom Piloten markiert worden waren.

Für den Einsatz von Raketen zur Radarunterdrückung musste die MiG-27K mit einem zusätzlichen Empfangsgerät ausgestattet werden. Das L086 Wjuga genannte Gerät wurde in einem Container an einem der Unterrumpfpylone mitgeführt. Es spürte feindliche Radaremissionen auf und zeigte sie dem Piloten an. Der wählte das Ziel aus, woraufhin Wjuga[174] die notwendigen Informationen an die Automatik der Rakete weitergab. Sobald die Rakete Bereitschaft meldete konnte sie auf ihr Ziel abgeschossen werden. Der Pilot der MiG-27K brauchte sich um die Rakete keine weiteren Gedanken mehr zu machen und konnte in der Zwischenzeit dar-

Kasachische MiG-27K mit Cha-25-Lenkwaffe. (Foto: Sammlung Scheffler)

Die MiG-27K in der Seitenansicht. (Foto: Sammlung Normann)

an gehen andere Ziele zu suchen oder Ausweichmanöver zu fliegen.

Die MiG-27K war nicht nur in der Lage hochmoderne Lenkwaffen zum Einsatz zu bringen. Sie verstand sich auch darauf, ungelenkte Waffensysteme, wie Bomben und ungelenkte Raketen punktgenau ins Ziel zu bringen. Ihre Tragfähigkeit betrug 4.000 kg, was dem Niveau der Vorgängerversionen entsprach. Der begrenzende Faktor für die Waffenzuladung war nicht die Tragkraft des Flugzeugs, sondern die begrenzte Zahl der Aufhängepunkte.

Die MiG-27K war waffentechnisch gesehen ein großer Fortschritt. Dank ihres hervorragenden Waffenkontrollsystems hatte sie eine weitaus größere Effektivität als alle Vorgängermodelle. Beim Einsatz ungelenkter Waffen konnten vier MiG-27K die Aufgaben ausführen, für die zuvor sieben MiG-23BN oder MiG-27 benötigt wurden. Beim Einsatz von Lenkwaffen gegen Punktziele war die Effektivität noch deutlich größer. Hier konnten einzelne MiG-27K eine Schlagkraft erreichen, für die zuvor Ketten oder ganze Staffeln notwendig gewesen wären.

Bei allen Vorzügen der MiG-27K hatte sie aber auch einige Nachteile. So war sie sehr komplex und die Technik arbeitete anfangs nicht immer so, wie sie es tun sollte. Neugebaute MiG-27K wurden oft wegen technischer Mängel nicht von den Streitkräften abgenommen und mussten aufwändig nachgebessert werden. Es dauerte mehr als zehn Jahre, bis dieses Problem einigermaßen gelöst werden konnte.

Ein weiteres Problem war die hohe Packungsdichte. Weil fast die gesamte Elektronik im Flugzeugbug verbaut war und dieser sehr wenig Platz bot, war alles auf engstem Raum installiert. Teilweise waren die Bauelemente so sehr ineinander verschachtelt, dass es sehr aufwändig war sie ein- und wieder auszubauen. Das zeigte sich, als im Nachgang von Abrüstungsverträgen die Nuklearfähigkeit der MiG-27K beendet werden sollte. Der Aufwand zum entfernen der Bauteile war so groß, das er nicht tragbar erschien. Deshalb wurden nur die Bedienelemente im Cockpit entfernt und die Kabel zum atomwaffenfähigen Pylon durchtrennt.

Der Einbau neuer Bauelemente im Bug der MiG-27K führte zu einem deutlichen Gewichtsanstieg. Die Leermasse stieg auf 11.860 kg an. Das Flugzeug wurde nasenlastig und ließ sich auf der Rollbahn deshalb schwerer steuern. Das wurde vor allem für die Techniker zu einem Problem, wenn es galt das Flugzeug per Muskelkraft auf eine Parkposition zu schieben und zwar deshalb, weil es nicht mehr möglich war das Bugfahrwerk im Stand zu drehen. Dadurch vergrößerte sich der Wenderadius und das genaue Einparken wurde schwieriger. Außerdem benötigte man mehr Leute, um das Flugzeug zu bewegen.

Um dem Gewichtsanstieg entgegenzuwirken wurde eine Zeitlang auf den Panzerschutz für den Piloten verzichtet. Die Seitenpanzerplatten verschwanden. Die

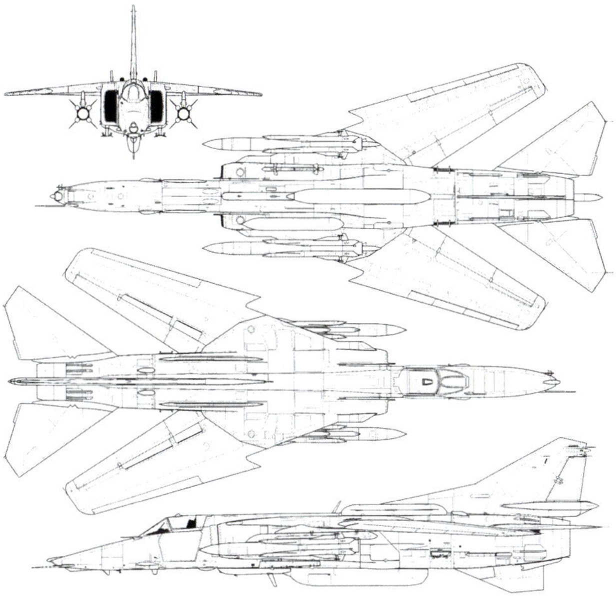

Die MiG-27K in der Vierseitenansicht.

Erfahrungen des Afghanistankrieges zeigten aber, dass dieser Weg nicht gut war, weshalb die Panzerplatten wieder montiert wurden.

Eine weitere Kriegserfahrung führte dazu, dass etliche MiG-27K mit zwei Störkörperwerfern BWP-50-60 ausgerüstet wurden. Diese waren in der Lage jeweils 60 Störkörper des Kalibers 50 mm nach oben auszustoßen.

Die MiG-27K war, nach Überwindung einiger Anfangsschwierigkeiten, ein hocheffizientes Angriffsflugzeug, dass es problemlos mit den Konkurrenzprodukten aus dem OKB Suchoi aufnehmen konnte und diese teilweise deutlich übertraf. Sie blieb bis zum Ende der Sowjetunion im Dienst der Luftstreitkräfte. Danach diente sie in den Luftstreitkräften Russlands und wurde Ende der 1990er-Jahre außer Dienst gestellt. Der Grund für die Außerdienststellung lag nicht an mangelnder Leistungsfähigkeit, sondern der generellen Umstellung der russischen Luftstreitkräfte auf Flugzeuge mit zwei Triebwerken. Es gab vom Hersteller Versuche die MiG-27K zu modernisieren. Diese Versuche verliefen sich aber im Sand, weil die Streitkräfte kein weiteres Interesse zeigten.

Für die MiG-27K gab es im OKB, aber auch innerhalb der Streitkräfte den Spitznamen »Kairoij«. Man sprach auch von der »kairowzij 27«. Von der NATO erhielt das Flugzeug die Bezeichnung Flogger-J2.

Technische Daten: MiG-23BK, alias MiG-27K	
Bezeichnung OKB / NATO	isdelije 32-26 / Flogger J2
Werksbezeichnung	isdelije 26
Einsatzzeitraum	ab 1977
Abmessungen	
Spannweite	7,78 m - 13,96 m
Rumpflänge	17,04 m
Höhe	5,15 m
Flügelfläche	34,16 m² - 37,35 m²
Massen	
Leermasse	11.860 kg (ohne Seitenpanzerung des Cockpits)
Startmasse	17.880 kg
max. Startmasse	20.500 kg
max. Waffenlast	4.000 kg
Treibstoffmenge	3.970 kg + 1 bis 3 x Zusatzbehälter je 800 l
Antrieb	1 x R-29B-300
Schub	8.000 kp / 78,48 kN trocken
	11.500 kp / 112,81 kN Nachbrenner
Flugleistungen	
Höchstgeschwindigkeit	1.810 km/h in 11.000 m
	1.350 km/h in Bodennähe
Marschgeschwindigkeit	1.150 km/h
Aktionsradius	550 km
Gipfelhöhe	15.600 m
Steiggeschwindigkeit	100 m/s
Bewaffnung	
Bordkanone	GScha-6-30A mit 300 Schuss
Waffenstationen	22 x 100 kg Bomben
	9 x 250 kg Bomben
	8 x 500 kg Bomben
	4 x Raketenbehälter UB-32, B-8M, B-13
	4 x ungelenkte Raketen S-24
	2 - 4 x Lenkraketen verschiedener Bestimmung
	3 x 800 l Zusatzbehälter

MiG-27M

Die MiG-27K Kaira war ein exzellentes Produkt sowjetischer Wehrtechnik. Sie musste sich vor keinem Jagdbomber der Welt verstecken. Allerdings hatte sie auch ein paar gravierende Nachteile. Zum einen war sie sehr wartungsintensiv und zum anderen in der Anschaffung sehr teuer. Deshalb wurde sie auch nur in überschaubarer Stückzahl hergestellt.

An dieser Stelle muss ich an einen Ausspruch eines meiner Professoren denken, der sagte: »Es kommt nicht darauf an die *High Potentials* zu haben. Man muss die Right Potentials haben!«

Und die MiG-27K war zweifellos ein *High Potential*, eine Waffe mit überragenden Fähigkeiten. Doch was nützt das überragende Potential, wenn es zahlenmäßig nicht in großer Zahl zum Einsatz gebracht werden kann, weil es schlichtweg zu teuer ist?

Diese Erkenntnis machte sich Mitte der 1970er-Jahre in der Führung der sowjetischen Luftstreitkräfte breit und so entschied man eine leicht abgespeckte Version der MiG-27K entwickeln zu lassen. Diese Version hieß MiG-27M, wobei das M für »Modifizierowanuij«, also »modifiziert« steht.[175] Vom OKB erhielt dieses Flugzeug die Bezeichnung isdelije 32-29.

Der Ministerrat der Sowjetunion erteilte am 4. Februar 1975 die Genehmigung zur Entwicklung dieses Flugzeugs.

Um Kosten zu senken wurde das optoelektronische Zielsuchsystem Kaira entfernt und durch das Kljon-PM[176] System ersetzt. Kljon-PM war ein kombinierter Laserentfernungsmesser/-zielbeleuchter. Er war ursprünglich für die MiG-27 entwickelt worden, wurde aber nicht rechtzeitig fertig, um in die Serienmaschinen eingebaut zu werden. Nun, Mitte der 1970er-Jahre, war Kljon einsatzbereit und nahm seinen Platz in der Nase der MiG-27M ein. Kljon-PM war in der Lage die Entfernung zu einem Ziel bis zu einer Distanz von 10 km zu messen. Die Fehlertoleranz lag bei 5 m. Das war für die damaligen Verhältnisse nicht schlecht. Die Markierung eines Bodenziels war bis zu einer Entfernung von 7 km möglich. Der Suchbereich von Kljon-PM lag bei +/- 12° in der Horizontalen und +6/-30° in der Vertikalen. Das war deutlich weniger als beim Kaira-System der MiG-27K.

Kljon-PM war mit einem Kreiselsystem ausgerüstet, das den Laserstrahl stabilisierte und Eigenbewegungen des Flugzeugs ausglich. So blieb der Laser stets auf das anvisierte Ziel gerichtet. Die Ausrichtung des Lasers er-

Die Frontsektion der MiG-27M von der Seite gesehen. (Foto: Marcel de Jong)

Kasachische MiG-27M kurz nach dem Start. Das Fahrwerk wird eingefahren. Der Nachbrenner ist aktiv. (Foto: Sammlung Scheffler)

folgte über einen kleinen Wahlhebel[177] am Steuerknüppel. Mit seiner Hilfe wurde das Zielzeichen auf dem Blickfelddarstellungssystem so verschoben, dass es mit dem Ziel in Deckung gebracht war. Auf Knopfdruck übernahm der Bordcomputer die Verfolgung des Ziels.[178] Als Bordcomputer kam der ZWM-10-15-23M, alias Orbita-10-15-23M zum Einsatz. Er war das Herzstück des kombinierten Navigations- und Angriffssystems PrNK-23M.[179] Ansonsten entsprach die technische Ausstattung der MiG-27M der der MiG-27K.

Weil das Kljon-System weniger Platz als Kaira benötigte, konnte die Nase des Flugzeugs schlanker gestaltet werden. Sie entsprach von oben gesehen in etwa der ursprünglichen MiG-27-Nase. Von der Seite sah man einen Unterschied im Bereich der Nasenspitze. Sie war etwas größer, damit das Suchfenster von Kljon eingebaut werden konnte. Das Suchfenster war nun trapezförmig, während es bei der MiG-27 rechteckig gewesen war. Ein weiterer Unterschied zur MiG-27 bestand darin, dass sich nun sowohl Staurohr, als auch die Antenne des Instrumentenlandesystems direkt auf Höhe der Nasenspitze befanden.

Weil die Avionik der MiG-27M leichter war als die der MiG-27K wurde das Flugzeug von Anfang an wieder mit der Seitenpanzerung des Cockpits ausgerüstet. Die MiG-27M wog mit Panzerung etwa 50 kg mehr als eine MiG-27K ohne Panzerschutz. Dem Auftraggeber

175 Bitte nicht mit der MiG-23BM verwechseln. Diese wurde im Truppendienst als MiG-27 bezeichnet.

176 Das M steht an dieser Stelle für Mikojan. Beim Einbau in Suchoi-Flugzeuge erhielt das System die Bezeichnung Kljon-PS.

177 Das ist ein flacher Knopf auf der linken Seite des Steuerknüppels. Er befindet sich unterhalb des roten Knopfes für die Aktivierung des SAU-23 Systems. Dieser Knopf ist druckempfindlich und wird durch den Daumen des Piloten gesteuert.

178 Andere Quellen besagen, dass der Pilot das Zielkreuz per Hand ständig nachsteuern musste, damit der Laser auf das Ziel gerichtet blieb. Dieses Verfahren wurde Zweipunktzielverfahren genannt.

179 Die letzten Serienmaschinen erhielten bereits die weiterentwickelte Variante PrNK-23M1.

MiG-27M Nr. 17. (Foto: Marcel de Jong)

war der zusätzliche Schutz aber mehr wert, als der minimale Gewichtsanstieg.

Die MiG-27M konnte nahezu alle Waffen einsetzen, die eine MiG-27K verwenden konnte. Eine Ausnahme waren lasergelenkte Bomben. Sie konnten nicht ins Ziel gelenkt werden, weil Kljon nicht in der Lage war *»rückwärts zu schauen«.*[180]

Für den Einsatz leitstrahlgelenkter Raketen, wie der Cha-23M oder Cha-25MR, musste die MiG-27M einen Zusatzbehälter, mit Steuergerät Delta-NG2, mitführen. Dieser wurde an einem Pylon unterhalb der Lufteinläufe angebracht. Zum Zwecke der Radarunterdrückung konnte die Lenkrakete Cha-25P eingesetzt werden. Diese benötigte den Zusatzbehälter Wjuga, zum Anpeilen einer Radarstation.

Widersprüche gibt es in der Literatur was die Ausstattung des Cockpits betrifft. Die meisten Quellen behaupten, dass im Cockpit der MiG-27M kein Bildschirm verbaut war, während einige wenige Quellen besagen, dass das Cockpit der MiG-27M identisch mit dem der MiG-27K gewesen sei. Die mir bekannten Bilder von MiG-27M Cockpits zeigen alle einen Bildschirm auf der rechten Seite des Cockpitpanels. Dieser Bildschirm wurde genutzt, wenn TV-gelenkte Bomben und Raketen zum Einsatz gebracht werden sollten. Auf ihm wurde das Bild, dass der Suchkopfe der ausgewählten Waffe generierte, angezeigt. Mit Hilfe des Wählhebels am Steuerknüppel konnte der Pilot den Zielpunkt der Waffe verschieben und wenn er ein Ziel im Visier hatte, wurde dieses per Knopfdruck an die Waffensteuerautomatik übergeben. Den Rest machte die Waffe dann selbständig.[181]

Der Prototyp der MiG-27M, 32-29/1, entstand durch Umrüstung einer Serienmaschine des Ursprungstyps MiG-27. Er startete im April 1976 zum Jungfernflug, durchlief eine kurze Werkserprobung, ehe er den zuständigen Stellen für die staatliche Flugerprobung übergeben wurde.

---

180 Beim Abwurf von Bomben fliegt das Flugzeug der Bombe voraus. Weil Kljon ein Ziel nur in Flugrichtung markieren konnte, ging die Lenkung der lasergelenkten Bombe unweigerlich verloren.

181 Im englischsprachigen Fachterminus als »Fire and forget« bezeichnet.

182 Dafür waren ihre Mi-8 Hubschrauber erstklassig. Noch heute wird in Ulan-Ude die Mi-17 gefertigt, die im Prinzip nichts anderes ist als eine Mi-8 mit modernem Antrieb und Rotorsystem.

183 Diese Baugruppe war ein kraftaufnehmendes Teil, an dem sowohl das Hauptfahrwerk, als auch die Befestigung der Tragflächen ansetzte. Es war höchsten Belastungen ausgesetzt.

184 Mitunter wurden Verkleidungen im Werk Ulan-Ude auf krude Weise per Hand aus einem Stück Blech gedengelt, wenn der Zulieferbetrieb nicht schnell genug liefern konnte. Das führte dazu, dass die gefertigten Teile von Flugzeug zu Flugzeug nicht untereinander ausgetauscht werden konnten.

MiG-27M Nr. 26 in Grossenhain. (Foto: Marcel de Jong)

Ursprünglich war geplant die MiG-27M ab 1977 im Flugzeugwerk Irkutsk fertigen zu lassen. Das Werk war aber überlastet und konnte neben der MiG-27K und der MiG-23UB keine weitere Version der MiG-27 fertigen. Deshalb wurde die Fertigung an das Flugzeugwerk Ulan-Ude vergeben.

Das Problem war, dass Ulan-Ude noch nie moderne Kampfflugzeuge gebaut hatte. Man verstand sich dort auf die Fertigung von Mi-8 Hubschraubern und An-24 Passagierflugzeugen. Von Kampfflugzeugen hatte man keine Ahnung.[182]

Dementsprechend schleppend begann der Produktionsanlauf. Es gab viele Probleme zu bewältigen, von denen die meisten mit der Nichtbeherrschung der Fertigungstechnologie zu tun hatten. Bei den MiG-27M traten Mängel auf, die man längst überwunden zu haben glaubte. Dazu gehörten Rissbildungen in der Tankbaugruppe Nr.2[183], Leckagen im Treibstoffsystem, unsaubere Verarbeitung, dahingeschluderte Verkleidungen[184], undichte Rohrleitungen, schlecht verlötete Kabelbäume und, und, und.

MiG-27M Nr. 33 im Landeanflug. (Foto: Marcel de Jong)

Eine MiG-27M von rechts hinten. (Foto: Marcel de Jong)

Um den Qualitätsproblemen entgegenzuwirken begann man, zumindest eine Zeitlang, Baugruppen in anderen Flugzeugwerken fertigen zu lassen. Diese Baugruppen wurden dann nach Ulan-Ude gebracht, wo die Endmontage der MiG-27M stattfand.

In den sowjetischen Luftstreitkräften galt es *»als großes Unglück«*, wenn einem Piloten oder einer Einheit eine MiG-27M aus dem Flugzeugwerk Ulan-Ude zugewiesen wurde. Das mag zwar sowjetische *»Fliegerprosa«* sein, zeigt aber, dass man in der Truppe mit den Produkten aus diesem Flugzeugwerk alles andere als zufrieden war. Zumindest war der Ruf der MiG-27M ruiniert, obwohl die Qualität des Flugzeugs im Laufe der Produktion deutlich besser wurde. Bis 1983 wurden 146 Maschinen des Typs MiG-27M neu gebaut.[185]

Die Auslieferung an die Truppe erfolgte ab 1978. 1980 wurde die MiG-27M offiziell in den Kampfbestand der Streitkräfte übernommen. Die Übernahme erfolgte zeitgleich zur offiziellen Indienststellung der MiG-27K. Weil der NATO die Unterschiede zwischen MiG-27M und K als sehr gering erschienen erhielt erstere den Codenamen Flogger-J, während letztere Flogger-J2 genannt wurde.

Die MiG-27M hatte verschiedene inoffizielle Beinamen. So nannte man sie, abgeleitet vom Lasersystem Kljon, *»kljonewskij 27«*. Ein anderer Spitzname war *»Emka«*, was ein lautmalerisches Wortspiel mit dem Buchstaben »M« darstellte. Eine Abwandlung von *»Emka«* war *»Emok«*, was zugleich die Mehrzahl von *»Emka«* war und in der kasachischen Sprache die Bedeutung von *»vielleicht«* hat.[186]

185 Nach anderer Quelle 148 Maschinen.
186 So nach dem Motto: »Vielleicht könnte aus dem Flugzeug ja was werden, wenn man nur die Qualitätsprobleme in den Griff bekommen würde.«

In der Truppe wurde die MiG-27M zwiegespalten aufgenommen. Die Maschine war potentiell durchaus sehr leistungsfähig. Im Vergleich zur MiG-23BN war sie beim Einsatz ungelenkter Waffen doppelt so effizient. Wurden Lenkwaffen eingesetzt war sie der MiG-23BN sechsfach überlegen. Dank ihrer modernen Störmittel lag ihre Überlebenswahrscheinlichkeit im Gefecht dreimal höher als bei der MiG-23BN. Wegen ihrer im Vergleich zur MiG-27K geringeren technischen Komplexität konnte sie auch von Wehrpflichtigen gewartet werden, während zur Wartung der MiG-27K längerdienende Spezialisten erforderlich waren.

Auf der Negativseite waren die Qualitätsmängel anzuführen, die die Einsatzbereitschaft erheblich senkten. Ausfälle gab es z.B. im Navigationskomplex. Dieses Problem wurde in der Truppe auf die typisch sowjetische Weise mittels Improvisationskunst gelöst. Man fasste Flugzeuge mit defektem Navigationssystem in Gruppen zusammen und gab ihnen bei Einsätzen ein Führungsflugzeug mit, bei dem technisch alles funktionierte. Die Piloten der defekten Maschinen mussten nur der Führungsmaschine folgen, die sie sicher ans Ziel brachte.

Eine MiG-27M rollt zum Start. (Foto: Marcel de Jong)

Die MiG-27M war, wenn alles funktionierte, ein Flugzeug, das perfekt zu den Bedürfnissen der sowjetischen Frontfliegerkräfte passte. Sie war ausreichend leistungsstark und von ihrer Grundauslegung her robust.

Die MiG-27M blieb bis zum Ende der Sowjetunion im Einsatz und wurde dann von den Russischen Luftstreitkräften bis Ende der 1990er-Jahre weiter betrieben. Dann stellte man sie ohne ausreichende Konservierung

Eine MiG-27M mit Startbehälter UB-32 für ungelenkte 57mm-Raketen. (Foto: Sammlung Normann)

Technische Daten: MiG-27M	
Bezeichnung OKB / NATO	isdelije 32-29 / Flogger J
Werksbezeichnung	isdelije 29
Einsatzzeitraum	ab 1978
Abmessungen	
Spannweite	7,78 m - 13,96 m
Rumpflänge	17,04 m
Höhe	5,15 m
Flügelfläche	34,16 m² - 37,35 m²
Massen	
Leermasse	11.908 kg
Startmasse	18.100 kg
max. Startmasse	20.500 kg
max. Waffenlast	4.000 kg
Treibstoffmenge	3.970 kg + 1 bis 3 x Zusatzbehälter je 800 l
Antrieb	1 x R-29B-300
Schub	8.000 kp / 78,48 kN trocken
	11.500 kp / 112,81 kN Nachbrenner
Flugleistungen	
Höchstgeschwindigkeit	1.810 km/h in 11.000 m
	1.350 km/h in Bodennähe
Marschgeschwindigkeit	1.150 km/h
Aktionsradius	550 km
Gipfelhöhe	15.600 m
Steiggeschwindigkeit	100 m/s
Bewaffnung	
Bordkanone	GScha-6-30A mit 300 Schuss
Waffenstationen	22 x 100 kg Bomben
	9 x 250 kg Bomben
	8 x 500 kg Bomben
	4 x Raketenbehälter UB-32, B-8M, B-13
	4 x ungelenkte Raketen S-24
	2 - 4 x Lenkraketen verschiedener Bestimmung
	3 x 800 l Zusatzbehälter

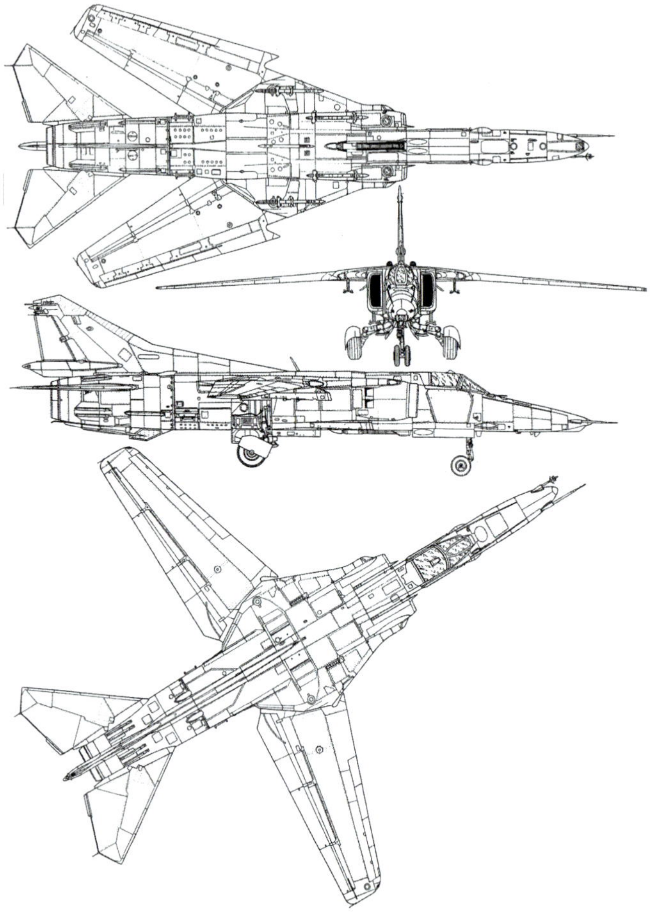

Die MiG-27M in der Vierseitenansicht.

ab. Als im Tschetschenienkrieg die Forderung nach einem effektiven Jagdbomber laut wurden kam die Idee auf die modernen MiG-27-Versionen M,K und D zu reaktivieren. Doch dazu kam es nicht mehr, weil der jahrelange, ungeschützte Aufenthalt unter freiem Himmel den Flugzeugen so arg zugesetzt hatte, dass sie nur mit extrem hohem Aufwand hätten wieder einsetzbereit gemacht werden können. Damit endete die Geschichte der russischen MiG-27M ziemlich unrühmlich.

Weitere Betreiber der MiG-27M waren die Ukraine und Kasachstan. Doch auch dort wurde sie nur bis zum Ende der 1990er-Jahre verwendet.

Das MiG-OKB versuchte die Lebensdauer der Flugzeuge durch das Angebot verschiedenster Modernisierungsmaßnahmen zu verlängern. Die Betreiber hatten daran aber kein Interesse mehr.

MiG-27D

Abgesehen davon, dass die Verarbeitung der MiG-27M sehr zu wünschen übrig ließ, war sie doch ein schlagkräftiges Flugzeug, das die MiG-27 deutlich in den Schatten stellte. Deshalb wurde beschlossen die vorhandenen MiG-27 auf den MiG-27M-Standard aufzurüsten. Das Projekt erhielt die Bezeichnung isdelije 32-27. In der Truppe hieß das Flugzeug MiG-27D, wobei das D für »derabotinuij«, *»überarbeitet«*, stand.

Der Grundgedanke der der MiG-27D zugrunde lag war simpel. Man nehme die alte Avionik der MiG-27, werfe sie weg und ersetze sie durch die moderne Avionik der MiG-27M. Dazu sollte der gesamte Flugzeugbug entfernt und durch einen neugebauten Bug, a la MiG-27M, ersetzt werden. Ein Projekt wurde ausgearbeitet, dem zukünftigen Betreiber präsentiert und für gut befunden. Damit war isdelije 32-27 geboren. Eine Fertigungs- oder Umrüstungstechnologie wurde erarbeitet und an einem Demonstrationsflugzeug im Laufe des Jahres 1982 erprobt.

Ab 1983 begann die Umrüstung in der Praxis. Ausgeführt wurde sie im Flugzeugwerk Irkutsk, das nun freie Fertigungskapazitäten hatte, weil die Serienfertigung der MiG-27K im Vorjahr ausgelaufen war. Die Umrüstung eines einzelnen Flugzeugs dauerte in der Regel etwa drei Monate. Weil der Fortschritt der Umrüstung von den verfügbaren Kapazitäten des Werkes abhingen und dieses mit anderen Aufträgen höchster Priorität unterschiedlich ausgelastet war, konnte die Modernisierung einer einzelnen MiG-27 auf den MiG-27D-Standard auch schon mal bis zu neun Monaten dauern. Über den Daumen gepeilt rechnete man damals damit, dass ein Fliegerregiment, das seine MiG-27 kontinuierlich und sukzessive an das Werk Irkutsk abgab, nach etwa 30 Monaten vollständig mit MiG-27D ausgerüstet sein würde.

Bei der Umrüstung wurde der gesamte Nasenbereich erneuert und das Cockpit auf den neuesten Stand gebracht. Die alte MiG-27 Avionik wurde gegen Avionik auf dem Stand der MiG-27M ausgetauscht. Teilweise kamen aber auch neuere Baugruppen zum Einsatz. So wurde z.B. die neueste Variante des kombinierten Navigations- und Angriffskomplexes PrNK-23M1 verwendet. Modernisierungsmaßnahmen betrafen auch die einzelnen Navigationssysteme, das Freund-Feind-Kenngerät, die Funkausrüstung, die aktiven und passiven Störmittel, das Radarwarngerät und vieles andere mehr.

Äußerlich unterschied sich die MiG-27D vom Ausgangsmuster MiG-27 durch den veränderten Rumpfbug mit trapezförmigem Fenster für den Laserentfernungsmesser/-zielbeleuchter und die auf

MiG-27D im Landeanflug. (Foto: Sammlung Normann)

MiG-27D rollt auf den Flugplatz. (Foto: Sammlung Normann)

MiG-27D beim Rollen in Großenhain. (Foto: Marcel de Jong)

Höhe der Nasenspitze platzierte Antenne des Instrumentenlandesystems und die Position des Staurohrs. Die feststehenden Tragflächenteile erhielten die vergrößerten und nach vorn gezogenen Tragflächenwurzeln, inklusive der darin befindlichen Antennen des Radarwarnempfängers. Die keulenförmigen Container für die Schießkamera und das Raketensteuergerät Delta-NG wurden bei der MiG-27D entfernt.

Anhand dieser Unterschiede ließ sich die MiG-27D leicht von der MiG-27 unterscheiden. Eine äußerliche Unterscheidung zwischen MiG-27D und MiG-27M war hingegen kaum möglich. Zu groß waren die Gemeinsamkeiten beider Flugzeugversionen. Lediglich die Form einer Antennenverkleidung auf der rechten Seite des Seitenleitwerks konnte einen Hinweis darüber geben, ob man es mit einer MiG-27D oder einer MiG-27M zu tun hatte. Doch diesen Unterschied musste man schon mit einer Lupe suchen.

In der Truppe wurde die MiG-27D wohlwollend aufgenommen. Sie war von der Fertigungsqualität her um Längen besser als die MiG-27M, was sich positiv auf die Einsatzbereitschaft auswirkte. Die Zahl der technischen Ausfälle lag deutlich unter denen der MiG-27M. Die MiG-27D war wegen ihrer Schlagkraft, Zuverlässigkeit und Robustheit beliebt. Sie konnte auch von Wehrpflichtigen gewartet werden, was einen großen Vorteil gegenüber der MiG-27K darstellte. Ein weiterer großer Vorteil der MiG-27D, den es aber bereits schon bei der MiG-27M gegeben hatte, bestand darin, dass einzelne Zugangspaneele nun als Klappen ausgeführt waren. Musste man sie bei den Vorgängerversionen erst mühsam aufschrauben, so konnten sie nun durch Schnellverschlüsse leicht geöffnet und nach oben, bzw. unten aufgeklappt werden. Um das Eindringen von Wasser ins Innere des Rumpfbugs zu verhindern gab es nun Isolationsvorhänge zwischen den Rumpföffnungen und der Elektronik. Diese simple Maßnahme erhöhte die Betriebssicherheit der Elektronik mehr als deutlich.

Die MiG-27D hatte wegen ihrer Vorzüge einen guten Ruf, weshalb die Streitkräfte eine beschleunigte Umrüstung auf den MiG-27D-Standard forderten.

Um die Umrüstarbeiten zu beschleunigen wurden deshalb zwei Reparaturwerke der Luftstreitkräfte befähigt die notwendigen Arbeiten ausführen zu können. Ein Werk lag im Westen der Ukrainischen Sowjetrepublik, das andere befand sich im Inneren der Russischen Föderation. Beide Werke rüsteten insgesamt 64 MiG-27 zu MiG-27D um. Weitere 240 Maschinen wurden in Irkutsk umgebaut, so dass sich die Gesamtzahl der MiG-27D auf 304 Exemplare belief[187]. Die Produktion der MiG-27D dauerte bis ins Jahr 1989 an.

Um die Zahl der auf den MiG-27D-Standard um-

187 Andere Quellen schreiben von mehr als 500 MiG-27D. Diese Zahl ist aber unwahrscheinlich, weil nur 360 MiG-27 gebaut worden sind.

MiG-27D Kasachstans mir Störkörperwerfer (Foto: Sammlung Scheffler)

MiG-27D-Flightline in Mirow Lärz. (Foto: Marcel de Jong)

MiG-27D mit Schlepp-stange in Lärz. (Foto: Marcel de Jong)

MiG-27D von rechts hinten. (Foto: Marcel de Jong)

MiG-27D beim Start. (Foto: Rob Schleiffert)

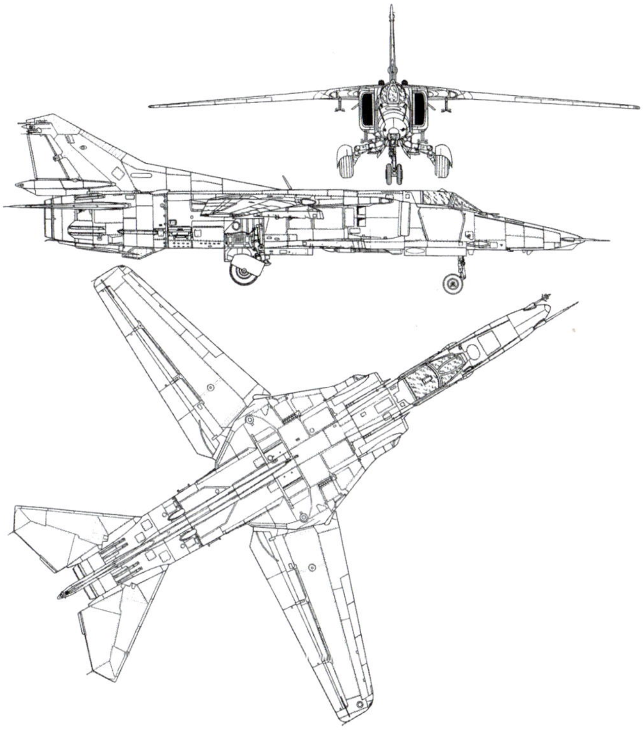

Die MiG-27D in der Dreiseitenansicht.

gerüsteten Flugzeuge zu verschleiern wurde auf den Rumpfrücken der fertigen Flugzeuge ein Scheincockpit aufgemalt. So wirkten die Irkutsker MiG-27D auf Bildern amerikanischer Spionagesatelliten wie Trainingsflugzeuge MiG-23UB. Um diesen Eindruck zu verstärken wurde in Irkutsk das Gerücht gestreut, dass im Flugzeugwerk Irkutsk MiG-27 Jagdbomber zu MiG-23UB Schulflugzeugen umgebaut würden. Was natürlich nicht der Fall war.

Die MiG-27D wurde bis zum Zerfall der Sowjetunion genutzt und dann in Russland, der Ukraine und Kasachstan bis Ende der 1990er-Jahre weiterbetrieben. Vier Maschinen wurden von der Ukraine nach Sri Lanka verkauft, wo sie bei der Bekämpfung der Separatistenorganisation »Tamil Tigers« zum Einsatz kamen.

Die MiG-27D hatte den inoffiziellen Beinamen »*Daschka*«[100], was lautmäßig auf den Typenkennor »D« hinwies.

Bei der NATO wurde die MiG-27D, genau wie die MiG-27M, als Flogger J geführt.

Technische Daten: MiG-27D	
Bezeichnung OKB / NATO	isdelije 32-27 / Flogger J
Werksbezeichnung	isdelije 27
Einsatzzeitraum	ab 1983
Abmessungen	
Spannweite	7,78 m - 13,96 m
Rumpflänge	17,04 m
Höhe	5,15 m
Flügelfläche	34,16 m² - 37,35 m²
Massen	
Leermasse	11.908 kg
Startmasse	18.100 kg
max. Startmasse	20.500 kg
max. Waffenlast	4.000 kg
Treibstoffmenge	3.970 kg + 1 bis 3 x Zusatzbehälter je 800 l
Antrieb	1 x R-29B-300
Schub	8.000 kp / 78,48 kN trocken
	11.500 kp / 112,81 kN Nachbrenner
Flugleistungen	
Höchstgeschwindigkeit	1.810 km/h in 11.000 m
	1.350 km/h in Bodennähe
Marschgeschwindigkeit	1.150 km/h
Aktionsradius	550 km
Gipfelhöhe	15.600 m
Steiggeschwindigkeit	100 m/s
Bewaffnung	
Bordkanone	GScha-6-30A mit 300 Schuss
Waffenstationen	22 x 100 kg Bomben
	9 x 250 kg Bomben
	8 x 500 kg Bomben
	4 x Raketenbehälter UB-32, B-8M, B-13
	4 x ungelenkte Raketen S 24
	2 - 4 x Lenkraketen verschiedener Bestimmung
	3 x 800 l Zusatzbehälter

188 Mitunter wurde »Daschka« zum Mädchennamen »Dascha« abgewandelt.

MiG-27ML

Während die MiG-23BN in großer Stückzahl exportiert wurde, war die MiG-27 lange Jahre nur für den Einsatz in den sowjetischen Streitkräften vorgesehen. Das änderte sich in den frühen 1980er-Jahren, als Indien Interesse an diesem Flugzeug zeigte. Die sowjetische Führung war einem Export der MiG-27 nicht abgeneigt, hatte man doch mit der MiG-27K bereits ein deutlich fortschrittlicheres Modell in der Serienfertigung. Die Inder bestanden aber auf der Lieferung einer modernen MiG-27 Variante, weshalb die sowjetische Seite die MiG-27M anbot. Die Inder gingen auf dieses Angebot ein. Ein Vertrag wurde geschlossen, der die Lizenzproduktion von 200 MiG-27M in Indien beinhaltete. Die ersten 50 Maschinen sollten aus original sowjetischen Teilesätzen im indischen Flugzeugwerk Nasik der Firma HAL[189] zusammengebaut werden. Die folgenden Flugzeuge würden dann weitestgehend aus Teilen, die in Indien gefertigt würden, entstehen.

Das MiG-OKB überarbeitete die MiG-27M ein klein wenig. Streng geheime Baugruppen, wie das Freund-Feind-Kennsystem Parol, wurden durch ältere oder vereinfachte Bauelemente[190] ersetzt. Auch wurde die Fähigkeit Kernwaffen einsetzen zu können entfernt. Das Projekt lief unter der Bezeichnung isdelije 32-29L, wobei das L für *»lizensionij«*, also *»lizensiert«* stand. Als Typenbezeichnung wurde MiG-27L vorgeschlagen. Die Inder bestanden aber auf der Bezeichnung MiG-27M, um zu zeigen, dass die indischen MiG-27 genauso gut seien wie die sowjetischen Maschinen dieses Typs. Man einigte sich schließlich auf die Bezeichnung MiG-27ML.[191]

Der Hauptauftragnehmer auf sowjetischer Seite war das Flugzeugwerk Irkutsk. Dieses hatte die MiG-27M zuvor niemals selbst hergestellt, dafür aber die MiG-27K gefertigt. Die MiG-27M war ursprünglich im Flugzeugwerk Ulan-Ude gebaut worden. Doch war die Qualität der Flugzeuge aus Ulan-Ude nicht zufriedenstellend. Deshalb sollte das Irkutsker Werk den Exportauftrag übernehmen. Die Fertigungsunterlagen der MiG-27M wurden deshalb von Ulan-Ude nach Irkutsk überführt, wo die Fertigung

MiG-27ML Bahadur. (Foto: IAF)

MiG-27ML beim Start. (Foto: Angad Singh)

1985 begann[192]. Die Werksbezeichnung der MiG-27ML lautete isdelije 32-29LK.

Der erste Teilesatz wurde, nach seiner Fertigstellung, nach Indien transportiert, wo er im Laufe des Jahres 1985 montiert wurde. Am 11. Januar 1986 hatte die MiG-27ML ihren Jungfernflug. Von den indischen Luftstreitkräften erhielt das Flugzeug den Beinamen »Bahadur«, was soviel wie »der Held« oder »der Tapfere« bedeutet.

Die Inder waren mit der MiG-27ML weitestgehend zufrieden. Unbefriedigend für sie war, dass die Sowjetunion nicht alle verwendbaren Lenkwaffentypen an Indien verkaufte. Probleme gab es auch mit der Bereifung des Flugzeugs. Die Gummimischung der Reifen war auf europäische Verhältnisse ausgelegt. Im heißen Klima Indiens verschlissen sie viel schneller als gewohnt. Deshalb versuchten die Inder, in Zusammenarbeit mit der Firma Dunlop, eigene Reifen zu entwickeln. Doch diese Bemühungen waren letztendlich vergebens, weshalb man wieder auf die Produkte sowjetischer und später russischer Reifenhersteller zurückgriff.

1988 begann die Fertigung von MiG-27ML, die weitestgehend aus indischen Baugruppen zusammengebaut wurden.[193] Die Fertigung dauerte bis 1996. Es sollen 150 Flugzeuge des Typs MiG-27ML gebaut worden sein.

Im Laufe ihrer Dienstzeit wurde die MiG-27ML Bahadur mehrfach modernisiert. Der erste Modernisierungsschritt bestand aus einem Angebot der sowjetischen Seite die MiG-27ML auf die moderne Luft-Luft-Lenkwaffe R-73 (NATO-Code: AA-11 Archer) und die Anti-Radar-Rakete Cha-31P umzurüsten.

Nach dem Zusammenbruch der Sowjetunion suchte sich Indien andere Partner zur MiG-27ML-Modernisierung. Man wurde in Israel und Großbritannien fündig.

189 HAL ... Hindustan Aeronautics Limited
190 Dazu gehörte der leicht abgewandelte Navigations- und Angriffskomplex PrNK-44L, dessen Herzstück der Digitalrechner Orbita-10-15-44L war.
191 Es dauerte aber eine Weile bis die Inder die Bezeichnung MiG-27ML akzeptierten. Ein Zeitlang nannten sie ihre Flugzeuge MiG-27M Bahadur.
192 Nach anderer Quelle begannen die Arbeiten bereits Ende 1984.
193 Einige Kernbauelemente wurden aber trotzdem noch aus der Sowjetunion und später aus Russland zugeliefert. Als Russland nach dem Zerfall der Sowjetunion in eine veritable Wirtschaftskrise abrutschte konnte die Lieferung der notwendigen Baugruppen nicht in vollem Umfang sichergestellt werden. 1994 war es so schlimm, dass nur ein einzelnes Flugzeug zusammengebaut werden konnte und dieses hatte eine so schlechte Qualität, dass es die Abnahmeprüfung durch die IAF nicht bestand. Später besserte sich die Lage wieder.
Auch bei den Indern gab es zunächst Schwierigkeiten die Tankbaugruppe Nr.2 fehlerfrei herzustellen. Es kam zu der bekannten Rissbildung, die mitunter zum Absturz von Flugzeugen führte. Erst allmählich gelang es den Indern dieses Qualitätsproblem in den Griff zu bekommen.

MiG-27ML im Flug. (Foto: IAF)

MiG-27 der No.18 Squad Kalaikunda. (Foto: Abhishek Ghosh)

MiG-27ML-Cockpit. (Foto: Rahul Devnath)

MiG-27ML im Flug über Trockenland. (Foto: IAF)

MiG-27ML bei der Landung. (Foto: IAF)

Eine MiG-27ML feuert ihre Bordkanone ab. (Foto: IAF)

Technische Daten: MiG-27ML	
Bezeichnung OKB / NATO	isdelije 32-27 / Flogger J
Werksbezeichnung	isdelije 29LK
Einsatzzeitraum	ab 1986 - 2019
Abmessungen	
Spannweite	7,78 m - 13,96 m
Rumpflänge	17,04 m
Höhe	5,15 m
Flügelfläche	34,16 m² - 37,35 m²
Massen	
Leermasse	11.900 kg
Startmasse	18.100 kg
max. Startmasse	20.500 kg
max. Waffenlast	4.000 kg
Treibstoffmenge	3.970 kg + 1 bis 3 x Zusatzbehälter je 800 l
Antrieb	1 x R-29B-300
Schub	8.000 kp / 78,48 kN trocken
	11.500 kp / 112,81 kN Nachbrenner
Flugleistungen	
Höchstgeschwindigkeit	1.810 km/h in 11.000 m
	1.350 km/h in Bodennähe
Marschgeschwindigkeit	1.150 km/h
Aktionsradius	550 km
Gipfelhöhe	15.600 m
Steiggeschwindigkeit	100 m/s
Bewaffnung	
Bordkanone	GScha-6-30A mit 300 Schuss
Waffenstationen	22 x 100 kg Bomben
	9 x 250 kg Bomben
	8 x 500 kg Bomben
	4 x Raketenbehälter UB-32, B-8M, B-13
	4 x ungelenkte Raketen S-24
	2 - 4 x Lenkraketen verschiedener Bestimmung
	3 x 800 l Zusatzbehälter

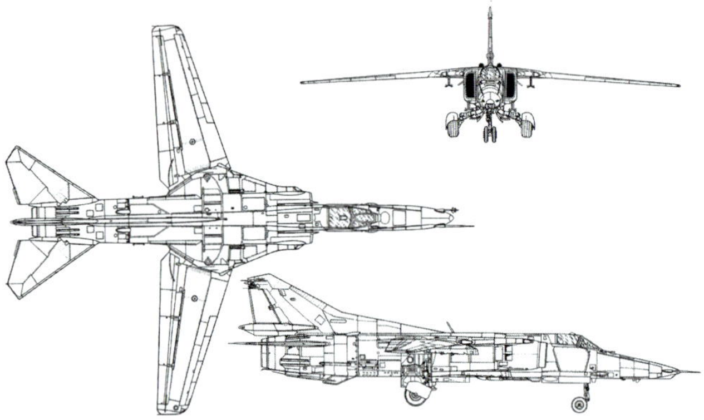

Die MiG-27ML in der Dreiseitenansicht.

Auch russische Unternehmen boten weitere Modernisierungsmaßnahmen an. Die Inder entschieden sich für einen Mix unterschiedlichster Angebote, der in der MiG-27UPG realisiert wurde. Ziel des MiG-27UPG-Programms war es die Schlagkraft des Flugzeugs durch den Einsatz hochpräziser Waffensysteme[194] zu verbessern. Darüber hinaus sollte die Überlebensfähigkeit deutlich gesteigert werden, indem man die Fähigkeiten in der elektronischen Kriegführung den Gegebenheiten der Zeit anpasste. Dazu zählten ein moderner Radarwarnempfänger und elektronische Störsysteme, die speziell für die Niederhaltung von Waffensystemen potentieller Feinde Indiens eingerichtet waren.

Das Programm wurde 2002 gestartet. Der erste Prototyp entstand durch Umrüstung einer MiG-27ML und startete am 25. März 2004. Der zweite Prototyp folgte am 4. November desselben Jahres. Die Erprobungsphase dauerte anderthalb Jahre. Im Juni 2006 erklärte das indische Verteidigungsministerium den Erfolg des Programms und die Umrüstung konnte beginnen. Es war geplant genügend Flugzeuge umzurüsten, um zwei Jagdbombengeschwader mit ihnen auszurüsten.

Die indischen Luftstreitkräfte waren mit der MiG-27UPG zufrieden. Man hatte es geschafft unter Nutzung indischen Knowhows, in Verbindung mit westlichen und russischen Vertragspartnern, eine kostengünstige Modernisierung der MiG-27ML auf die Beine zu stellen, die den Anforderungen der 2000er-Jahre gerecht wurde.

Die MiG-27UPG blieb bis ins Jahr 2019 im Kampfbestand der indischen Streitkräfte. Am 27. Dezember 2019 absolvierte sie bei der 29th IAF Squadron, Scorpions, ihren Abschiedsflug.

194 Dazu zählten sowohl westliche, als auch russische Präzisionswaffen.

Schulflugzeuge

MiG-23UB

Als der erste Prototyp der MiG-23, 23-11/1, seine Flugerprobung begann wurde den Verantwortlichen schnell klar, dass normale Einsatzpiloten einige Schwierigkeiten haben würden, auf dieses neue Flugzeug umzusteigen. Zu groß waren die Unterschiede im Flugverhalten zu den bisher genutzten Schulflugzeugen MiG-15UTI, L-29 Delfin, L-39 Albatros oder den doppelsitzigen Varianten der MiG-21. Deshalb wurde die Idee geboren aus der ersten Serienvariante der MiG-23 ein Schulflugzeug abzuleiten. Dieses sollte, im Gegensatz zu den vorherigen Schulflugzeugen, in der Lage sein echte Kampfeinsätze zu fliegen Weil die Schulvariante der MiG-23 ein Kampftrainer sein würde, schlug man als Typenbezeichnung MiG-23UB vor. UB stand für *»Utschebno i Bojewoij Samoljot«*, was frei übersetzt Schul- und Kampfflugzeug bedeutet.

Die 102 rollt nach gelungener Landung. Das hintere Cockpit ist zur besseren Belüftung leicht angehoben. (Foto: Martin Baumann)

Am 17. November 1967, also etwa fünf Monate nach dem Jungfernflug der 23-11/1 genehmigte der Ministerrat der Sowjetunion die Entwicklung der MiG-23UB unter der Tarnbezeichnung 23-51.

Die 23-51 sollte sich weitestgehend an der in Entwicklung befindlichen MiG-23S orientieren. Antrieb, Tragwerk und Flugzeugzelle sollten so weit es ging übernommen werden. Dasselbe galt für das Waffenkontrollsystem und die Avionik. Ein Zugeständnis wurde beim Radar gemacht. Die 23-51 sollte serienmäßig mit dem Radar RP-22 Sapfir-21 ausgerüstet werden, das in der MiG-23S nur als Übergangslösung zum Einsatz kommen würde. Auf das eigentliche MiG-23-Radar Sapfir-23 musste bei der 23-51 aus Platzgründen verzichtet werden. Und zwar deshalb, weil die Elektronikkomponenten des Sapfir-23 so groß waren, dass sie nicht alle in der Nase des Flugzeugs Platz finden konnten. Ein bedeutender Teil dieser Baugruppen war in einem Avionikfach hinter dem Cockpit verbaut. Dieser Platz wurde aber benötigt, um Raum für das zweite Cockpit des Flugzeugs zu schaffen. Weil dies aber noch nicht ausreichte sah man sich gezwungen den Rumpftank Nr.1 zu verkleinern. Statt 1.920 Liter fasste er nur noch 1.220 Liter Treibstoff. Als Ausgleich wurde ein zusätzlicher, 470 Liter fassender, Treibstofftank im Heck des Flugzeugs installiert. Diese als Tank Nr.4 bezeichnete Neuerung wurde später bei der MiG-23M, der MF und den Jagdbombervarianten ebenfalls verwendet.

Aus Gründen der Flugstabilität wurde das gesamte Leitwerk um 86 cm in Richtung Heck verschoben. Die Leitwerkshinterkante befand sich damit auf Höhe der

Triebwerksdüse, eine Anordnung, die sich bei den späteren Jägervarianten ebenfalls wiederfand.

Das Triebwerk der 23-51/1 entsprach dem der Jägervariante MiG-23S. Es war das R-27F2-300 mit einer Schubkraft von 6.900 kp Maximalschub und 9.300 kp Nachbrennerschub.

Die Form der Nase entsprach zunächst der des Prototyps 23-11/1. Sie war sehr zugespitzt und sorgte durch ihre Formgebung für einen geringen Frontwiderstand. Sie bestand gänzlich aus Metall. Später wurde die Nasenform geändert, indem sie etwas aufgeweitet wurde, um Platz für das Radargerät RP-22 zu schaffen. In dieser Form wurde die Nasenspitze aus für Radarstrahlen durchlässigem Material gefertigt. Im ersten Prototyp wurde noch kein Radar verbaut. Stattdessen wurden Telemetriebausteine und Ballast im Bug platziert.

Das vordere Cockpit entsprach in seiner Form dem Cockpit der späteren MiG-23S. Es hatte also einen Radarschirm. Der Pilot saß auf einem Schleudersitz des Typs KM-1MU. Das U stand für *»Utschenik«*, was, wie jeder, der irgendwann einmal Russisch lernen musste, weiß »Schüler« bedeutet. Im Cockpit dahinter saß der Fluglehrer auf dem Schleudersitz KM-1MI. Das I stand für »Instruktor«. Beide Sitze waren im wesentlichen baugleich. Sie ermöglichten einen sicheren Ausstieg in allen Flughöhen und einem Geschwindigkeitsbereich zwischen 130 und 1.250 km/h. Der Unterschied bestand darin, dass der Fluglehrer in der Lage war im Notfall beide Besatzungsmitglieder aus dem Cockpit herausschießen zu können, während der Flugschüler nur sich selbst in Sicherheit bringen konnte.

Das hintere Cockpit unterschied sich vom Pilotencockpit deutlich. Es gab einen Ausfallsimulator, der in der Pilotensprache als Sabotagepult bezeichnet wurde. Mit ihm konnte der Fluglehrer die Anzeigen im vorderen Cockpit verändern, um Aus- und Notfälle zu simulieren. Der Flugschüler musste dann auf diese Notfälle reagieren und wurde entsprechend seiner Handlungen vom Fluglehrer bewertet. Eine weitere Änderung betraf den Einbau eines Periskops. Das Periskop wurde für Start und Landung benötigt, damit der Fluglehrer eine gewisse Sicht nach vorn hatte, denn, obwohl das zweite Cockpit etwas erhöht eingebaut war, sah der Fluglehrer nicht sonderlich viel von dem, was sich direkt in Flugrichtung abspielte.

Als automatisiertes Flugsteuerungssystem kam das SAU-23UB zum Einsatz. Zu den Navigationssystemen

Bei dieser MiG-23UB sind die Kratzspuren auf den Schwenkflügeln gut zu erkennen. (Foto: Martin Baumann)

zählten Poljot-1I-23 und RSBN-6S. Dazu kam ein Funkkompass und ein Funkhöhenmesser. 23-51/1 konnte mit dieser Ausrüstung vollautomatisch einen Kurs mit drei Wegpunkten abfliegen und zu einem von vier vorprogrammierten Flugplätzen zurückkehren. Zu einer automatischen Landung war der erste Prototyp 23-51/1 noch nicht in der Lage.

Diese MiG-23UB gehörte zum JBG-37 der NVA. (Foto: Martin Baumann)

Das Waffenkontrollsystem S-21MU entsprach im wesentlichen dem der Serienversion MiG-23S. Herzstück war das Radargerät RP-22MU. Dieses Radar war in der Lage große Luftziele bis zu einer Distanz von 30 km zu entdecken. Die Bodenleitstelle vermochte der 23-51/1 per Datenverbindungssystem Lasur-M Kommandos bezüglich Fluggeschwindigkeit, Kurs, Feindkurs und -geschwindigkeit, Befehl zum Angriff oder Abbruch des Angriffs zu übermitteln.

Die 105 landet mit ihrem Bremsschirm. (Foto: Martin Baumann)

Bewaffnet war die 23-51/1 mit Luft-Luft-Lenkraketen R-3S[195], ungelenkten Bomben und Raketen, sowie der Luft-Boden-Lenkwaffe Cha-23[196]. Für letztere gab es das Steuergerät Delta-N in einem keulenförmigen Behälter am rechten starren Tragflächenteil. Die Tragfläche entsprach der Tragfläche der MiG-23S. Sie hatte keinen Sägezahn, dafür aber automatisch ausfahrende Vorflügel.

Der Bau des ersten Prototyps 23-51/1 begann im Jahr 1968 und wurde im März 1969 beendet. Als taktische Nummer wurde die 251 vergeben. Im Mai 1969 startete die Maschine zu ihrem Jungfernflug. Die Flugerprobung der 23-51/1 lief parallel zu der der MiG-23S und wurde 1970 abgeschlossen. Die verantwortlichen Stellen waren mit den Ergebnissen zufrieden, weshalb einer Überführung in die Serienproduktion nichts im Wege stand. Als Herstellerwerk wurde das Flugzeugwerk Irkutsk auserkoren. Die erste Serienmaschine wurde 1971 gebaut und wurde von Testpiloten des OKB Mikojan eingeflogen. Auch dieses Flugzeug hatte noch kein Radar, weil der Platz für Testausrüstung benötigt wurde. Als das erste Serienflugzeug bewiesen hatte, dass die Irkutsker Flugzeugbauer ihr Handwerk verstanden, wurde ab der zweiten Serienmaschine das Radar eingebaut. Inoffiziell nannte man diese Flugzeuge MiG-23U.

Weil das Irkutsker Flugzeugwerk einige Probleme mit dem Produktionsanlauf hatte, wurden Teilesätze im Moskauer Flugzeugwerk gefertigt und per Bahn oder Flugzeug nach Irkutsk geschickt. Das betraf vor allem die problembehaftete Baugruppe des Tanks Nr.2.[197]

In der Zwischenzeit war der zweite Prototyp 23-51/2 geflogen. Er unterschied sich vom ersten Prototyp durch eine andere Tragfläche. Bei ihm kam die Tragfläche des Typs 3 zum Einsatz. D.h. sie hatte einen Sägezahn

195 NATO-Code: AA-2 Atoll
196 NATO-Code: AS-7 Kerry
197 Tank Nr.2 war als Integraltank ausgelegt und somit eine kraftaufnehmende Baugruppe. An ihm setzten das Hauptfahrwerk und die Aufnahmepunkte der Tragflächen an, weshalb es höchsten Beanspruchungen ausgesetzt war. In den ersten Jahren machte der Tank Nr.2 Probleme wegen Rissbildungen, die durch die Nichtbeherrschung der Fertigungstechnologie verursacht wurden.

Vorderes Cockpit. (Foto: Sammlung Normann)

Hinteres Cockpit. (Foto: Sammlung Normann)

und Nasenklappen. Als Antrieb wurde das leistungsgesteigerte Triebwerk R-27F2M-300 verwendet. Die Nase wurde erneut überarbeitet und bekam die endgültige Form verpasst. Die Avionik orientierte sich am zukünftigen Serienmodell MiG-23M. Der Erstflug von 23-51/2 fand am 10. April 1970 statt.

Obwohl die Flugerprobung gut verlief und sich das Handling des Flugzeugs deutlich verbessert hatte, wurden die Neuerungen des zweiten Prototyps erst allmählich in die Serienfertigung übernommen. Man ging in Irkutsk sogar soweit in Serienmaschinen Tragflächen des Typs 2 einzubauen. Typ 2 Tragflächen hatten bereits einen Sägezahn, dafür aber keine Auftriebshilfen an der Tragflächenvorderkante. Das Flugverhalten bei hohen Anstellwinkeln verbesserte sich merklich, dafür war das Fliegen bei geringen Geschwindigkeiten, wie bei Start und Landung, gemeingefährlich. Flugzeuge, die mit diesem Flügel ausgestattet waren wurden inoffiziell MiG-23UB Modell 1970 bezeichnet. Sie wurden später allesamt auf Tragflächen des Typs 3 umgerüstet.

Die Serienfertigung im Werk Irkutsk kam allmählich ins Rollen. Bis 1972 wurden 106 Maschinen gebaut. Dann lief eine überarbeitete Variante der MiG-23UB vom Band[198]. Grund für die Veränderungen war der Umstieg der sowjetischen Fliegerkräfte von der MiG-23S auf die MiG-23M. Deshalb wurde die Ausrüstung des Flugzeugs an die Ausrüstung des neuen Standardjägers angepasst. Wichtigste Änderung war der Wegfall des Radars RP-22. Dieses Radar hatte mit dem Serienradar Sapfir-23 wenig gemein und war deshalb weitestgehend nutzlos für die Ausbildung neuer MiG-23M-Piloten. So konnte Gewicht gespart werden[199], was sich in etwas besseren Flugleistungen bemerkbar machte.

Der Bau der Bugsektion gestaltete sich jetzt auch einfacher, weil die Nase vollständig aus Leichtmetall gefertigt werden konnte und man auf radartransparentes Material verzichten konnte. Die Flugleistungen der MiG-23UB unterschieden sich, trotz des leistungsschwächeren Triebwerks, nicht sonderlich von denen des Kampfeinsitzers MiG-23M. Das lag am geringeren Gewicht des Trainers und der gelungenen Aerodynamik.

Die Serienfertigung der MiG-23UB lief bis ins Jahr 1978. Über die Zahl der gebauten Flugzeuge gibt es unterschiedliche Angaben. So sagt das OKB MiG, dass über 900 MiG-23UB gefertigt wurden. Das Flugzeugwerk Irkutsk gibt 769 Maschinen an.

Zunächst wurde die MiG-23UB nur für die sowjetischen Streitkräfte gebaut. Ab 1974 ging das Flugzeug

198 Isdelije 23-51/2 war der Prototyp für diese Maschinen.
199 Der Verzicht auf das Radar und das Datenverbundsystem Lasur-M brachte eine Gewichtsersparnis von 370 kg. Weil aber die Verschiebung des Masseschwerpunkts ausgeglichen werden musste, baute man als Gegengewicht Ballastelemente von 240 kg Gewicht in die Rumpfnase ein.
200 KDVR ... Koreanische Demokratische Volksrepublik, im Westen als Nordkorea bezeichnet.

auch in den Export. Es gab, wie für die Sowjetunion damals üblich, zwei Exportvarianten. Isdelije 23-51A war für die Staaten des Warschauer Vertrags bestimmt, isdelije 23-25B für den Rest der Welt. Unterschiede zwischen beiden Versionen betrafen die Ausstattung mit unterschiedlichen Funkgeräten, Freund-Feind-Kennern und Radarwarngeräten. Exportiert wurde die MiG-23UB nach Ägypten, Algerien, Angola, Äthiopien, Bulgarien, die DDR, Indien, den Irak, die KDVR[200], Kuba, Libyen, Polen, Ungarn, Rumänien, Syrien und die Tschechoslowakei.

Es gibt Quellen, die besagen, dass die MiG-23UB für den sowjetischen Bedarf bis 1978 gebaut wurde. Exportmaschinen seinen bis 1984/85 vom Band gerollt, was die manchmal zu lesende Zahl von 1.008 hergestellten MiG-23UB erklären könnte.

Dem gegenüber steht die mitunter zu lesende Information, dass der Export der MiG-23UB eher schleppend verlief und man in Irkutsk dutzende Flugzeuge zunächst auf Halde produzierte und diese nach und nach verkaufte. Eine andere Erklärung für die Diskrepanz in den Herstellerjahren mag auch darin begründet sein, dass das Irkutsker Flugzeugwerk Mitte der 1980er Jahre Jagdbomber des Typs MiG-27 auf den Standard MiG-27D aufrüstete. Aus Tarnungsgründen malte man den so entstandenen Jagdbombern ein Scheincockpit auf den Rücken und streute das Gerücht, dass in Irkutsk aus MiG-27 Jagdbombern MiG-23UB Schulflugzeuge gemacht würden.

Als Mitte der 1980er-Jahre die MiG-23ML zum sowjetischen Standardjagdflugzeug geworden war wurden einzelne MiG-23UB mit einer Avionik ausgerüstet, die auf den Standard MiG-23ML basierte. Die Umrüstung fand in den Reparaturwerken der Luftstreitkräfte statt. Unter der Hand nannte man die umgerüsteten Maschinen MiG-23UM.

Als der Vertrag über die Reduzierung der konventionellen Streitkräfte in Europa 1989 abgeschlossen wurde fiel die MiG-23UB als Kampftrainer in die Kategorie der abzurüstenden Flugzeuge. Die sowjetische Militärführung zeigte aber kein großes Interesse ihre Trainingskapazitäten zu reduzieren. Deshalb wurde befohlen aus überzähligen MiG-23UB die Waffenkomponenten zu entfernen. Dies geschah in den Reparaturwerken der Streitkräfte, indem das Raketensteuergerät Delta-N und die Waffenpylone entfernt wurden. Die so veränderten Flugzeuge wurden MiG-23U genannt.

Die MiG-23UB blieb bis zum Ende der Sowjetunion im Einsatz und wurde dann von den Nachfolgestaaten bis Ende der 1990er-Jahre im Einsatz gehalten. Exportmaschinen dienten lange über dieses Datum hinaus. Sie sind zum Teil heute noch im Einsatz.

Im Sprachgebrauch der sowjetischen Streitkräfte wurde die MiG-23UB unter der Hand als *»Sparka«* bezeichnet. Diesen Spitznamen trugen bereits die Übungsversionen der MiG-21. Der Einfachheit halber wurde er auf die MiG-23UB übertragen. *»Sparka«* bedeutet in der russischen Sprache so viel wie *»Funke«*. Interessanterweise haben die Russen, aber auch einige andere slawische Völker,

MiG-23UB 105 des JBG-37 Drewitz. (Foto: Archiv Jentzen)

Diese MiG-23UB trägt das Wappen eines Gardegeschwaders. (Foto: Rob Schleiffert)

Blick von vorn. (Foto: Rob Schleiffert)

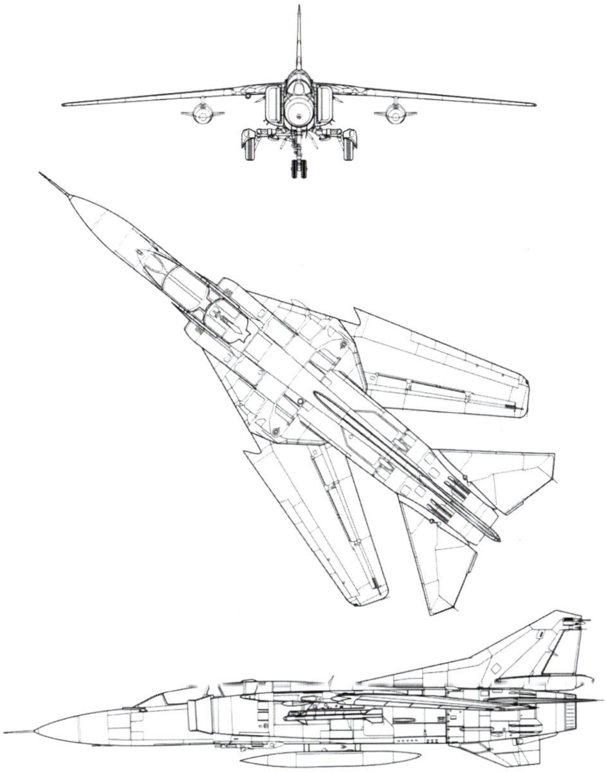

Die MiG-27UB in der Dreiseitenansicht.

für das Wort *»Funke«* noch einen anderen Begriff, nämlich *»Iskra«*. Iskra war, der Leser möge mir meinen kleinen Exkurs verzeihen, der Name der ersten bolschewistischen Zeitung, die Lenin herausgegeben hat. Sie wurde in Leipzig gedruckt, ein Fakt auf den man zu DDR-Zeiten unheimlich stolz war, den man aber heute am liebsten vergessen möchte. Aber um zur Fliegerei zurückzukehren: *Iskra* ist auch der Name eines polnischen Schulflugzeugs, das in Konkurrenz zur sowjetischen Jak-30 und der tschechoslowakischen L-29 Delfin entstand. Die Polen fliegen diese Maschine übrigens heute noch.

Iskra – der Funke, Sparka – der Funke. Sparka hat in der weißrussischen Sprache die Bedeutung *»Zorn«*. Diese Bedeutung passt, finde ich, gut zu einem Übungsflugzeug, wird es doch genügend Zornesausbrüche im Cockpit gegeben haben, wenn der Flugschüler nicht das tat, was der Fluglehrer von ihm verlangte.

Die NATO war mit ihrer Namensgebung wenig kreativ. Sie nannte die MiG-23UB schlicht und ergreifend Flogger-C. Mit diesem Codewort signalisierte sie, dass die MiG-23UB ein kampffähiges Flugzeug war. Andernfalls hätte man der MiG-23UB ein Codewort, beginnend mit dem Buchstaben M, verpasst.

Technische Daten: MiG-23UB	
Bezeichnung OKB / NATO	isdelije 23-51/2 / Flogger C
Werksbezeichnung	isdelije 23U
Einsatzzeitraum	ab 1971
Abmessungen	
Spannweite	7,78 m – 13,96 m
Rumpflänge	17,11 m
Höhe	4,82 m
Flügelfläche	34,16 m² - 37,35 m²
Massen	
Leermasse	10.505 kg
Startmasse	14.780 kg
max. Startmasse	17.640 kg
max. Waffenlast	1.600 kg
Treibstoffmenge	4.000 l + 1 bis 3 Zusatzbehälter je 800 l
Antrieb	1 x R-27F2M-300
Schub	67,67 kN trocken
	98,07 kN Nachbrenner
Flugleistungen	
Höchstgeschwindigkeit	2.450 km/h in 11.000 m
Marschgeschwindigkeit	1.250 km/h
Aktionsradius	700 km
Gipfelhöhe	15.800 m
Steiggeschwindigkeit	145 m/s
Bewaffnung	
Bordkanone	GScha-23L mit 200 Schuss
Waffenstationen	4 x R-3S
	4 x S-24 Rakete
	4 x 500 kg Bomben
	14 x 100 kg Bomben
	4 x Raketenbehälter UB-16
	2 x Raketenbehälter UB-32
	1 - 3 x Zusatzbehälter 800 l

2
100

Die MiG-23 im Detail

MiG-23UB mit Pilot. (Foto: Hendrik van Broekhuizen)

Die MiG-23 ist ein einsitziges, einstrahliges Kampfflugzeug mit Schwenkflügeln, das für den Einsatz zu allen Tageszeiten, sowie unter allen Wetterbedingungen geeignet ist. Die MiG-23 gibt es in drei Varianten: als Jagdflugzeug, als Jagdbombenflugzeug und als Kampftrainer.

Die MiG-23 wird technisch gesehen in mehrere Sektionen eingeteilt, die nach dem kyrillischen Alphabet bezeichnet sind. Das Flugzeug MiG-23 besteht aus verschiedenen Baustoffen. Dazu zählen 42% Stahl unterschiedlicher Güte, 43% Aluminium, 2% Magnesium, 2% Titan und 11% nichtmetallische Werkstoffe.[201]

Sehen wir uns die MiG-23-Jagdvarianten etwas genauer an. Beginnen wir mit der Flugzeugzelle. Sie teilt sich in zwei Sektionen. Der Vorderteil wird als F-1 bezeichnet. Er erstreckt sich über die Spanten 1 bis 28. Dann folgt die hintere Sektion, die als F-2 bezeichnet wird. Sie umfasst die Spanten 28A bis 42. Zwischen Spant 28 und 28A kann die Zelle getrennt und das Heck im ganzen abgezogen werden.

Die Flugzeugzelle wurde als Halbschalenkonstruktion ausgelegt. Sie besteht aus einer Vielzahl von unterschiedlich geformten Platten, die zusammengeschweißt oder zusammengenietet wurden. Als tragende Struktur dienen die bereits erwähnten Spanten.

Beginnen wir mit der Spitze des Flugzeugs. Die Spitze der MiG-23 wird durch das Staurohr PWD-18-5M gebildet. Das ist eine 97 cm lange Röhre, mit der die Flugge-

201 Für eine kurze Zeit wurde mehr Titan verbaut, doch brachte das in der Praxis keinen signifikanten Vorteil.

MiG-23BN-Nase von vorne. (Foto: Normann)

schwindigkeit gemessen wird.[202] Sie geht in das Radom, alias Nasenspitze, über.[203] Das Radom ist die Schutzkuppel für das Radargerät. Es ist aerodynamisch geformt, um einen geringen Luftwiderstand zu generieren und besteht aus zwei Lagen radardurchlässigen Kunststoffes, zwischen die eine Wabenstruktur eingelassen ist. Dieser Aufbau macht die Nase des Flugzeugs leicht und zugleich widerstandsfähig.

Unter dem Radom befindet sich die Radarantenne. In den Versionen MiG-23S und MS kommt ein Radar des Typs RP-22M Sapfir-21 zum Einsatz. Ab der MiG-23M wurden unterschiedliche Varianten des Radars Sapfir-23 verwendet.

Hinter dem Radom schließt sich der metallene Teil der Flugzeugnase an, in dem sich große Teile des Radars befinden. Er beginnt mit Spant 1 und erstreckt sich bis Spant 6. Er besteht aus einem Elektronikbereich, in dem Teile des Radars und andere Elektronikkomponenten untergebracht sind. Ihm schließt sich das Cockpit an.[204]

Seine Grundstruktur besteht aus Spanten, die mit einer Außenhaut aus Aluminium bedeckt sind. Die Oberkante der Flugzeugnase weist leicht nach unten, um dem Piloten eine bessere Sicht nach vorn zu gewähren. Der Neigungswinkel beträgt -4,30°. Am Spant Nr.5 kann man die Flugzeugnase von der restlichen Flugzeugzelle trennen und auf eingebauten Schienen nach vorn ziehen, oder sie ganz demontieren. So erhalten die Techniker einen relativ einfachen Zugang zum Radar des Flugzeugs.

202 Zumindest solange sich in ihr keine Eiskristalle bilden oder ein Insekt der Meinung ist in ihr wohnen zu wollen. Dann stimmen die Druckverhältnisse nicht mehr, was zu falschen Daten führt, die fatale Auswirkungen, bis hin zum Absturz, des Flugzeugs haben können. Deshalb gibt es ein Reservestaurohr in der Nähe des Cockpits. Damit die Staurohre nicht vereisen werden sie elektrisch beheizt.

203 Die Form des Radoms unterscheidet sich von Version zu Version und ist abhängig davon welches Radar verwendet wird. Es gibt kleine Radome für die MiG-23S und MS und große für die anderen Jagdvarianten.

204 Spant 6 bis 11.

Am Rumpfbug befinden sich verschiedene Antennen für das Freund-Feind-Kenngerät und das Nahnavigationssystem RSBN-6S. Dazu kommen noch ein Anstellwinkelgeber auf jeder Seite und kurz vor dem Cockpit das Staurohr PWD-7, das als Reserveinstrument der Messung der Fluggeschwindigkeit dient. Unterhalb des Rumpfbugs ist, in den Versionen ab der MiG-23M, im Bereich der Spanten 5 bis 6, das Wärmepeilgerät[205] untergebracht. Außerdem befindet sich unter dem Rumpfbug noch ein Gierwinkelgeber.

Teile des Rumpfbugs sind hermetisiert und stehen im Flug unter Druck. In diesem Bereich sind Teile der Flugzeugelektronik untergebracht. Um Überhitzungserscheinungen zu vermeiden wird dieser Teil des Rumpfbugs von der Bordklimaanlage gekühlt.

Im Bereich des Cockpits ändert sich der Rumpfquerschnitt von rund zu oval. Das Cockpit befindet sich im Bereich der Spanten 6 bis 11.

Das Cockpit ist als Druckcockpit ausgelegt und vollklimatisiert.[206] Zur Wärmeisolation werden Bauelemente aus Fiberglas verwendet. Druckschotts schließen das Cockpit nach vorn und hinten ab.

Das Cockpit bietet Platz für einen Piloten. Dieser sitzt auf einem Schleudersitz des Typs KM-1M. Dieser wird auf zwei Führungsschienen ins Cockpit eingebaut. Sie befinden sich direkt an der Rückwand des Cockpits.

Vor sich sieht der Pilot ein Armaturenbrett voller heute antiquiert wirkender Rundanzeigen. Damals entsprach dieser Aufbau dem Stand von Wissenschaft und Technik. Einen Radarschirm hatten nur die Versionen MiG-23S und MS, sowie frühe Vertreter des Kampftrainers MiG-23UB. Spätere MiG-23-Varianten besaßen keinen Radarschirm. Bei ihnen wurden die Radarinformationen auf dem Blickfelddarstellungsgerät[207] angezeigt.

Auf dem Armaturenbrett finden sich alle Anzeigeinstrumente, die für die Bedienung des Flugzeugs notwendig sind. Auf vielen MiG-23-Cockpits ist ein großer, senkrecht angeordneter weißer Streifen sichtbar. Dieser Streifen ist eine Orientierungshilfe für den Piloten, für den Fall, dass das Flugzeug in heftige Turbulenzen gerät.[208]

MiG-23-Schleudersitz ausgebaut. (Foto: Archiv Jentzen)

Die Steuerinstrumente der MiG-23 bestehen aus dem Steuerknüppel, dem Gassteigerungshebel, den Pedalen und dem Wählhebel für die Tragflächenverstellung. Am Steuerknüppel sind etliche Knöpfe und Schalter montiert, die zur Bedienung von Radar und Waffensystem, sowie für Funk und Trimmung genutzt werden.[209] Der Bewegungsbereich des Steuerknüppels der späteren MiG-23-Versionen kann durch das automatisierte Flugsteuerungssystem SAU-23 begrenzt werden. Das ge-

205 Verwendet wird je nach Flugzeugversion das TP-23, das TP-23-1, das TP-23M oder das TP-26.

206 Das Drucksystem ist so ausgelegt, dass es den Luftdruck bis zu einer Flughöhe von 2.000 m auf Bodenniveau halten kann. Die Klimaanlage reguliert die Temperatur in einem erträglichen Bereich von 10 - 20°C. Neben dem Cockpit werden auch die Elektronikfächer hinter dem Cockpit und der Elektronikbereich vor dem Cockpit klimatisiert.

207 Es kamen zum Einsatz ASP-23D, ASP-23ML und ASP-17ML. Bei den Jagdbombern ASP-17.

208 Amerikanische Piloten der Aggressorsquadron waren zunächst von der Sinnlosigkeit dieses Strichs überzeugt und sahen in ihm ein Zeichen für die mangelnden fliegerischen Fähigkeiten der sowjetischen Piloten. *»Wer sowas braucht,«* hieß es bei ihnen, *»hat in einem modernen Flugzeug nichts zu suchen.«* Diese Einstellung änderte sich schlagartig, als einer der ihren selbst in Luftnot kam und feststellte, dass der große weiße Strich sehr hilfreich war, um sich im Notfall schnell orientieren zu können.

209 Es ist noch kein HOTAS (Hands on throttle an stick), wie es bei damaligen westlichen Flugzeugen eingebaut wurde, aber man war auch in der Sowjetunion auf dem Weg dahin.

Die mittleren Gerätebretter einer MiG-23BN-Kabine. (© Udo Jaschke)

schieht durch unterschiedlich weit ausfahrende Stäbe an der Basis des Steuerknüppels, die auf seinen Bewegungsraum einwirken. So soll dem Piloten eine Annäherung an gefährlich hohe Anstellwinkel angezeigt werden und ihn vor dem Überschreiten derselben bewahren. Andernfalls würde das Flugzeug ins Trudeln fallen, was sich bei der MiG-23 nur schwer wieder beenden lässt.

Die Cockpitverglasung ist zweiteilig. Es gibt einen feststehenden Teil und eine nach oben öffnende Cockpithaube. Der feststehende Teil unterteilt sich in eine aus drei Schichten bestehende Windschutzscheibe, die sicher gegen Vogelschlag ist und auch leichte Geschosse aushalten kann, und Seitenscheiben. Die Windschutzscheibe ist mit einem metallenen Rahmen umgeben. Seitlich davon gibt es gebogene Seitenfenster aus Plexiglas[210] von etwa 11 mm Dicke, die ebenfalls einen Rahmen haben.[211] Der feststehende Teil der Cockpitverglasung ist mit einer Enteisungsvorrichtung ausgerüstet, bei der warme Abluft des Triebwerks ins Cockpit geblasen wird. Die Windschutzscheibe wird zusätzlich elektrisch enteist.

Der bewegliche Teil der Cockpitverglasung, Cockpithaube genannt, öffnet sich mit Hilfe eines Pneumatikzylinders nach oben und hinten. Er besteht aus einem metallenen Rahmen und zwei gewölbten Cockpitscheiben aus 11 mm starkem Plexiglas. Auf dem Rückensteg der Cockpithaube befindet sich ein Periskop[212] des Typs TS-27AMSch. Mit ihm kann der Pilot den rückwärtigen Bereich beobachten. Das Periskop ist beheizt und kann, wie ein Rückspiegel im Auto, verstellt werden. Allerdings ist der Sichtbereich des Periskops sehr eng bemessen. Um dem abzuhelfen wurden, bei einigen MiG-23-Versionen, am Rahmen der Cockpithaube zusätzlich zwei Rückspiegel angebracht. So wurde dem Piloten eine gewisse Beobachtung der hinteren Halbsphäre ermöglicht. Die Sicht aus dem Cockpit ist recht eingeschränkt, aber besser als bei der MiG-21. Das hat zum Teil mit der Kopfstütze des Katapultsitzes zu tun. Deren Seiten sind weit nach vorn gezogen, um dem Kopf des Piloten bei einem Notausstieg Halt zu bieten. Sie schränken aber auch die Kopffreiheit ein, so dass der Pilot, wenn er zur Seite oder nach hinten sehen will, sich erst etwas nach vorn lehnen muss. Das ist ergonomisch gesehen ungünstig gelöst.

Die Cockpithaube hat drei Positionen. Sie kann voll geöffnet, um etwa 10 cm angehoben oder vollständig geschlossen sein. Die mittlere Position wird gewählt, wenn beim Rollen des Flugzeugs auf dem Flugplatz für zusätzliche Frischluft gesorgt werden soll. In dieser Position sind Rollgeschwindigkeiten bis 30 km/h erlaubt. Der Pilot muss nur darauf achtgeben, dass er die Cockpit-

210 Die Plexiglasscheiben sind lichtempfindlich und dunkeln im Laufe der Jahre nach. Deshalb sieht man bei vielen Flugzeugen, die heute in einem Museum stehen, Cockpits mit bräunlichen Scheiben.

211 Der Rahmen stellt die Stabilität sicher, beeinträchtigt aber das Sichtfeld nach vorn.

212 Periskop deshalb, weil der Weg des Lichtes durch das optische Gerät auf einem Zickzackkurs geführt wird.

MiG-23BN-Kabine. (© Udo Jaschke)

haube vor dem Start schließt, denn sonst wird sie vom Fahrtwind nach hinten weggerissen.[213]

Die Cockpithaube ist mit vier rechteckigen Ösen ausgestattet, die in Schlösser in der Flugzeugzelle einrasten. Die Schlösser können mit einem Hebelgriff von Innen und Außen geöffnet werden.

Hinter dem Cockpit ändert sich der Querschnitt der Flugzeugzelle abermals. Er wird nun rechteckig, mit abgerundeten Ecken. Hier befinden sich zwei Avionikfächer.[214] Im oberen Fach ist die Funkausrüstung untergebracht, im unteren Fach befinden sich Teile des Radargerätes. Der Zugang zu den Fächern erfolgt durch eine Luke im Dach.[215] In der Trainingsvariante MiG-23UB wird der Platz der Avionikfächer für das zweite Cockpit verwendet, weshalb das obere Fach nach hinten verlagert wurde, was eine Verkleinerung des Treibstofftanks Nr.1 nötig machte. Bei den Jagdbomberversionen wurde das untere Avionikfach für einen zusätzlichen Treibstofftank genutzt. Dieser erhielt die Bezeichnung Tank. Nr.1A. Er hatte ein Fassungsvermögen von 480 Liter.

Hinter den Avionikfächern befindet sich das Fach für den Munitionsvorrat der Bordkanone GScha-23L. Die GScha-23L ist unter dem Rumpf angeordnet und befindet sich, samt ihres Munitionsvorrates, auf einer absenkbaren Plattform.

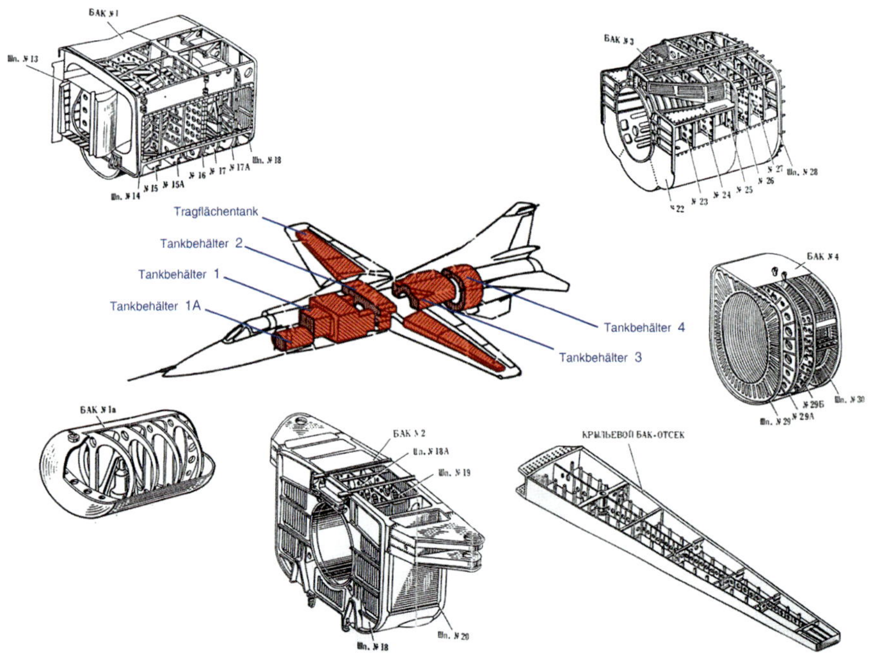

MiG-23BN-Tankbehälter. (© Sammlung JBG-37)

Hinter den Avionikfächern beginnt der Raum für die Treibstofftanks. Dieser Ort wurde gewählt, weil er nahe am Masseschwerpunkt des Flugzeugs liegt.[216] Im zentralen Rumpf gibt es, hintereinander angeordnet, drei Treibstofftanks.[217] Alle Tanks sind als Integraltanks ausgelegt. Sie haben keine spezielle Schutzschicht, die nach einem Durchschuss auftretende Löcher automatisch verschließt.[218] Der Grund hierfür ist die komplizierte Form der Tanks, die als tragende Teile der Flugzeugstruktur ausgelegt sind. So kann das zur Verfügung stehende Volumen optimal ausgenutzt werden.[219]

Der Treibstofftank Nr.1 hat ein Volumen von 1.920 Liter. In seinem Inneren befinden sich Öffnungen für die beiden Luftkanäle, die die Luft von den Lufteinläufen zum Triebwerk leiten, sowie stützende Strukturen. Tank Nr.2 ist die am stärksten kraftaufnehmende Baugruppe des Flugzeugs überhaupt. An ihm setzen im unteren Bereich die Hauptfahrwerksbeine an und am oberen Rand befinden sich die Befestigungspunkte für die Schwenklager der Tragflächen.[220] Weil hier enorme Kräfte wirken ist der Tank Nr.2 sehr massiv ausgelegt. In der Anfangszeit der Serienproduktion gab es erhebliche Probleme bei der Fertigung dieser Tankbaugruppe. Wegen Nichtbeherrschung der Fertigungstechnologie kam es zu ungewollten Einlagerungen von Wasserstoffmolekülen in die Stahllegierungen, was diese brüchig werden ließ.[221] Es dauerte eine gefühlte Ewigkeit, bis dieses Problem gelöst werden konnte.[222]

Der Tank Nr.2 hat ein Fassungsvermögen von 820 Litern. Er weist in seiner Mitte eine kreisrunde Öffnung auf, durch die das Triebwerk geführt wird. Er beinhaltet auch zwei kleine Entnahmetanks, die unter Druck gesetzt sind, damit das Triebwerk auch während eines Rückenflugs stetig mit Treibstoff versorgt werden kann.

Ihm schließt sich Tank Nr.3 an. Dieser hat ein Volumen von 710 Litern. Auch er erstreckt sich ringförmig um das Triebwerk. Alle drei Tanks sind mit Treibstoffleitungen verbunden. Mit Hilfe von Treibstoffpumpen ist es möglich Treibstoff von einem zum anderen Tank zu transferieren. Der Transfer wird automatisch vorgenommen, um die Schwerpunktverlagerung möglichst gering zu halten. Die Entnahme von Treibstoff erfolgt nach einem festgelegten Regime, bei dem den Tanks abwechselnd jeweils 100 Liter abgezapft werden.[223] Sind nur noch 600 Liter übrig wird dies dem Piloten, durch eine Warnleuchte im Cockpit, signalisiert.

In den MiG-23-Versionen M, MS, MF und UB, sowie

bei den Jagdbombern gibt es noch einen vierten Rumpftank. Er ist im Heck des Flugzeugs untergebracht und fasst 450 Liter. Seine Entleerung erfolgt durch das Einblasen von Druckluft in den Tank. Darüber hinaus gibt es je Tragfläche drei Flügeltanks.[224] Tragflächentank Nr.1 fasst 200 Liter, Nr. 2 137 Liter und Nr.3 63 Liter.

Die MiG-23 ist in der Lage drei Treibstoffzusatzbehälter mitzuführen. Jeder Behälter hat ein Volumen von 800 Liter. Zwei Behälter werden unter den Tragflächen mitgeführt,[225] ein Behälter findet seinen Platz am zentralen Unterrumpfpylon.[226] Tragflächentanks und Zusatzbehälter werden mittels Druckluft entleert.

Getankt wird Treibstoff der Marken RT, T-1 und TS-1 oder ein Gemisch aus allen drei. Darüber hinaus können auch die westlichen Marken JP-1, Jet A-1, PL-6 oder ähnliches verwendet werden.[227]

Bei frühen MiG-23 musste jeder einzelne Tank separat betank werden. Dafür gab es verschließbare Öffnungen an der Tankoberseite. Spätere MiG-23-Varianten hatten eine Druckbetankung. Die Tanköffnung befand sich auf der linken Rumpfseite. Sie war so konstruiert, dass problemlos westliche Tanktechnik genutzt werden konnte. Trotzdem waren die späteren MiG-23 auch so konstruiert, dass jeder einzelne Tank separat betankt werden konnte.

Von den Rumpftanks umschlossen befindet sich das Triebwerk im hinteren Teil der MiG-23.[228] Es kommen je nach Flugzeugversion Triebwerke der Typen R-27F2-300, R-27F2M-300, R-29-300 und R-35-300 zum Einsatz. Jagdbomber nutzen das AL-21F-3 oder das R-29B-300. All diese Triebwerke sind Einkreisturbinenstrahltriebwerke mit Nachverbrennung. Sie unterscheiden sich hinsichtlich ihrer Größe kaum, wohl aber in ihrem Aufbau und ihrer Leistungsfähigkeit. Die Wahl von Einkreisturbinenluftstrahltriebwerken anstelle von Zweikreisern, wie sie damals bereits im westlichen Flugzeugbau Einzug hielten, wird damit begründet, dass die Reaktionszeit deutlich schneller war. Es dauerte nicht so lange, um vom Leerlauf bis auf volle Leistung zu kommen und das Zuschalten des Nachbrenners erfolgte ebenfalls schneller.[229] Im Bereich des Nachbrenners ist zwischen Triebwerk und Außenhaut ein gewellter Hitzeschutzschild aus hitzebeständigem Stahl eingebaut.

Im Bereich des Flugzeughecks wird der Querschnitt der Flugzeugzelle wieder rund. Am Flugzeugheck gibt es vier Luftbremsen, die hydraulisch aktiviert werden. Die Gesamtfläche aller Bremsklappen zusammen beträgt 1,22 m². Die oberen Bremsklappen können bis zu einem Winkel von 45° ausfahren, die unteren bis zu 35°.

Das Flugzeugheck kann, wie bei allen MiG-Flugzeugen zuvor, abgezogen werden. Dafür gibt es eine Trennstelle im Rumpf. Für die Trennung müssen 28 Schraubverbindungen gelöst werden. Das Heck wird dann auf einem Transportwagen nach hinten gefahren. So bekom-

213 Das ist zwar schlimm und unangenehm. Bei den MiG-21-Varianten, bei denen sich die Cockpithaube zur Seite öffnete, konnte eine sich im Flug öffnende Cockpithaube zum Absturz des Flugzeugs führen.
214 Spant 11 bis 14.
215 Die Isolierung des Deckels war oftmals undicht, so dass Feuchtigkeit eindringen und die Elektronik schädigen konnte.
216 So wirkt sich der Treibstoffverbrauch weniger störend auf das Flugverhalten aus.
217 Spant 14 bis 28. Davon Tank Nr.1 von Spant 14 bis 18, Tank Nr.2 von Spant 18 bis 20 und Tank Nr.3 von Spant 22 bis 28.
218 Einen gewissen Schutz bietet das System des neutralen Gases, bei dem ein nichtbrennbares Gas in den Tank gepresst und so die Entstehung einer explosionsfähigen Atmosphäre unterdrückt wird.
219 Der Bau der Tanks war aber sehr aufwändig und erforderte viel Handarbeit. Es war einfacher ihn auf dem Reißbrett zu zeichnen, als ihn in der Praxis zusammenzuschweißen.
220 Auch die drei Unterrumpfpylone sind am Tank Nr.2 befestigt.
221 Man versuchte das Problem z.B. so zu lösen, dass die Tankbaugruppe 2 vollständig aus Titan gefertigt wurde. Dies war aber nicht erfolgreich, weil das Schweißen von Titan sehr schwierig und das Metall zudem sehr teuer ist. Außerdem zeigte sich, dass es auch bei Titantanks zu Rissbildungen kam. Manche Quellen behaupten, dass die Titantanks dafür sogar noch anfälliger waren als die Tanks aus rostfreiem Stahl.
222 Gelöst wurde das Problem durch das Schweißen unter einer Schutzatmosphäre, sowie die partielle Aufdickung extrem belasteter Baugruppenteile von 2 auf 3 cm.
223 Alle Tanks entleeren sich in den Tank Nr.2. Dieser beinhaltet zwei Entnahmetanks, aus denen das Triebwerk mit Triebstoff versorgt wird. Wird zu viel Treibstoff in den Tank Nr.2 gepumpt, so erfolgt automatisch ein Rückfluss in Richtung Tank Nr.1.
224 Ab der MiG-23ML gab es nur noch zwei Tanks je Tragfläche.
225 Dies ist nur bei einer Flügelstellung von 16° möglich. Die Tragflächen werden deshalb in dieser Position gesperrt. Manche Quellen besagen, dass die Unterflügeltanks nicht abgeworfen werden können, weil sie fest mit der Tragfläche verschraubt werden. Zumindest in der NVA scheint das Verschrauben der Tragflächentanks Usus gewesen zu sein. Die Piloten waren deshalb nicht sehr erbaut mit diesen Zusatzbehältern zu fliegen.
226 In den Unterrumpfpylon sowjetischer MiG-23MLD war ein Störkörperwerfer eingebaut. Er verschoss Leuchtköder nach unten, konnte aber erst nach Abwurf des Zusatzbehälters genutzt werden.
227 Mit anderen Worten: »Hauptsache es brennt«. Angeblich soll das Triebwerk auch mit Dieselkraftstoff zufriedenstellend gelaufen sein.
228 Beginnend mit Spant 20 bis zum Ende des Flugzeugs.
229 Die letzten Triebwerksmodelle benötigten nur 5 bis 6 Sekunden um vom Leerlauf auf Volllast und Nachbrenner zu hochzulaufen. Bei der MiG-21 dauerte dieser Vorgang bis zu 21 Sekunden.

men die Techniker einen nahezu ungehinderten Zugang zum Triebwerk.[230]

Beiderseits des Rumpfes, im vorderen Drittel gelegen, befinden sich die Lufteinläufe der MiG-23.[231] Sie sind großzügig ausgelegt und haben eine rechteckige Form, mit abgerundeten Ecken. Jeder Lufteinlauf hat eine fast trapezförmige Grenzschichtschneide, die sich 55 mm vom Rumpf entfernt befindet. Durch diese Vorrichtung soll verhindert werden, dass die Grenzschicht, der sich am Rumpf bildenden Luftströmung, den Luftzufluss zu den Lufteinläufen stört. Die Grenzschichtschneiden sind durch eine Vielzahl von Bohrungen perforiert. Weil eine ähnliche Anordnung bei den Lufteinläufen der F-4 Phantom existiert meinen viele westliche Beobachter, dass der Lufteinlauf der MiG-23 eine Kopie des Lufteinlaufs der F-4 Phantom sei.[232]

Im Inneren des Lufteinlaufs befinden sich zwei waagerecht verlaufende Metallplatten. Diese dienen als Luftleitbleche und sollen die einströmende Luft von Verwirbelungen befreien, bzw. diese verringern helfen. Etwas weiter hinten gibt es automatisch arbeitende Anti-Pompage-Klappen.[233] Sie öffnen sich durch die Erzeugung von Unterdruck, wenn das Triebwerk mehr Luft benötigt, als die Lufteinläufe bereitstellen können.[234]

Zur Beeinflussung der zur Verfügung gestellten Luftmenge gibt es im Inneren der Lufteinläufe steuerbare Rampen[235], die je nach Bedarf, vollautomatisch ein- oder ausgefahren werden. So kann dem Triebwerk jederzeit die optimale Luftmenge zugeführt werden.

Bei der Version MiG-23P sind seitlich an den Kästen der Lufteinläufe kreuzförmige Verkleidungen angebracht, die Antennen für das automatisierte Funkkommandosystem »Lutsch« der sowjetischen Luftverteidigung verdecken.

Die Tragflächen der MiG-23 sind in Schulterdeckeranordnung am Rumpf angebracht. Sie teilen sich in einen feststehenden Teil und schwenkbare Außenflügel.

Der feststehende Teil der Tragfläche hat eine Vorderkantenpfeilung von 72°[236]. Er besteht aus einer stützenden Struktur metallener Rippen und einer Aluminiumbeplankung. Im Prinzip ist der feststehende Teil der Tragflächen die aerodynamische Verkleidung des Trag-

Der Tragflächenmechanismus der MiG-23BN. Museum Schleissheim. (Foto: Jaypee)

flächenschwenkmechanismus. Unter den starren Tragflächenteilen befindet sich je Seite ein Unterflügelpylon. Er ist für die Aufnahme von Waffen ausgelegt und dementsprechend verkabelt. An jedem dieser Pylone kann eine Waffenlast von 1.000 kg mitgeführt werden.

Die Cockpit-Panzerung der MiG-23BN. (Foto: Normann)

Bei der Version MiG-23MLD wurde der starre Tragflächenteil mit einem Sägezahn ausgestattet. Dieser erzeugt im Flug eine Wirbelstruktur, die bei Flügen mit hohem Anstellwinkel den Luftstrom über der Tragfläche stabilisiert. Bei den Jagdbomberversionen MiG-27K, M und D wurde die Tragflächenwurzel bis zu den Lufteinlässen in der Art nach vorn gezogen, dass Strakes entstanden. Diese verbesserten ebenfalls das Flugverhalten bei großen Anstellwinkeln. Außerdem konnte Platz gefunden werden, um Funkantennen und Teile des Radarwarnsystems SPO-15 unterzubringen.

Der hintere Teil der starren Tragflächenabschnitte dient als Verkleidung und nahezu nahtloser Übergang zu den beweglichen Teilen der Tragfläche. Er liegt so eng auf den Schwenkflügeln auf, dass er den Lack derselben zerkratzt.

MiG-23BN-Nasenklappen. (Foto: Normann)

Der bewegliche Tragflächenteil, Schwenkflügel genannt, ist eine geschweißte Senkkastenkonstruktion, die sich im Bereich der Basis zu einer Gabel formt, die an den ebenfalls als Gabel ausgebildeten Befestigungspunkten der Tankeinheit Nr.2 ansetzt. Der Schwenkflügel besteht technisch gesehen aus drei Teilen, dem Frontbereich, dem Mittelbereich und dem hinteren Bereich.

Die bewegliche Tragfläche gab es bei der MiG-23 in drei Ausführungen. Die erste Ausführung hatte eine gerade Tragfläche mit automatisch operierenden Vorflügeln an der Nasenkante und fast über die gesamte Hinterkante der Tragflächen verlaufende Landeklappen. Gesteuert wurde das Flugzeug über zwei Spoilerklappen, die sich etwa in der Mitte der Tragflächen befanden. Die Tragflächenpfeilwinkel betrugen 16°, 45° und 72°.

---

230 Spielchen, wie das Hineinklettern in den Lufteinlauf zu Wartungszwecken, wie er z.B. bei der Saab JAS-39 Gripen Gang und Gäbe ist, brauchte man bei der MiG-23 nicht.
231 Im Bereich der Spanten 4 bis 18 untergebracht.
232 In der Sowjetunion und ihren Nachfolgestaaten sieht man das natürlich ganz anders.
233 Sie haben eine Fläche von 0,26 m^2.
234 Sie werden durch Federkraft wieder verschlossen, wenn der Sog des Triebwerkes nicht mehr stark genug ist.
235 Lufteinlaufkeile.
236 Es gibt je nach Quelle abweichende Daten. Sie schwanken zwischen 70° und 72,4°

Die zweite Ausführung der Tragflächen hatte eine veränderte Nasenkante. Sie erhielt einen Sägezahn. Die sich nach außen anschließende Tragfläche wurde nach vorn vergrößert, wobei sich der Pfeilwinkel leicht veränderte. Er betrug nun 18,4° bei minimaler Pfeilung, 47,4° in der Luftkampfstellung und 74,4° bei maximalem Pfeilwinkel.[237] Die größere Tragfläche, verbunden mit der durch den Sägezahn ausgelösten Luftverwirbelung, sorgte für ein besseres Flugverhalten bei höheren Anstellwinkeln und damit für bessere Kurvenflugfähigkeiten. Weil der Tragfläche des Typs 2 aber auftriebserzeugende Hilfsmittel an der Nasenkante fehlten wurde das Flugverhalten bei langsamen Geschwindigkeiten gefährlich.

Deshalb wurde Tragfläche Nr.3 entwickelt. Sie bekam nun vier Nasenklappen, die sich fast über die gesamte Tragflächenvorderkante erstreckten. Sie fuhren gleichzeitig mit den Landeklappen aus und konnten bis zu 20° ausgelenkt werden. Der so erzeugte Auftrieb verbesserte die Langsamflugeigenschaften der MiG-23 erheblich. Mit dieser Tragfläche war die MiG-23 das am einfachsten zu landende Flugzeug aus dem OKB Mikojan-Gurjewitsch.

Die äußere Tragfläche wird von einer stützenden Struktur aus zwei Holmen und mehreren Rippen getragen. Beplankt ist sie mit einer Aluminiumhaut. Im Inneren der Tragfläche befinden sich drei Treibstofftanks von 200, 137 und 63 Liter Fassungsvermögen. Die Tanks sind durch eine Treibstoffleitung miteinander verbunden. An der Vorderkante der Tragflächen befinden sich vier Nasenklappen, an der Hinterkante drei Landeklappen. Die Landeklappen können nur bei minimaler Flügelschwenkung ausgefahren werden. Für den Start werden die Landeklappen auf 25° gestellt, bei der Landung beträgt die Auslenkung 50°. Eine Ausnahme gibt es, wenn Tragflächenzusatzbehälter mitgeführt werden. Dann wird die Auslenkung bei der Landung auf 25° beschränkt. Die Landeklappen sind eine Sandwichkonstruktion, bestehen aus einer Außenhaut aus Aluminium und einer wabenförmigen Innenstruktur. Die Vorderkante der Landeklappen, also der Teil, der mit dem restlichen Flügel in Kontakt kommt, besteht bei den äußeren Landeklappen aus eine Aluminiumschiene, während bei der inneren Landeklappe Titan und Stahl zum Einsatz kommt.

Auf der Oberseite der Tragfläche gibt es zwei Spoilerklappen, zur Sicherstellung der Quersteuerung des Flugzeugs. Beide Spoiler arbeiten gemeinsam und agieren als Querruder. Die maximale Auslenkung beträgt dabei 45°, bei Tragflächenschenkwinkeln bis 45°. Bei der maximalen Schwenkung von 72° sind die Spoiler deaktiviert. Die Quersteuerung wird in dem Fall durch die Höhenruder des Leitwerks übernommen.

An der Tragflächenspitze befindet sich das Positionslicht.

An der Basis der Tragfläche befindet sich eine große kreisrunde Öffnung. Sie ist der Punkt, an dem die Tragfläche mit einem Bolzen am Haltepunkt des Tragflächenschwenkmechanismus befestigt ist. Der Bolzen hat einen Durchmesser von 16 cm und besteht aus geschmiedetem, hochfesten Stahl. Um die Verbindung geschmeidig zu halten wird sie mit einem hitzebeständigen Spezialfett geschmiert. Die Tragflächenverstellung erfolgt über ein hydraulisch betriebenes Gestänge. Es wurde im Laufe der Entwicklung der MiG-23 kontinuierlich verstärkt. Sollte es zunächst nur eine Belastung von 5 g aushalten, steigerte man später die Anforderungen auf 6 g, 7 g und später auf 8,5 g. Angetrieben wird der Schwenkmechanismus SPK-1 durch zwei Hydraulikmotoren GPK-1A. Das System ist redundant ausgelegt. D.h. bei Ausfall eines Hydraulikmotors funktioniert der Verstellmechanismus trotzdem noch. Er ist nur nicht mehr ganz so schnell, so dass ein Schwenkvorgang etwa die doppelte Zeit benötigt.

Es wird oft geschrieben, dass der Schwenkmechanismus drei Positionen einnehmen kann. Das wurde in der Praxis auch so gehandhabt, doch technisch gesehen ist die Aussage falsch. Der Schwenkmechanismus ist so konstruiert, dass die Tragfläche jede Position zwischen 16° und 72° einnehmen kann. In der Praxis nutzten die Piloten diese Fähigkeit oft aus, um in Luftkampfsituationen die Tragfläche auf einen Winkel von 30 bis 35° einzustellen.[238] Diese Position war für Luftkämpfe im Unterschallbereich optimal, jedoch nicht wirklich geeignet, um Überschall zu fliegen. Dafür war dann doch die 45° Stellung notwendig oder, wenn es ganz schnell gehen sollte nahm man die 72°er Stellung. Zur Steuerung des Schwenkmechanismus gibt es einen Bedienhebel im Cockpit. Er ist links vom Piloten angeordnet und mit Markierungen für 16°, 45° und 72° versehen.

237 Trotzdem wurde immer noch von 16°, 45° und 72° gesprochen.

Das Seitenleitwerk der MiG-23 besteht aus Seitenflosse und Seitenruder. Die Seitenflosse hatte ursprünglich eine Trapezform. Noch während der Entwicklung der Prototypen wurde die Vorderkante der Seitenleitwerkswurzel weit nach vorn gezogen, so dass das Seitenleitwerk einen charakteristischen Knick erhielt. Dies tat man um die Längsstabilität des Flugzeugs zu verbessern.[239] Später, als mit der MiG-23ML bessere Flugsteuerungssysteme zur Verfügung standen, kehrte man zur ursprünglich angedachten Trapezform des Seitenleitwerks zurück.

Der Falschkiel der MiG-23BN eingeklappt. (Foto: Normann)

Die Seitenflosse der MiG-23 besitzt eine tragende Struktur aus zwei Holmen und mehreren Rippen. Darüber ist die Außenhaut aus Aluminium gespannt. Die Seitenflosse ist so konstruiert, dass sie geteilt werden kann. Das ist dann notwendig, wenn der hintere Teil des Flugzeugs abgezogen werden soll, um den Technikern freien Zugang zum Triebwerk zu gewähren.

Die Seitenleitwerksspitze besteht aus dielektrischem Material. Unter dieser Kappe befinden sich die Antenne für das VHF-Funkgerät R-862, sowie der Magnetsensor für das Navigationssystem. An der Hinterkante finden sich die Antennen für das RSBN-6S Nahnavigationssystem[240], den Radarwarner SPO-10 bzw. SPO-15[241] und das Freund-Feind-Kennsystem SRZO-2.[242] Hinzu kommen noch ein Positionslicht, unter einer zigarrenförmigen Verkleidung der Transponder SO-69[243] und ein Statikentlader.

Unter dem Seitenruder befindet sich der Bremsschirmbehälter. In seinem Aufbau ähnelt er dem Bremsschirmbehälter der späteren MiG-21-Versionen. Der Bremsschirm PT-10370-65 wird mit Hilfe von Druckluft ausgestoßen. Dazu öffnen sich die Endklappen des Bremsschirmbehälters zur Seite hin. Der Bremsschirm hat eine Kreuzform und besitzt eine Fläche von 21 m². Er wird zum Abbremsen des Flugzeugs auf der Landebahn eingesetzt. Es ist auch möglich ihn bereits in der Luft zu aktivieren, um die Landestrecke deutlich zu reduzieren. Nach der Landung kann der Bremsschirm abgeworfen werden. Er wird dann vom Bodenpersonal eingesammelt. Das ist materialschonender, als wenn der Schirm den ganzen Weg zur Abstellposition nachgeschleppt und den heißen Abgasen des Triebwerks ausgesetzt wird oder am Boden nachschleift und durchgescheuert wird.

Für den Fall, dass das Flugzeug ins Trudeln fällt, kann der Bremsschirm zum Beendigen des Trudelns eingesetzt werden. Allerdings reißt er bei zu hohen Fluggeschwindigkeiten einfach ab.[244]

Das Seitenruder der MiG-23 hat eine Trapezform und ist aus einem Stück gefertigt. Es ist an drei Punkten mit der Seitenflosse befestigt und kann zu jeder Seite um 25° ausgelenkt werden. Das Seitenruder ist eine Sandwichkonstruktion, mit innenliegender Wabenstruktur und einer Aluminiumaußenhaut. Die Vorderkante des Seitenruders wird durch eine Stahlschiene gebildet.

Das Höhenleitwerk der MiG-23 ist als Pendelleitwerk ausgelegt. Es hat eine Trapezform und nimmt eine Gesamtfläche von 6,93 m² ein.[245] Die Vorderkantenpfeilung

---

238 Der Leser erinnert sich vielleicht: Die erste Nachkriegsgeneration der Jagdflugzeuge hatte durch die Bank weg Tragflächen mit einer Vorderkantenpfeilung von 35°. Siehe MiG-15 und F-86 Sabre. Dieser Pfeilwinkel war ein guter Kompromiss, wenn es darum ging im Unterschall- und schallnahen Bereich manöverreich fliegen zu können.

239 Die weit nach vorn gezogene Seitenleitwerkswurzel sorgte für eine Vergrößerung der Fläche um etwa 20%.

240 Das ist eine pfeilförmige Antenne mit dem Namen Pion.

241 Die SPO-10 Antenne ist ein runder Knopf, die SPO-15 Antenne ist etwas größer und länglicher.

242 MiG-23ML späterer Baureihen, die für die sowjetischen Streitkräfte bestimmt waren, erhielten das modernere Freund-Feind-Kenngerät SRO-1P Parol.

243 Frühere Modelle hatten den Transponder SOD-57M.

244 Eine unbeabsichtigte Aktivierung des Bremsschirms in der Luft kann aber auch zu gefährlichen Flugsituationen führen. Die Maximalgeschwindigkeit, die der Schirm aushalten kann, beträgt 320 km/h.

245 D.h. jedes einzelne Höhenleitwerk hat eine Fläche von 3,465 m².

des Höhenleitwerks beträgt 55°. Seine tragende Struktur besteht aus Rippen und einer selbsttragenden Aluminiumhaut. Die Vorderkante des Höhenleitwerks ist verstärkt, der weniger belastete hintere Bereich wird durch eine Wabenstruktur gefüllt.

Das Höhenleitwerk hat zwei Aufgaben. Zum ersten ist es für die Höhensteuerung des Flugzeugs verantwortlich. Dazu kann es bis zu 45° ausgelenkt werden. Die zweite Aufgabe des Höhenleitwerks wird dann akut, wenn die Tragflächen ihre maximale Flügelschwenkung von 72° eingenommen haben. Dann agiert das Höhenleitwerk als Querruder und Höhenruder gleichzeitig. Der maximale Auslenkwinkel beträgt dabei 37°.[246] Für die Quersteuerung reagieren die beiden Höhenleitwerksflossen gegenteilig.[247]

Das Leitwerk der MiG-23 war zunächst so angesetzt, dass es 86 cm von der Triebwerksöffnung entfernt war. Die Prototypen und die Serienversion MiG-23S wurden so ausgeliefert. Mit der MiG-23UB und der MiG-23M wurde das Leitwerk die besagten 86 cm in Richtung Heck verschoben, so dass seine Hinterkante in einer Linie mit dem Ende der Schubdüse stand. Weil das Triebwerk der Jagdbomberversionen MiG-23BN und MiG-27 etwas kürzer ist, steht bei diesen Maschinen das Seitenleitwerk etwas über das Triebwerksende hinaus.

Unter dem Heck der MiG-23 befindet sich eine zur rechten Seite klappbare Kielflosse. Der Klappmechanismus ist mit dem Fahrwerk verbunden. Er wird aktiviert, wenn das Fahrwerk ein- oder ausgefahren wird. Die Kielflosse dient der Verbesserung der Flugstabilität. Sie besteht vollständig aus Metall.

Das Fahrwerk der MiG-23 ist ein Dreipunktfahrwerk mit Bugrad. Das Bugrad ist doppelt bereift und kann vom Piloten in einem Bereich von +/- 28° gesteuert werden[248]. Für den Fall, dass der Pilot die Bremsen zum steuern des Flugzeugs nutzt, kann das Bugfahrwerk in einem Bereich von +/- 40° frei nachschwingen. Der Steuerungsmechanismus MRK-30 ist während des Landeanflugs blockiert, wenn die Landeklappen auf 50° gesetzt sind. So soll ein übersteuern während der Landung verhindert werden.

Als Räder werden zwei KT-152 verwendet. Die Reifengröße beträgt 520 x 125 mm. Serienmäßig ist das Bugfahrwerk mit Schutzblechen ausgerüstet. Sie sollen verhindern, dass Schmutz aufgewirbelt wird und ins Triebwerk gerät. In der Praxis wurden die Schutzbleche oft abmontiert, weil sie eher schadeten, denn nutzten.

Um das Rollen auf dem Flugfeld erträglicher zu machen besitzt das Bugfahrwerk einen Stoßdämpfer. Sein Federweg ist 15 cm lang. Das Bugfahrwerk fährt nach hinten ins Flugzeug ein. Verschlossen wird die Fahrwerksöffnung durch zwei Fahrwerksklappen.

Ab der MiG-23ML wurde eine kürzere Variante des Bugfahrwerks verwendet.

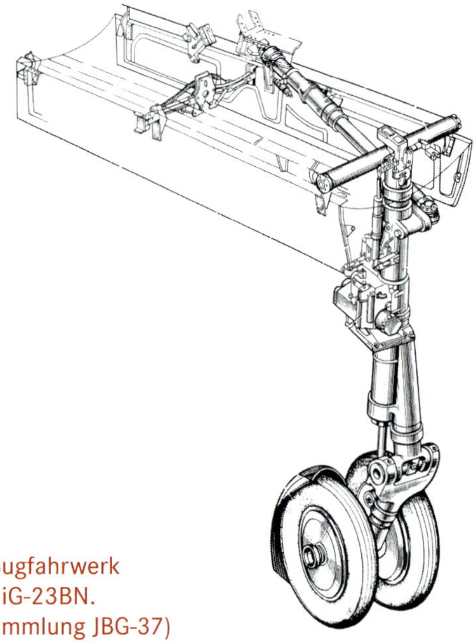

Das Bugfahrwerk der MiG-23BN. (© Sammlung JBG-37)

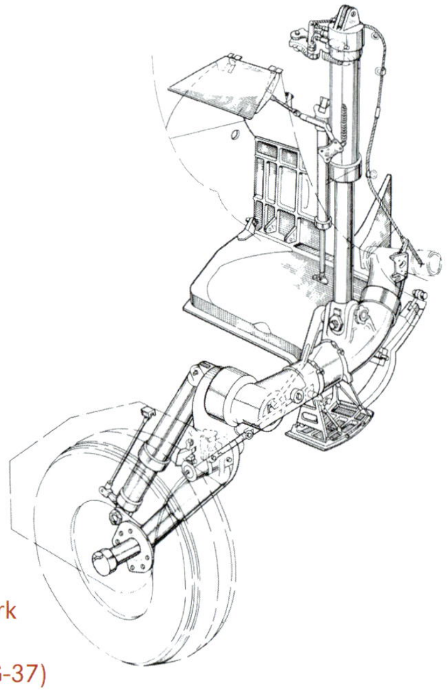

Das Hauptfahrwerk der MiG-23BN. (© Sammlung JBG-37)

Das Hauptfahrwerk besitzt Räder des Typs KT-500D. Sie haben eine Reifengröße von 840 x 290 mm. Es sind schlauchlose Niederdruckreifen, die für den Einsatz auf Feldflugplätzen geeignet sind.[249] Das Hauptfahrwerk wird seitlich in die Flugzeugzelle eingefahren. Damit dies geschehen kann wird es während des Einziehvorgangs zusammengefaltet. Manche Nutzer hielten diesen Mechanismus für schlichtweg genial, andere hielte ihn für total *»bescheuert«*. An ihm teilten sich die Gemüter. Verschlossen wird der Fahrwerksraum durch Fahrwerksklappen, die zum Teil am Boden auch als Schutzbleche dienen.

Das Hauptfahrwerk ist so massiv ausgelegt, dass es zu Starts und Landungen auf Feldflugplätzen geeignet ist. In der Praxis wurde diese Fähigkeit von manchen Nutzern skeptisch gesehen und deshalb auch nicht genutzt.[250]

Das Hauptfahrwerk ist mit Stoßdämpfern ausgerüstet. Diese haben einen Federweg von 17 cm. Ab der MiG-23ML wurden stärkere Stoßdämpfer verwendet und die Bodenfreiheit des Hauptfahrwerks um 14,5 cm angehoben. Zusammen mit dem gekürzten Bugfahrwerk führte es zu einer anderen Standposition des Flugzeugs. Es stand nun deutlich horizontaler auf der Rollbahn als zuvor.

Das Hauptfahrwerk ist mit Scheibenbremsen ausgestattet, die mit einem ABS-System ausgestattet sind. Sie werden pneumatisch aktiviert.[251] Dazu nutzt der Pilot einen Hebel am Steuerknüppel.

Eine interessante Problemlösung fanden die sowjetischen Entwickler, als es um die Frage ging, wo man denn die Druckluftbehälter unterbringen könne. Die Lösung war genial. Sie machten Teile der Fahrwerksbeine hohl und nutzten diese dann als Druckluftflaschen. So konnten zwei Fliegen mit einer Klappe geschlagen werden. Das Gewicht des Hauptfahrwerks reduzierte sich und man konnte durch den Wegfall zusätzlicher Pressluftflaschen Platz sparen, der nutzbringender verwendet werden konnte.

Sowjetische Flugzeuge und Hubschrauber der damaligen Zeit waren dafür ausgelegt von Wehrpflichtigen gewartet zu werden. Diese dienten relativ kurze Zeit, weshalb ihr Wissensstand und ihre Fähigkeiten nicht ganz an das Niveau von Spezialisten heranreichte. Um ihnen die Arbeit einfacher zu machen wurden in der MiG-23 die Rohrleitungen farblich markiert. Gelbe Rohrleitungen transferieren Treibstoff, rote haben mit dem Feuerlöschsystem zu tun, braune transportieren Motorenöl, blaue Leitungen beinhalten Hydrauliköl und schwarze Leitungen sind Druckluftleitungen. Durch dieses genial einfache System ist es für die Techniker einfach den Überblick zu behalten.

Bei der MiG-23 sind viele Systeme miteinander vernetzt. Das trifft auf das Flugsteuerungssystem SAU-23, das Navigationssystem Poljot[252] und das Waffenkontrollsystem SUW-23 zu. Die Vernetzung soll sicherstellen, dass das Flugzeug weitestgehend autonom fliegen kann, ohne dass der Pilot eingreifen muss. Das erleichtert ihm sich auf die eigentliche Aufgabe zu konzentrieren.

Das Flugsteuerungssystem SAU-23 beinhaltet einen Autopiloten, der in Zusammenarbeit mit dem Navigationskomplex Poljot in der Lage ist einem Kurs von drei Wegpunkten oder bei moderneren Versionen sechs Wegpunkten automatisch zu folgen und zu einem von vier Flugplätzen zurückzukehren. Moderne Varianten des Systems waren sogar in der Lage die MiG-23 vollautomatisch landen zu lassen.

Die Jägerversionen der MiG-23 waren mit der Datenübertragungsanlage Lasur[253] ausgerüstet. Diese arbeitete mit dem Bodensystem Wosduch zusammen und war in der Lage vollautomatische Kommandos vom Boden an den Piloten zu übertragen. Dazu gehörten eigener Kurs und Geschwindigkeit, Kurs und Geschwindigkeit des Luftziels, Befehle zum Angriff oder Abbruch des Einsatzes. Eine Ausnahme bildete die MiG-23P, bei der das System Lutsch zum Einsatz kam. Dieses war auf die Bedürfnisse der Luftverteidigung der Sowjetunion ausgelegt.

---

246 8,5° nach oben und 28,5° nach unten.
247 Eine bewegt sich nach oben, während die andere sich nach unten bewegt.
248 Ab der MiG-23ML beträgt der Lenkbereich +/- 40°. Als Lenkmechanismus wird der MRK-32-25 verwendet.
249 Niederdruck ist eine relative Größe. Beim Bugfahrwerk lag der Druck bei 11,5 kg/cm², beim Hauptfahrwerk bei 12 kg/cm². Sollte der Reifen platzen, wenn man daneben steht, kann dies zu bösen Verletzungen bis hin zum Tod führen. In der NVA gab es einen solchen Unfall. Er kam durch ein zu starkes Aufpumpen des Reifens zustande. Dieser explodierte zwar nicht, sondern sprang von der Felge, was zu einem schlagartigen Entweichen der Luft führte. Bei diesem Unfall soll es einen Toten gegeben haben.
250 Dazu zählte auch die NVA.
251 Druckluftbremsen.
252 Poljot-1L-23 bei den frühen Versionen, ab der MiG-23ML Poljot-2L-23.
253 Lasur-S bei der MiG-23S, Lasur-SM bei der MiG-23M/MF, Lasur-SML ab der MiG-23ML.

Aktive Störgeräte waren bei den serienmäßig gefertigten Jägerversionen der MiG-23 nicht vorhanden. Die Jagdbomber besaßen indessen das hervorragende Störsystem SPS-142 in verschiedenen Varianten. Zum Selbstschutz wurden in den frühen 1980er-Jahren Störkörperwerfer BWP-50-60 entwickelt und bei der MiG-23MLD serienmäßig verbaut. Andere Versionen konnten mit diesem Gerät nachgerüstet werden.[254] Bereits ein paar Jahre früher wurde in sowjetischen MiG-23MLA ein Störkörperwerfer im zentralen Unterrumpfpylon eingebaut. Er hatte die Typenbezeichnung PKWP-23. Die Störkörperwerfer wurden in der Regel mit Leuchtködern bestückt, die die Gefahr durch wärmesuchende Lenkwaffen reduzieren sollten. Sie konnten aber auch mit Düppel[255] ausgestattet werden, die feindliches Radar irritieren sollten.

Sensoren

Die MiG-23 ist mit einer Vielzahl elektronischer Bauelemente ausgestattet. Das für ein Jagdflugzeug wichtigste Gerät ist die Funkmessstation, auch Radar oder auf Russisch Radiolokator genannt. Je nach Version ist die MiG-23 mit unterschiedlichen Radargeräten ausgerüstet. In der MiG-23S und MS kommt das RP-22 Saphir-21 zum Einsatz. Es hat eine maximale Reichweite von 30 km bei Zielen in Größe eines Bombers Tu-16.

Das erste einsatzfähige Radar einer neuen Generation war das Sapfir-23, das recht schnell zum Sapfir-23L weiterentwickelt wurde. Es wurde ab 1971 verwendet und kam in den Versionen MiG-23 Modell 1971 und frühen MiG-23M zum Einsatz.

Das Radar 323-D, alias Sapfir-23D wird bei der MiG-23M und MF verwendet. Es kann ein Luftziel in der Größe einer MiG-21 auf 46 km Distanz erfassen und bei 35 km Entfernung aufschalten. Eingesetzt wird es seit 1972. Die Weiterentwicklung heißt Sapfir-23D-III. Bei dieser Variante begann der Umstieg von Röhrentechnologie auf Halbleiterbauteile, was sich in einer Gewichtsreduktion und erhöhter Betriebssicherheit bemerkbar macht. Die maximale Auffassentfernung steigerte sich auf 55 km.[256] Mit dem Sapfir-23D-III bekam die MiG-23 erstmalig die Fähigkeit Luftziele vor dem Erdhintergrund zu entdecken und bekämpfen zu können. Die Mindestflughöhe des Luftziels musste dabei 50 m über Grund betragen.

Das 323-ML, alias Sapfir-23ML kommt in der MiG-23ML zum Einsatz. Es hat eine Reichweite von 85 km und eine Aufschaltentfernung von 55 km. Es ist leichter als das Vorgängermodell, durch den Übergang von Röhrentechnologie auf mikroelektronische Bauteile, sowie einige weitere gewichtssparende Maßnahmen.

Das N003 Ametist, alias Sapfir-23MLA ist in der MiG-23MLA verbaut. Es hatte eine größere Störfestigkeit als das Vorgängermodell.

Das N006 Ametist, alias Sapfir-23MP ist speziell für die Bedürfnisse des Abfangjägers der Luftverteidigung MiG-23P zugeschnitten. Es hat eine verbesserte Fähigkeit Luftziele vor dem Erdhintergrund zu entdecken und zu bekämpfen.[257]

Das N008 Ametist, alias Sapfir-23MLA-2, findet sich in der MiG-23MLD. Es hat eine größere Reichweite und kann gleichzeitig sechs Luftziele beobachten und zwei davon angreifen.[258] Im Unterschied zum Vorgängermodell wurden die mikroelektronischen Bauteile weiter vervollkommnet. Die Rechnerleistung wurde erhöht und die Speicherkapazität erhöht. Das Radar hat ein Gewicht von 360 kg und erreicht eine Sendeleistung von 60 kW. Das N008 erhielt einen speziellen Nahkampfmodus bei dem das Radar ein schmales, aber hohes Suchfeld generiert[259]. Das erste Luftziel, das sich in diesem Feld aufhält wird automatisch erfasst. Die Zieldaten werden automatisch an die Zielsuchköpfe der Raketen weitergeleitet.[260] So kann sichergestellt werden, dass die Rakete das richtige Ziel attackiert. Bei der Zielerfassung wird eine Freund-Feind-Abfrage durchgeführt. Ist das erfasste Ziel ein Freund wird das Waffenkontrollsystem gesperrt. Ein Waffeneinsatz wird damit unmöglich.

Das N008 besitzt verbesserte Suchmodi zur Erkennung und Verfolgung tieffliegender Luftziele. Luftziele können ab einer Flughöhe von 40 bis 50 m über Grund entdeckt und erfasst werden. Die Zieldaten und die notwendigen Informationen zum Waffeneinsatz werden auf dem Blickfelddarstellungsgerät abgebildet.

Als Wärmesucher kommen die Varianten TP-23, TP-23-1, TP-23M und TP-26 zum Einsatz.

Das in den sowjetischen MiG-23ML verbaute Gerät TP-23M soll ein vorausfliegendes Flugzeug bis zu einer Entfernung von 35 km orten können. Beim TP-26 der

MiG-23MLD soll diese Distanz 60 km betragen.[261]

Die Wärmesucher arbeiten in drei verschiedenen Betriebsmodi. Modus T-1 sucht in einem Feld von 60° in der horizontalen und 15° in der vertikalen Ebene[262] nach Luftzielen und ist in der Lage die aufgefassten Signale an die Suchköpfe der Raketen R-13M, R-60, R-23T und R-24T weiterzugeben. Im Betriebsmodus T-2 wird das Sichtfeld auf +/- 7° in der horizontalen und +/- 3° in der vertikalen Ebene eingegrenzt (Zoom). Damit wird das erhaltene Bild vergrößert. Operationsmodus T-3 verfolgt automatisch Luftziele. Diese dürfen aber keine größeren Winkelgeschwindigkeiten als 6 bis 8°/s erreichen. Andernfalls verliert der Wärmesucher das Ziel. Modus T-3 ist der Hauptoperationsmodus. Die vom Wärmesucher aufgefassten Ziele werden auf dem Blickfelddarstellungsgerät angezeigt. Der Wärmesucher ermöglicht eine Zielsuche und Zielerfassung ohne das Aussenden verräterischer Radarsignale und eignet sich deshalb für die Einleitung überfallartiger Angriffe auf einen Luftgegner. Nachteil des Wärmesuchsystems ist, dass nur die Richtung zum Ziel erfasst werden kann. Seine Entfernung kann durch das Wärmesuchsystem nicht ermittelt werden.[263]

Als Warngeräte kommen das SPO-10 Sirena oder das SPO-15 Berjosa zum Einsatz. Das SPO-10 deckt einen 360° Bereich in der Horizontalen und +/- 45° in der Vertikalen ab. Es kann eine Warnung ausgeben, aus Richtung welches Quadranten das Flugzeug von einem Radar angestrahlt wird. Die Warnung erfolgt mittels kleiner Leuchten auf der Warnanzeige im Cockpit, sowie einen Warnton. Anhand des Warntons kann der Pilot erkennen, ob sich das illuminierende Radar in einem Überwachungsmodus, einem Suchmodus oder einer Feuerleitmodus befindet.

IR-Sensor der MiG-23ML. (Foto: Normann)

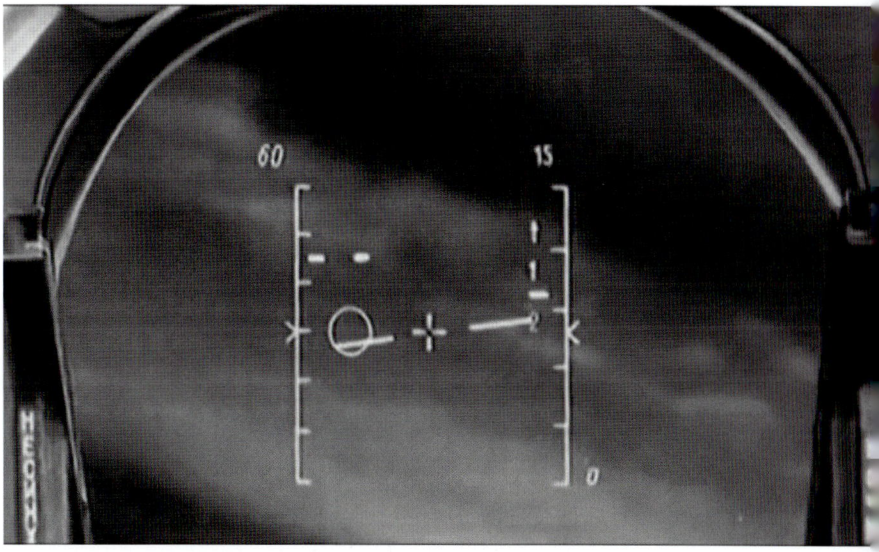

HUD-Luftkampfmodus. (Foto: Sammlung Normann)

254 Das geschah z.B. bei MiG-23UB, die in Afghanistan im Einsatz waren.
255 Düppel sind dünne Metallfäden oder -streifen, die auf die Hälfte der einfallenden Radarwellenlänge geschnitten sind und starke Radarechos erzeugen. Durch die große Menge ausgeworfener Düppelstreifen wird auf dem feindlichen Radarschirm eine Vielzahl falscher Signale angezeigt, die dem Radaroperateur die Verfolgung des eigentlichen Luftziels erschwert. Im englischen Sprachgebrauch nennt man dieses Störmittel »Window«, im amerikanischen Sprachgebrauch »Chaff«.
256 Bei einem Luftziel in der Größe eines Tu-16-Bombers. In der Größe der MiG-21 betrug die Reichweite 55 km in der Auffassung und 35 km bei der Aufschaltung.
257 Look-down, Shot-down.
258 In der Praxis ist letztere Fähigkeit kaum genutzt worden. Wohl auch weil der Vorrat an Lenkwaffen größerer Reichweite bei der MiG-23 recht begrenzt ist.
259 6° x 45°.
260 Im amerikanischen Militärsprachgebrauch als »slaved« bezeichnet.
261 Das gilt, wenn das Luftziel vor dem Hintergrund des freien Himmels agiert. Bei Bewölkung oder vor dem Erdhintergrund sind die Erfassungsentfernungen deutlich reduziert.
262 +/- 30° horizontal, +3/-12° vertikal.
263 Dieses Manko wird in der Praxis so ausgeglichen, dass das Radar für sehr kurze Zeit eingeschaltet wird und eine schnelle Entfernungsmessung durchführt. Dies erfolgt so schnell, dass das feindliche Radarwarngerät die Radaranstrahlung als Überwachungsradar einstuft und somit für ungefährlich hält.

Das SPO-15 ist darüber hinaus in der Lage die Richtung der Anstrahlung genauer festzustellen und darzustellen. Dazu zählt auch die Fähigkeit zu identifizieren ob das Flugzeug von unten, oben oder aus gleicher Höhe angestrahlt wird. SPO-15 kann anstrahlende Radargeräte kategorisieren und anzeigen ob es sich um Überwachungsradare, Feuerleitanlagen von Fla-Raketen oder Flak, Radargeräte von Jagdflugzeugen oder AWACS handelt. Die Anzeige von SPO-15 ist deutlich größer und aussagekräftiger als die von SPO-10.

Zur Steuerung leitstrahlgelenkter Luft-Boden-Raketen besitzen die Versionen MiG-23S, MS, BN und UB über eingebaute Leitgeräte des Typs Delta-N, bzw. Delta-NG. Die anderen Versionen können für diesen Zweck einen Container Delta-NG2 mitführen. Moderne Varianten der MiG-27 waren in der Lage zur Ortung feindlicher Radaranlagen einen Zusatzbehälter des Typs Wjuga mitzuführen. Dieser arbeitete mit Radarbekämpfungsraketen zusammen.

Funkausrüstung

Die MiG-23 ist mit mehreren Funkgeräten unterschiedlicher Bestimmung ausgerüstet.

Für den Sprechfunk gibt es das Funkgerät R-802W oder bei späteren Baureihen das R-832. Bei den Jagdbombern wird das R-832 oder R-864 verwendet.

Als Notfunkstation war zunächst das R-855U im Einsatz. Es wurde später durch das Komar-2M ersetzt. Beide Notfunkstationen aktivierten sich automatisch beim Auslösen des Schleudersitzes.

Zur sprachlosen Kommunikation mit der Bodenstation wurde der Datenlink Lasur verwendet. Je nach MiG-23-Version kamen die Varianten Lasur-S, Lasur-SM und Lasur SML zum Einsatz.

Die Jagdbomber besitzen ein akustisches Warnsystem, das von den Piloten »Rita« genannt wird. »Rita« gibt Warnmeldungen hinsichtlich gefährlicher Fluglagen, wie Unterschreitung der Mindesthöhe, Annäherung an einen gefährlichen Anstellwinkel, zu geringe Fluggeschwindigkeit oder ähnliches aus. Dazu *»spricht«* sie mit einer weiblichen Stimme, die im Gefahrenfall durchaus sehr energisch sein kann.

Stromversorgung

Die MiG-23 besitzt drei unterschiedliche Stromkreise. Es gibt 28 Volt Gleichstrom, für den zwei Chrom-Kadmium-Batterien vorhanden sind. Sie haben eine Kapazität von 80 bis 110 Amperestunden. Darüber hinaus gibt einen 36 Volt Stromkreis und einen 115 Volt Stromkreis. Beide sind Wechselstromkreise. An den 115 V Stromkreis kann eine Außenbordquelle angeschlossen werden. Der Zugang befindet sich im Bereich des rechten Hauptfahrwerks.

Antrieb

Die MiG-23 besitzt einen leistungsfähigen Antrieb. Er besteht aus einem Einkreisturbinenluftstrahltriebwerk[264] in Axialbauweise, das mit einem Nachbrenner ausgestattet ist. In der Regel wurden Triebwerke aus dem OKB Tumanski verwendet, nur die erste Jagdbomberversion MiG-23B nutzte ein Triebwerk aus dem OKB Ljulka.

Aus dem OKB Tumanski, erkennbar am Index 300, kamen in den Serienmaschinen zum Einsatz: das R-27F2-300, das R-27F2M-300, das R-29-300, das R-29B-300 und das R-35-300. Die Triebwerke dieser Entwicklungsreihe bauten aufeinander auf und stellten die Produkte eines kontinuierlichen Verbesserungsprozesses dar.

Ausgangspunkt war das R-27F-300. Dieses Triebwerk wurde im OKB Tumanski speziell für die MiG-23 Prototypen entwickelt. Chefkonstrukteur war der Genosse Chatschaturow. Beim R-27F-300 hatte man aus den Fehlern, die beim R-21F-300 der Je-8 gemacht wurden, gelernt. Beim R-21F-300 gab es nur wenige, dafür aber sehr effektive Verdichterstufen. Diese sorgten für einen rasanten Druckanstieg im Triebwerk, der mit den damals zur Verfügung stehenden Materialien nicht vollständig beherrschbar war. Deshalb kam es regelmäßig zu Triebwerksausfällen, bis hin zum explosionsartigen Zerlegen von Verdichterstufen.

Beim R-27F-300 wollte man einen langsameren, materialschonenderen Druckanstieg, weshalb die Zahl der Ver-

264 Deutsche Abkürzung ETL.

R-29-300 in Hermeskeil. (Foto: Alf van Beem)

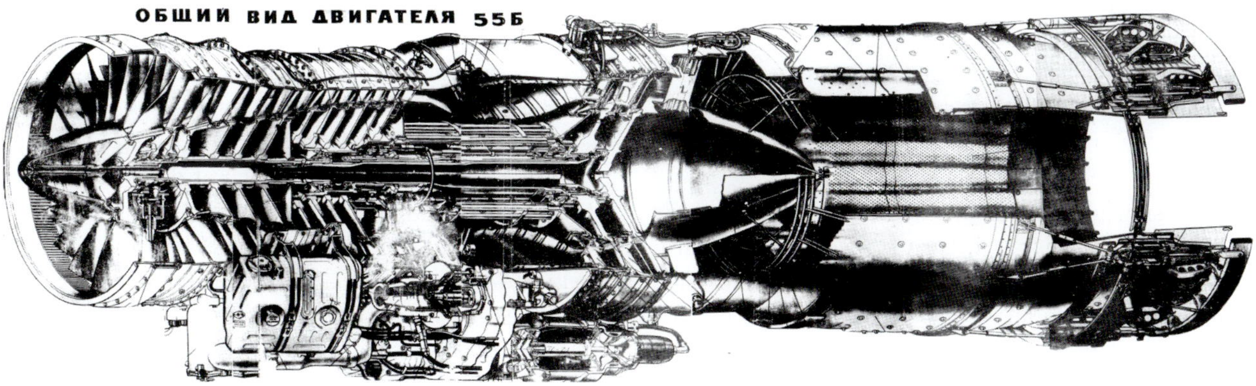

Zeichnung des Tumanski R-29B-300. (© Sammlung JBG-37)

dichterstufen deutlich erhöht wurde. Statt sechs kamen nun elf Verdichterstufen zum Einsatz. Um einen höheren Luftdurchsatz zu erreichen wurde das Triebwerk deutlich dicker gemacht. So stieg der Durchmesser des Lufteinlaufs von 73 cm auf 85 cm an. An der dicksten Stelle hatte das R-27F-300 einen Durchmesser von 101,20 cm.

Das Triebwerk hatte eine Länge von 370 cm und wog im Leerzustand 1.350 kg. Es entwickelte einen Schub von 5.200 kp und mit Nachbrenner 7.800 kp. Weil das aber nicht reichte wurde das Treibwerk weiterentwickelt. Verbesserte Materialien ermöglichten eine höhere Betriebstemperatur und stärkere Drücke. Die Brenn-

Blick ins Triebwerk einer MiG-23BN. (Foto: Jaypee)

R-29-300-Flammstabilisator. (Foto: Valder137)

kammer des Triebwerks wurde außerdem vollkommen überarbeitet. Der Schub, des nun R-27F2-300 genannten Triebwerks, erreichte stattliche 6.900 kp und mit Nachverbrennung 9.300 kp. Mit der nochmaligen Verbesserung zum R-27F2M-300 stieg der Nachbrennerschub auf 10.200 kp an.

Dies schien zunächst ausreichend zu sein.

Nach einem heftigen Streit zwischen Triebwerks- und Flugzeugkonstrukteuren wurde das Triebwerk zum R-29-300 und später zum R-35-300 weiterentwickelt.

Das R-27F2M-300 ist ein Einkreisturbinenluftstrahltriebwerk in Axialbauform. Das heißt, dass die angesaugte Luft das Triebwerk entlang der Längsachse des Triebwerks durchläuft.[265] Die Luft wird zunächst von den Lufteinläufen des Flugzeugs angesaugt und über Luftkanäle zum Triebwerk geführt. Dort angekommen wird sie in den Niederdruckverdichter geleitet. Der Niederdruckverdichter besteht aus fünf Verdichterstufen. Jede Stufe erhöht den Druck der durchlaufenden Luft sukzessive, indem der Querschnitt, den die Luft durchströmen muss, allmählich verkleinert wird. Die Zahl der Verdichterschaufeln wird von Stufe zu Stufe ständig größer. Dem Niederdruckverdichter schließt sich der Hochdruckverdichter an. Er besteht aus sechs Verdichterstufen. Die im Verdichter hochverdichtete Luft wird in ihrer Gesamtheit[266] in die Ringbrennkammer eingeblasen und mit Treibstoff vermischt. Dazu wird der Treibstoff aus 18 Einspritzdüsen fein vernebelt. Ein zündfähiges Luft-Treibstoffgemisch entsteht, das in der Ringbrennkammer entzündet wird und kontrolliert abbrennt. Der dabei entstehende Druck entweicht nach hinten und durchläuft die einstufige Hochdruckturbine und anschließend die ebenfalls einstufige Niederdruckturbine.

Danach strömt die Luft durch den Nachbrenner und entweicht durch die regelbare Schubdüse nach außen. Um den Schub noch weiter zu steigern kann der Nachbrenner aktiviert werden. Dazu wird zusätzlicher Treibstoff durch Düsen im Nachbrenner vernebelt und gezündet. So lässt sich ein deutlicher Schubanstieg erzeugen, der allerdings durch einen mehr als verdoppelten Treibstoffbedarf erkauft wird.

Wie bereits bei den Triebwerken der MiG-21 wird auch beim MiG-23-Triebwerk Luft aus dem Verdichter

265 Die andere Bauform von Strahltriebwerken nennt man Radialtriebwerk. Hier wird der Druck im Verdichter dadurch erzeugt, dass die Luft zum Verdichten durch Rohrleitungen »nach außen geschleudert wird« und in einer Kurve wieder zurück zur Brennkammer gelangt. Radialtriebwerke können deshalb kürzer gebaut werden als Axialtriebwerke, sie sind aber in ihrer Leistungsfähigkeit begrenzt, weshalb heute das Axialtriebwerk dominiert.

266 Im Gegensatz zu Zweikreisturbinenluftstrahltriebwerken (ZTL), auch Manteltromtriebwerke genannt, wird beim ETL die gesamte Luft durch die Brennkammer und die Turbine geleitet, während beim ZTL Teile des Luftstroms an Brennkammer und Turbine vorbeigeleitet werden. Diese vorbeiströmende Luft dient zur Kühlung des Triebwerks und erzeugt nebenbei bereits Schub. ZTL sind treibstoffökonomischer als ETL, haben aber einen größeren Frontwiderstand.

Triebwerke					
Typ	Länge	Trockengewicht	Turbinentemperatur	Treibstoffverbrauch	Schub
R-27F2-300 (isdelije 47)	3,70 m	1.350 kg	1.440°K	0,883 kg/kp*h 2,00 kg/kp*h mit Nachbrenner	6.900 kp 9.300 kp mit Nachbrenner
R-27F2M-300 (isdelije 47M)	3,70 m	1.350 kg	1.373°K	0,883 kg/kp*h 2,10 kg/kp*h mit Nachbrenner	6.900 kp 10.200 kp mit Nachbrenner
R-29-300 (isdelije 55)	4,96 m	1.880 kg	1.423°K	0,95 kg/kp*h 2,00 kg/kp*h mit Nachbrenner	8.300 kp 12.500 kp mit Nachbrenner
R-29B-300 (isdelije 55B)	4,76 m	1.770 kg	1.408°K	0,78 kg/kp*h 1,80 kg/kp*h mit Nachbrenner	8.000 kp 11.500 kp mit Nachbrenner
R-235-300 (isdelije ?)	5,00 m	1.794 kg	1.523°K	0,86 kg/kp*h 1,96 kg/kp*h mit Nachbrenner	8.380 kp (spätere Baureihen hatten 8.550 kp Schub) 13.000 kp mit Nachbrenner
AL-21F-3 (isdelije 89)	5,16 m	1.800 kg	1.385°K	0,88 kg/kp*h 1,86 kg/kp*h mit Nachbrenner	7.800 kp 11.200 kp mit Nachbrenner

abgezweigt und für andere Zwecke weiterverwendet. Dazu zählen die Enteisung und die Klimaanlage. Entnommen wird die Luft aus der sechsten und elften Verdichterstufe.

Zur Kühlung des Triebwerks ist vor dem Triebwerk der sogenannte Luft-Luft-Kühler eingebaut. Hier wird Luft durch kleine Schlitze abgeleitet und um das Triebwerk herumgeführt. Zusätzlich sind noch weitere runde Kühlöffnungen in der Flugzeugzelle, sowie Luftansaugstutzen vorhanden, die sich bei Bedarf öffnen.

Nach oben beschriebenem Prinzip arbeiten sowohl das R-27F2M-300, als auch seine Nachfolgemodelle. Der Unterschied zwischen den Modellen besteht im Einsatz verbesserter und optimierter Materialien.

Beim R-29-300 wurde der Niederdruckverdichter überarbeitet. Sein Durchmesser wurde vergrößert. Außerdem bekamen die Verdichterschaufeln eine andere Form und wurden auf eine abgewandelte Weise gekühlt. So konnten der Luftdurchsatz und das Verdichtungsverhältnis erhöht werden. Außerdem stieg die Turbinentemperatur an. Der Schub erhöhte sich merklich.

Beim R-35-300 lag das Hauptaugenmerk auf der Senkung des Treibstoffverbrauches. Der Schub konnte deshalb, im Vergleich zum Vorgängermodell, nur leicht gesteigert werden. Das Triebwerk war zudem etwa 90 kg leichter als das R-29-300.

Feuerlöschsystem

Die MiG-23 besitzt fünf Brandmeldesensoren im Bereich des Triebwerks und in der hinteren Flugzeugzelle. Entdecken die Sensoren ein Feuer wird dieses durch das Aufleuchten einer Warnlampe im Cockpit angezeigt. Der Feuerlöscher wird durch den Piloten aktiviert. Er besteht aus einer 3-Liter-Flasche, die über ein Leitungssystem mit Sprühdüsen verbunden ist. Ein Sprühdüsensatz befindet sich über dem Triebwerk zwischen den Spanten 22 und 24. Drei weitere Sprühsätze findet man an den Spanten 24 und 29.

Bewaffnung

Bordkanonen

Grjasew-Schipunow GScha-23 (9A472)

Die GScha-23 (russ: ГШ-23, engl: GSh-23, deutsche Aussprache: Ge-Scha-23) ist eine doppelläufige 23mm Flugzeugkanone, die nach dem von Karl Gast im Jahr 1916 entwickelten Doppellaufprinzip arbeitet. Während der Feuerführung schießt die Waffe aus einem Lauf, während gleichzeitig der zweite Lauf geladen wird. Dieser Vorgang wird kontinuierlich alternierend wiederholt. So wird eine vergleichsweise hohe Feuergeschwindigkeit bei relativ einfacher Konstruktion erreicht.

Die GScha-23 wurde nach Erkenntnissen des Koreakriegs entwickelt. Dort hatten sich die damals in der MiG-15 eingesetzten sowjetischen Maschinenkanonen durch eine zu geringe Feuergeschwindigkeit als suboptimal bei der Bekämpfung hochbeweglicher Luftziele erwiesen. Die aus dem Krieg zurückgekehrten Piloten verlangten eine schneller feuernde Maschinenkanone.

Woraufhin die Streitkräfte eine taktisch technische Anforderung herausgaben, die für eine zukünftige Flugzeugkanone eine Feuergeschwindigkeit von mindestens 2.000 Schuss pro Minute forderte.

In den Tulaer Waffenschmieden entstand das Projekt TKB-613 (ТКБ-613). 1954 wurden die ersten Probeexemplare der neuen Waffe gefertigt und einer intensiven Werkserprobung unterzogen. Dabei wurden etliche Schwachstellen entdeckt und ausgemerzt. So musste allein der Abzugsmechanismus fünfmal überarbeitet werden bis er endlich die geforderte Zuverlässigkeit erreichte. Die Arbeiten an der Waffe dauerten fünf lange Jahre. 1959 wurde beschlossen die TKB-613 unter der Bezeichnung Grjasew-Schipunow GScha-23 (9A472) in Serie zu fertigen.

Die ersten Serienkanonen zeigten unter Einsatzbedingungen eine geringe Lebensdauer, so dass noch einige Nacharbeiten an der Konstruktion notwendig wurden. Die Arbeiten an diesen Verbesserung dauerten noch ein gutes halbes Jahrzehnt, so dass die GScha-23 erst 1965 offiziell in die Bewaffnung aufgenommen wurde.

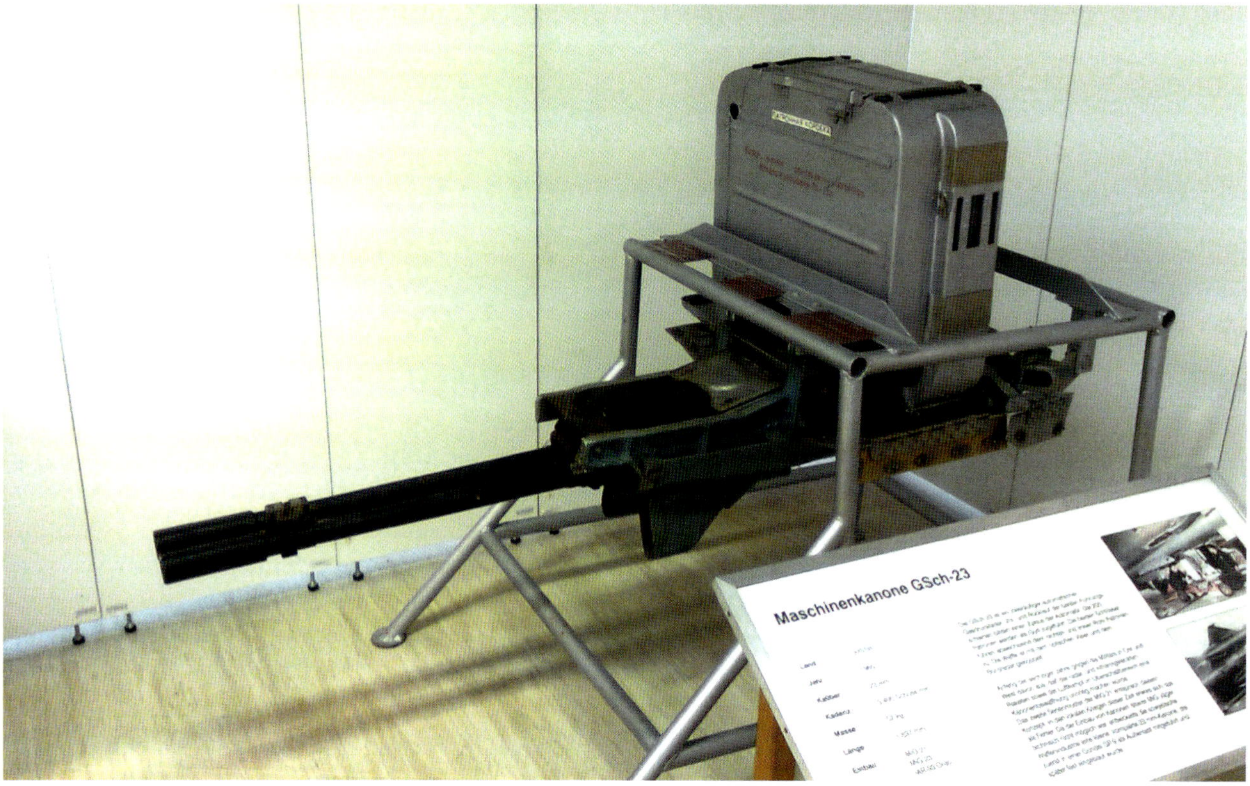

Die Bordkanone GScha-23L. (Foto: Normann)

GScha-23 unter ihrer aerodynamischen Verkleidung. (Foto: Normann)

Danach wurde die GScha-23 zur sowjetischen Standardflugzeugkanone und wurde in einer Vielzahl von Flugzeugtypen verbaut. Im Kampf erwies sie sich als eine zuverlässige und schlagkräftige Waffe.

Die Doppelrohrkanone GScha-23 besteht in ihrem generellen Aufbau im Prinzip aus zwei einzelnen Maschinenkanonen, die sich ein gemeinsames Gehäuse, ein gemeinsames Gasdrucksystem zum Nachladen der Waffen, eine gemeinsame Munitionszuführung und Abfeuerung teilen. Die Nachladeautomatiken beider Waffen sind miteinander so verbunden, das der beim Abfeuern einer Granate entstehende Gasdruck die Nachladeautomatik der anderen Kanone antreibt. So wird sichergestellt, das jeweils nur ein Rohr feuert und das andere Zeit hat nachzuladen. Auf diese Weise entsteht ein dichterer Feuervorhang, als wenn beide Rohre simultan schießen würden.

Da alle Bewegungen der Waffeneinzelteile entlang der Längsachse der Waffe vonstatten gehen sind die Vibrationen der Waffe im Vergleich zu Waffen mit rotierenden Bauteilen (Gatlings, Revolverkanonen) geringer, was eine präzisere Feuerführung ermöglicht. Die maximale Einsatzschussweite einer GScha-23 liegt bei etwa 2.000 Metern.

Die Munition der Waffe wird über einen Zerfallgurt zugeführt Ein sternförmiger Mechanismus zieht die einzelnen Granatpatronen aus dem Gurt und führt sie den jeweiligen Patronenlagern der Maschinenkanonen zu. Als Munition kommen Granatpatronen des Kalibers 23x115mm zum Einsatz. Es gibt sie mit Panzerbrandgranaten, Panzerbrandgranaten mit Leuchtspur, Splittersprenggranaten, Splittersprenggranaten mit Leuchtspur, sowie mit Düppelstreifen enthaltende Funkmessstörgranaten. Nach Aussagen von NVA Piloten wurde als Kampfmunition in der Regel Munition ohne Leuchtspur verwendet.

Grjasew-Schipunow GScha-6-30A

Bei schnellfeuernden Maschinenwaffen kommt es unweigerlich zum Problem der großen Wärmeentwicklung. Diese Wärme kann so groß werden, dass Läufe rotglühen und Nachlademechanismen versagen. Dieses Phänomen nennt man *»Heißschießen«* einer Waffe. Es gibt verschiedene Wege dem Heißschießen zu begegnen. So kann man den Lauf kühlen, indem man ihn mit einer

Kühlflüssigkeit umgibt.[267] Man kann aber auch die Hitzebelastung des Laufes dadurch senken, dass man einer Waffe mehrere Läufe gibt, die abwechselnd feuern. Auf diese Idee kam der amerikanische Erfinder Gatling in den späten 1860er-Jahren. Er fasste sechs Gewehrläufe in einem Bündel zusammen, das er rotieren ließ, wobei nur der oben liegende Lauf eine Patrone abfeuerte. Auf diese Weise konnte er eine hohe Schussfolge erzielen, die Hitzebelastung eines jeden Laufes aber auf ein Sechstel reduzieren. So entstand ein schnellfeuerndes und zuverlässiges Waffensystem. Der einzige Nachteil bestand darin, dass die Waffe vergleichsweise schwer war. Außerdem brauchte sie einen Fremdantrieb, der das Rohrbündel zum Rotieren brachte. Die Nachteile des Gatling-Prinzips verhinderten zunächst eine großangelegte Nutzung. Erst nach dem 2. Weltkrieg kam man wieder darauf zurück. Nun standen die Vorzüge des Gatling-Prinzips im Vordergrund. Und einer dieser Vorteile war eine extrem hohe Feuergeschwindigkeit.

So wurden Gatling-Maschinenwaffen zur perfekten Waffe, um Schiffe vor anfliegenden Raketen oder Flugzeugen zu schützen. Und das nicht nur in den USA, sondern auch in der Sowjetunion.

Die Entwickler Grjasew und Schipunow, aus dem OKB der Tulaer Waffenschmiede, entwarfen 1963 eine Schiffsverteidigungswaffe, die als AO-18[268] in den Truppendienst übernommen wurde. Das war eine sechsläufige Gatlingkanone, die pro Minute 6.000 Granatpatronen des Kalibers 30 mm abfeuern konnte.[269]

In den späten 1960er-Jahren suchten die sowjetischen Luftstreitkräfte nach einer neuen Bordkanone für Jagdbombenflugzeuge. Der Grund dafür bestand darin, dass die GSch-23L, die neue Standardbordkanone sowjetischer Flugzeuge, mit ihrem Kaliber von 23 mm zu schwach war, um gut gepanzerte Gefechtsfahrzeuge zu bekämpfen. Die Lösung des Problems bestand darin eine stärkere Patrone zu verwenden. Das dafür vorgeschlagene Kaliber betrug 30 mm. Daraufhin wurden in Tula verschiedene Waffen für das neue Kaliber entwickelt. Darunter auch die GScha-6-30A[270] (russ: ГШ-6-30A, engl: GSh-6-30A).

Die GScha-6-30A wurde direkt aus der Schiffsverteidigungswaffe AO-18, alias GScha-6-30K[271], abgeleitet. Weil letztgenannte zu schwer war wurde viel Arbeit darin investiert die Waffe leichter zu machen. Ein wichtiger Schritt bestand darin die Länge der Läufe zu kürzen. So verringerte man nicht nur das Gewicht, sondern auch den Rückstoß der der Waffe. Nachteilig war, dass die Mündungsgeschwindigkeit absank und damit die Durchschlagskraft des Geschosses. Doch man glaubte, dass dies nicht so stark ins Gewicht fallen würde, weil sich ja die Eigengeschwindigkeit des Flugzeugs zur Mündungsgeschwindigkeit der Waffe hinzuaddieren würde und das Geschoss damit wieder eine annehmbare Durchschlagskraft erhalten sollte.

Ein weiterer wichtiger Schritt bestand darin die Waffe von Wasserkühlung auf Luftkühlung umzustellen. Das machte das Rohrbündel leichter und schlanker. Es wurden noch einige weitere Gewichtsreduktionsmaßnahmen durchgeführt, so dass es gelang die Waffe von 208 kg auf 145 kg abzuspecken.

Die GScha-6-30A ist eine sechsläufige Gatlingkanone mit Eigenantrieb. D.h. im Gegensatz zu amerikanischen Gatlings, bei denen die Rotation des Rohrbündels durch einen Elektromotor erfolgt, wird die sowjetische Waffe durch die Ausnutzung der Kraft der Pulvergase einer abgefeuerten Patrone angetrieben.[272] Dies hat den Vorteil, dass die Feuergeschwindigkeit schneller auf ihr normales Niveau kommt, als beim Fremdantrieb. Außerdem spart man das Gewicht des Elektromotors ein.

Um den Rückstoß zu dämpfen ist die Laufmündung der GScha-6-30A mit einer Mündungsbremse ausgestattet. Das Geschoss verlässt den Lauf mit einer Mündungsgeschwindigkeit von 845 m/s. Zum Einsatz kommen sowohl panzerbrechende, als auch Sprenggranaten. Durch die hohe Schussfolge und das große Eigengewicht der Geschosse[273] erzielt die GScha-6-30A eine verheerende Wirkung im Ziel. Es wird berichtet, das getroffene Luft-

267 So erstmals geschehen bei den Maxim-Maschinengewehren, die, unter verschiedenen Namen, in allen Armeen des 1. Weltkriegs eingesetzt wurden.
268 Die AO-18 war die Kanone, die im Waffensystem AK-630 verbaut ist. AK steht diesmal nicht für »Awtomat Kalaschnikowa«, sondern für »Artillerienij Komplex«.
269 Nur zum Vergleich: die legendäre AK-47 Kalaschnikow schaffte nur ein Zehntel dieses Wertes.
270 Das A stand für Avionij, das auf die Verwendung bei einem Fluggerät hindeutet.
271 Das K stand für Korabelnij, was auf die Verwendung auf einem Kriegsschiff (russ.: Korabl) hindeutet.
272 Technisch ist das so umgesetzt, dass Pulvergase aus dem Lauf der Waffe abgezweigt werden und auf einen Gaszylinder treffen. Der wird nach hinten gedrückt und löst den Nachlademechanismus aus, um anschließend durch Federkraft wieder seine die Ursprungsposition zurückzukehren.
273 400 g pro Granate.
274 Die Vibrationen führten regelmäßig zum Versagen von elektronischen Bauteilen. Und manchmal verklemmte sich das Bugfahrwerk durch die erheblichen Erschütterungen, die von der Waffe ausgelöst wurden.

ziele nach Treffern buchstäblich zerplatzten.

Nachteile der GScha-6-30A bestanden darin, dass der Gatlingmechanismus zu starken Vibrationen führte und zusammen mit dem immer noch recht starken Rückstoß der Waffe, bei längeren Feuerstößen, Schäden am Flugzeug herbeiführen konnte.[274]

Ungelenkte Raketen

S-5

Die Rakete S-5 entstand als sowjetische Antwort auf deutsche ungelenkte Luft-Luft-Raketen des Typs R4M, die im 2. Weltkrieg bei der Abwehr schwerer amerikanischer Bomber zum Einsatz gekommen waren. Mit der 57 mm Rakete S-5 wollte man der Bedrohung durch kernwaffentragende schwere Bombenflugzeuge eines möglichen Kriegsgegners entgegentreten. Es war vorgesehen Jagdflugzeuge an die einfliegenden Feindmaschinen heranzuleiten, damit diese den Bomber mit einem Raketenhagel überschütten und ihn so vernichten konnten.

Die Entwicklung der Rakete und ihres Startbehälters begann in den frühen 50er-Jahren. Rakete und Behälter waren als Bewaffnung für das erste Überschalljägerprojekt des OKB MiG, das die internen Bezeichnung SM trug, vorgesehen. Die SM ging als MiG-19 in Serie. Die Rakete S-5 konnte in einem acht Raketen fassenden Startbehälter ORO-57K mitgeführt werden.

Obwohl ungelenkte Raketen im Luftkampf recht ungenau waren gelang es doch mehrfach gegnerische Flugzeuge vom Himmel zu holen. Der spektakulärste Fall war der Abschuss eines amerikanischen Aufklärungsflugzeugs RB-66 über einem sowjetischen Großmanöver nahe der Stadt Gardelegen im Jahr 1964.

Durch das Aufkommen gelenkter Luft-Luft-Raketen wurde die S-5 in die Rolle einer Luft-Boden-Rakete abgedrängt. Für einen möglichst effizienten Einsatz der Raketen wurden größere, mehr Raketen fassende Startbehälter entwickelt. Hier seien die Universalblöcke UB-16 und UB-32, sowie der in Polen konstruierte Behälter Mars-2 genannt.

Die Rakete S-5 bestand aus einem Stahlrohr in dessen Ende sich ein Feststoffraketenmotor samt Düse befand. Der Raketenmotor hatte eine Brennzeit von etwa 1,1 Sekunde, was ausreichte um die Rakete über eine maximale Gefechtsentfernung von etwa 3 km zu tragen. Am Ende des Raketenmotors, kurz vor der Düse, waren acht nach hinten aufklappbare Stabilisierungsflossen befestigt. Sie entfalteten sich erst nach Abschuss der Rakete und verliehen dem Flugkörper eine stabilisierende Rotationsbewegung um die Längsachse (Drall). Das Vorderteil der Rakete wurde durch den Gefechtskopf inklusive Zünder ausgefüllt. Für die S-5 gab es eine Vielzahl unterschiedlicher Gefechtsköpfe. Sie reichte von reinen Splittergefechtsköpfen mit Aufschlagzündung, über Hohlladungsköpfe mit zusätzlichem Splittermantel und piezoelektrischen Zündern, bis zu Radartäuschkörpern und Gefechtsfeldbeleuchtungsmitteln.

Die S-5 kam zusammen mit ihren Startbehältern UB-16 und UB-32 bei einer Vielzahl militärischer Auseinandersetzungen zum Einsatz. Dank der hohen Schussfolge der Startbehälter war sie für die Bekämpfung von ungepanzerten Flächenzielen durchaus geeignet. Ihre Durchschlagskraft gegen gepanzerte Fahrzeuge ließ jedoch zu wünschen übrig. Deshalb wurde sie allmählich durch die stärkere Rakete S-8 ersetzt.

Varianten der S-5-Luft-Boden-Rakete			
S-5K (S-5K1)	Hohlladung	150 mm Stahl	—
S-5KO	Hohlladung/Splitter	170 mm Stahl	220
S-5KPB	Hohlladung/Splitter	250 mm Stahl	?
S-5M (S-5M1)	Splitter	—	75
S-5MO	Splitter	—	360
S-5S	Flechette	—	1.000
S-5P1	Düppelstreifen	Radarstörkörper	
S-5O1	Magnesium	Leuchtkörper für 15-25s Gefechtsfeldbeleuchtung	

S-8

Die Entwicklung der Rakete S-8 begann Ende der 60er-Jahre mit dem Ziel eine schlagkräftigere Alternative zur weit verbreiteten S-5 zu bekommen. Gefordert wurden die Vergrößerung der Splitterzahl, eine erhöhte Durchschlagskraft der Hohlladungsgefechtsköpfe, eine größere Reichweite, sowie eine bessere thermische Stabilität, um eine größere Geschwindigkeit der Trägerflugzeuge zu ermöglichen. Da beim Start von Raketen immer die Gefahr bestand, das Abgase in die Triebwerkseinläufe der Flugzeuge gelangten und somit einen Triebwerksausfall herbeiführten, wurde weiterhin verlangt Maßnahmen zu ergreifen, die einem solchen Ereignis vorbeugen sollten.

Dies geschah durch die Entwicklung neuer Raketenbehälter der Typen B-8M, B-8M1 und B-8W7. Erstere Behälter trugen jeweils 20 Raketen des Typs S-8 Kaliber 80 mm in sich, während der B-8W7 nur 7 Raketen mitführen konnte. Für Hubschrauber wurden die Blöcke B-8W20-A und B-8-10 entwickelt. Ihnen fehlte die aerodynamische Verkleidung der anderen Startbehälter.

Die Rakete S-8 ähnelte im Aufbau der S-5. Sie bestand ebenfalls aus einem Stahlrohr, diesmal Kaliber 80 mm, in dessen hinterem Teil der Feststoffraketenmotor untergebracht war. Modernisierte Raketen (Index M) erhielten einen stärkeren Raketenmotor um eine größere Reichweite zu erzielten.

Die Zahl der Stabilisierungsflossen wurde auf 6 reduziert. Sie klappten bei der S-8 durch Federdruck nach vorn auf. Ihre Spannweite betrug im entfalteten Zustand 38,4 cm.

Der Gefechtskopf befand sich im vorderen Teil der Rakete. Wie bei der S-5 gab es auch bei der S-8 eine Vielzahl unterschiedlicher Gefechtsköpfe. Neben den von der S-5 bekannten Typen gab es betonbrechende Gefechtsköpfe zur Bunkerbekämpfung, Aerosolgefechtsköpfe und Zielmarkierer. Insgesamt soll es 25 unterschiedliche Serienvarianten der S-8 Rakete, sowie weitere Experimentalmuster geben.

S-24

Die ungelenkte 240 mm Rakete S-24 (russ.: C-24) entstand in den 1950er-Jahren, um die Schlagkraft der Frontfliegerkräfte bei der Bekämpfung stationärer Bodenziele zu erhöhen. Der Auftrag zur Entwicklung der Waffe ging an das Konstruktionsbüro des bekannten Waffenspezialisten Nudelman. 1958 waren die Arbeiten soweit fortgeschritten, dass die Einsatzerprobung erfolgen konnte. Dabei wurden S-24 Raketen sowohl von MiG-21, als auch von Su-7 Kampfflugzeugen aus gestartet. Die Ergebnisse waren so zufriedenstellend, dass die Waffe 1960 in den Kampfbestand der sowjetischen Streitkräfte aufgenommen wurde.

Die Rakete S-24 besteht aus einer Stahlröhre vom Kaliber 240 mm. Am Heck befinden sich vier starre Stabilisierungsflossen. Angetrieben wird die Rakete durch ein Feststofftriebwerk, das über sechs Düsen ver-

Varianten der S-8-Rakete			
Typ	Gefechtskopf	Bemerkung	Reichweite
S-8B/BM	betonbrechend	800 mm Beton	bis 2.200 m
S-8D/DM	Aerosol	—	bis 3.000 m
S-8DF	Aerosol	—	bis 4.000 m
S-8M/KOM	Hohlladung/Splitter	400 mm Stahl	bis 4.000 m
S-8O	Magnesium	Leuchtkörper für 30s Gefechtsfeldbeleuchtung	
S-8P	Düppel	Radarstörkörper	bis 3.000 m
S-8T	Tandemhohlladung	400 mm Stahl hinter einer Reaktivpanzerung	bis 4.000 m
S-8S	Flechette	2.000 pfeilförmige Splitter	bis 3.500 m
S-8ZM	Rauch	Zielmarkierer	bis 3.000 m

Eine indische MiG-27ML feuert zwei S-24-Raketen ab. (Foto: IAF)

fügt. Die Düsen sind leicht schräg gestellt, so dass sie der Rakete im Flug eine Rotation um die Längsachse verleihen. Diese auch Drall genannte Rotation stabilisiert die Rakete im Flug. Die Stabilisierung ist so gut, dass die Rakete eine verhältnismäßig hohe Genauigkeit besitzt. Die Zielabweichung beträgt 0,3% der Schussentfernung.[275]

Das Raketentriebwerk brennt innerhalb von 1,1 Sekunden ab und beschleunigt die Rakete auf Mach 1,2. Die maximale Einsatzdistanz der Rakete S-24 beträgt 2 bis 3 km.

Unter einer aerodynamischen Verkleidung befindet sich, an der Spitze der Rakete, der Gefechtskopf. Je nach Version kann dieser Gefechtskopf ein Splittergefechtsteil, ein kumulatives Gefechtsteil oder ein betonbrechendes Gefechtsteil sein. Unterschiedliche Zünder sorgen dafür, dass der Sprengkopf bei Aufschlag, in der Luft bei Annäherung ans Ziel oder mit Zeitverzögerung nach Eindringen ins Ziel explodiert.

Das Gefechtsteil enthält etwa 100 kg Sprengstoff, weshalb die Wirkung der Rakete im Ziel erheblich ist. Splitter sind bis zu einer Distanz von 300 bis 400 m tödlich.

Wegen der enormen Größe der Rakete wird die S-24 nicht in Mehrfachstartbehältern transportiert, sondern einzeln an Startschienen am Flugzeug montiert.

Bei der MiG-23 können vier S-24 Raketen mitgeführt werden. Sie ist die stärkste ungelenkte Rakete, die eine MiG-23 einsetzen kann.

Abwurfwaffen

Bomben

Die MiG-23 konnte herkömmliche Freifallbomben bis zum Gewicht von 500 kg zum Einsatz bringen. Das Gesamtgewicht der Bombenlast war durch die Anzahl der Aufhängepunkte beschränkt, nicht durch die Tragkraft des Flugzeugs.

Die Bomben wurden einzeln, an Doppelträgern oder Mehrfachbombenträgern mitgeführt.

275 Bsp.: 3 Meter Abweichung bei einer Schussdistanz von 1.000 m.

Zu den Freifallbomben gehörten die **Sprengbomben** FAB, die russisch als Fugasnuije Awiabombui (russ.: Фугасные авиабомбы (ФАБ)) bezeichnet wurden. Etwa die Hälfte ihres Gewichtes bestand aus Sprengstoff. Das restliche Gewicht verteilte sich auf das Leitwerk, den Zünder und die massiv ausgelegte Bombenhülle.

Weiterhin kamen **Splitter-Sprengbomben** OFAB zum Einsatz. (russ.: Осколочно-фугасные, ОФАБ). Sowjetische/russische Splittersprengbomben unterschieden sich von den reinen Sprengbomben durch einen geringeren Anteil von Sprengstoff, der hier nur etwa ein Drittel der Bombenmasse betrug. Dafür besaßen sie einen vorgefertigten Splittermantel. Das war im Prinzip ein Stahlring in den Sollbruchstellen eingearbeitet waren. Das Gewicht eines Splitters lag in der Regel zwischen fünf und zehn Gramm um einerseits eine möglichst große Splitterzahl zu erzielen und andererseits dem Splitter genügend kinetische Energie mitzugeben, um auch auf größere Entfernung wirksam zu sein.

Äußerlich unterschied sich eine sowjetische Splittersprengbombe von einer Sprengbombe durch eine stumpfe Nase. Sie erzeugte einen hohen Luftwiderstand, der nach dem Abwurf die Bombe schnell abbremste. So traf die Bombe nahezu senkrecht auf dem Boden auf, was die Ausbreitung der Splitter im Umfeld optimierte.

Brandbomben (russ: Зажигательная авиационная бомба, ЗАБ) beinhalteten einen Brandbeschleuniger. Das konnte metallisches Thermit, auf Erdöl basierendes Napalm oder weißer Phosphor in Pulverform sein.

Sprengbrandbomben (russ: фугаснозажигательная авиационная бомба, ФЗАБ) waren eine Kombination aus Spreng- und Brandbomben.

Aerosolbomben (russ.: объёмно-детонирующая авиационная бомба, ОДАБ), wurden auch als thermobarische Bomben oder Fuel-Aerosol-Bombs (FAE) bezeichnet. Sie wurden mit einem leichtentzündlichen Brennstoff (Benzin oder Propan) befüllt. Beim Aufschlag explodierte eine kleine Sprengladung, die dafür sorgte, dass sich der Brennstoff im Umkreis fein verteilte und ein leicht entzündliches Luft-Brennstoff-Gemisch entstand. Mit Verzögerung wurde seine Sekundärladung gezündet um das Gemisch zur Explosion zu bringen.

Die dabei ausgelöste Druckwelle hatte eine verheerende Wirkung auf einfache Gebäude und Menschen.

Damit das Trägerflugzeug, bzw. der Hubschrauber aus dem Bereich der Detonationswirkung entkommen konnte waren die ODAB in der Regel mit einem Bremsfallschirm ausgestattet.

Die ODAB wurde während des Afghanistanfeldzugs eingesetzt. Sie funktionierten nicht immer zuverlässig, doch wenn sie funktionierten war ihre Wirkung verheerend. Deshalb wurden sie im Soldatenjargon, als *»Atombombe des kleinen Mannes«* bezeichnet.

Lasergelenkte Bomben. Die sowjetischen lasergelenkten Bomben basierten auf der FAB-500. Diese wurde mit einem Lasersensor an der Nase der Bombe versehen und mit Steuerflächen, sowie Stabilisierungsflossen ausgestattet. Lasergelenkte Bomben konnten nur von der MiG-27K eingesetzt werden. Die durchschnittliche Zielabweichung betrug +/- 5m.

Atombomben. Die MiG-23 war in der Lage eine taktische Kernwaffe des Typs RN-40 mit einer Sprengkraft von 30 kt einzusetzen. Für diese Waffe gab es einen speziellen Waffenpylon, der in Friedenszeiten eingelagert war und erst im Ernstfall montiert werden sollte.

Streubombenbehälter KMGU

Der KMGU (russ: КМГУ, Контейнер малогабаритных грузов унифицированный) war ein Schüttbombensystem, das zur Bekämpfung von Flächenzielen durch Flugzeuge und Hubschrauber vorgesehen war.

Er bestand aus einem aerodynamisch geformten Behälter, der mit einer Vielzahl unterschiedlichster Kleinbomben (Bomblets) und Minen bestückt werden konnte. Zum Waffeneinsatz wurden vier pneumatisch betriebene Klappen an der Unterseite des Behälters geöffnet. Über Federdruck erfolgte der Ausstoß der Submunition. Der Ausstoß konnte in unterschiedlichen Intervallen erfolgen, so dass unterschiedlich lange Geländeabschnitte bekämpft und den unterschiedlichen Fluggeschwindigkeiten Rechnung getragen werden konnte.

Der Abwurf von Submunition durch einen KMGU wurde in einem Höhenbereich bis zu 1.000 m als effizient angesehen. Die Mindesteinsatzhöhe sollte allerdings 30 bis 50 m nicht unterschreiten, weil sonst die bekämpfte Fläche zu schmal ausgefallen wäre.

Wie alle Flächenwaffensysteme wird der KMGU heute von den Vereinten Nationen als eine zu ächtende Waffe angesehen, was aber leider seinen Einsatz in den verschiedensten Kriegen bisher nicht unterbunden hat.

Eine MiG-23ML ist mit 16 FAB-100 schwer beladen. (Foto: Wauptschassow)

Übergabe des Flugzeugs an den Piloten im JBG-37. (Foto: Fotosammlung JBG-37)

Kanonenbehälter

Die MiG-23 war in der Lage Kanonenbehälter **UPK-23-250** mitzuführen.

Dieser Behälter beinhaltete eine Doppelrohrkanone GScha-23L, die für diese Waffe notwendige Stromversorgung, sowie einen Kampfsatz von 250 Granaten.

Installiert wurde der UPK-23-250 an den Unterflügelpylonen. Er wurde selten eingesetzt.

Lenkraketen

Luft-Luft-Raketen

R-3

Die Rakete R-3 (NATO-Code Atoll) gab es in den Versionen R-3S und R-3R. Die R-3S war eine infrarotgelenkte Rakete der ersten Generation. Sie war eine Kopie der amerikanischen AIM-9B, die von Chinesen erbeutet und an die Sowjets verkauft worden ist. Die R-3S war äußerlich und technisch mit der AIM-9B so kompatibel, das es möglich war die Raketen untereinander auszutauschen, ohne das Änderungen am Flugzeug notwendig waren.

Die R-3S war in ihrem Aufbau recht einfach gehalten. Sie bestand aus einer Metallröhre vom Kaliber 12,7 cm. Am Heck fanden sich vier kreuzförmig angeordnete Stabilisierungsflossen an denen kleine »Rädchen« angebracht waren. Am Bug der Rakete war der Infrarotsucher angeordnet. Hinter ihm befanden sich vier kleine, dreieckige Steuerflächen. Innerhalb des Raketenkörpers gab es einen Elektronikbereich, der die vom Infrarotsucher gesammelten Daten in Steuerbefehle umrechnete und an die Steuerflächen weitergab. Dahinter befand sich der Sprengkopf, der mit einem Splittermantel umgeben war. Im Heck war der Raketenantrieb untergebracht. Es war ein Feststoffantrieb, der nur eine kurze Zeit brannte, jedoch so großen Schub erzeugte, dass die Rakete bis zu 6 km weit fliegen konnte. Die Rakete R-3S hatte einige Limits, die ihren taktischen Wert einschränkten. So musste das Flugzeug beim Start der Rakete mindestens 600 km/h schnell fliegen, ansonsten ging die Rakete nach unten weg und verfolgte das Ziel nicht. Die tote Zone, also die Distanz in der die Rakete sich noch nicht selber lenkte, war mit 1.000 m sehr groß. Der Sensor hatte nur einen recht geringen Suchbereich und war nicht wirklich dafür geeignet schnell manövrierenden Luftzielen zu folgen. Und zu guter Letzt ließ sich die Rakete R-3S leicht durch Leuchtköder, die Sonne oder stark erwärmte Objekte, wie z.B. Schornsteine, vom eigentlichen Ziel ablenken. Und eine letzte Einschränkung gab es noch: die Rakete war nur bei guten Wetterbedingungen einsetzbar. Bei Wolken oder Nebel war sie wirkungslos.

Bei der Rakete R-3R war der Infrarotsuchkopf einem Radarsuchkopf gewichen. Dieser Suchkopf arbeitete halbaktiv, d.h. er orientierte sich an der Radarreflexion, die das Flugzeugradar beim Ziel auslöste. Mit dieser Waffe war es möglich Luftziele unter allen Wetterbedingungen zu bekämpfen. In der Praxis stellte sich heraus, dass die R-3R nicht immer so funktionierte, wie sie sollte.

R-13M

Die R-13M war die Weiterentwicklung der R-3S. Von der NATO wurde sie als Advanced-Atoll bezeichnet. Äußerlich unterschied sie sich durch einen schmaleren Bug, der zudem noch schwarz angemalt war. Im Bug saß ein verbesserter Infrarotsensor, der zur besseren Luftzielerkennung gekühlt wurde. Die Glasverkleidung des Sensors bestand aus einem Spezialglas, dass nur Lichtstrahlen eines bestimmten Spektrums durchließ. So konnten einige Störsignale herausgefiltert werden und die Rakete wurde treffsicherer. Der Sensor hatte zudem einen größeren Suchbereich und war in der Lage auch schnell manövrierenden Zielen zu folgen. Die Rakete R-13M war damit deutlich leistungsfähiger als das Vorgängermodell. Ihr Manko war die noch immer recht große tote Zone.

R-60

Die R-60, NATO-Code Aphid, war eine vollkommene Neukonstruktion. Sie wurde als reine Nahkampfwaffe entwickelt und war deshalb vergleichsweise klein. Sie wog ganze 45 kg, was sie zur leichtesten Luftkampfrakete der Welt machte. Die R-60 besaß einen neuentwickelten Infrarotsensor, der einen weiteren Suchbereich hatte und so schnell reagierte, dass auch sehr schnell manövrierende Luftziele verfolgt werden konnten. Die Rakete war als Kurvenkampfrakete konstruiert. Sie konnte selbst bei hohen Kurvenbelastungen gestartet werden.[276] Im Flug konnte sie Belastungen bis 42 g aushalten und einem

276 Das Limit lag bei 8 g. Bei den Vorgängermodellen lag es zwischen 2 und 3 g.

R-3R, R-3S und R-60- Schnittmodelle. (Foto: Normann)

Das Bild zeigt die Bewaffnung der MiG-23ML mit R-24 und R-60 Raketen. (Foto: Hendrik van Broekhuizen)

Luftziel auch in sehr engen Kurven folgen.

Weil die Rakete sehr klein war musste ihr Sprengkopf effizienter gemacht werden. Sie bekam einen Stabmantelgefechtsteil[277] aus gehärtetem Stahl. Weil sich dieser in der Praxis als nicht ausreichend stark erwies[278], wurde er bei modernisierten Versionen der Rakete durch ein Gefechtsteil aus abgereicherten Uran ersetzt.

Der Suchkopf moderner R-60 Varianten konnte durch das Waffenkontrollsystem des Flugzeugs auf ein Luftziel aufgeschaltet werden, dass das Radar oder der Wärmepeiler erfasst hatte. Dies verringerte die Zeit, die die Rakete benötigte, um ein Ziel zu erfassen. Später war es auch möglich die R-60 mit Hilfe eines Helmvisiers auf ein Ziel zu schalten.

Der Suchkopf der R-60 wurde ständig modernisiert. Er wurde empfindlicher und störfester. Manche Quellen besagen, dass er dem Suchkopf der amerikanischen AIM-9L in nichts nachstand.

In der Sowjetunion wurden Versuche gemacht mit R-60 Raketen Bodenziele anzugreifen. Dies gelang auch, wenn die Bodenziele einen warmen Motor hatten. Allerdings war die Sprengwirkung der Rakete für diese Aufgabe viel zu klein.

R-73

Die R-73, NATO-Code: Archer, wurde entwickelt, als sich herausstellte, dass die R-60 wohl doch ein wenig zu klein und zu leicht war, um solide gebauten westlichen Flugzeugen tödlichen Schaden zufügen zu können. Sie wurde zur Standardwaffe der modernsten Jagdflugzeuggeneration der Sowjetunion.

R-73. (Foto: Sammlung Normann)

R-23R. (Foto George Chernilevsky)

Kennzeichen der R-73 war ihre extreme Manövrierfähigkeit. Diese wurde durch die Schubvektorsteuerung der Rakete erzielt. Der Suchkopf der Rakete hatte einen weiten Suchwinkel und konnte mit Hilfe eines Helmvisiers auf ein Ziel ausgerichtet werden. Dadurch konnte die Rakete in einem viel größeren Schusswinkel eingesetzt werden, als es damalige westliche Raketen vermochten. Bundeswehrspezialisten sprachen Anfang der 1990er-Jahre davon, dass die R-73 den amerikanischen und westeuropäischen infrarotgelenkten Raketen um eine ganze Generation voraus war.

R-23 und R-24

Die Rakete R-23 und ihre Weiterentwicklung R-24 waren für den Einsatz auf mittlere Kampfentfernung ausgelegt. Sie waren vorranging für die Bekämpfung von Bombenflugzeugen gedacht. Es gab sie mit einem Infrarotsuchkopf oder einem halbaktiven Radarsuchkopf. Die R-23 war recht groß, weshalb sie bei der MiG-23 in der Praxis nur an den Unterflügelpylonen mitgeführt werden konnten. Vom Einsatzprinzip ähnelte die R-23R der amerikanischen AIM-7 Sparrow. Wie diese besaß sie einen halbaktiven Suchkopf. D.h. sie orientierte sich an der Reflexion die der Radarstrahl des Flugzeugs am Luftziel erzeugte. Damit war die R-23R bei allen Wetterbedingungen einsetzbar. Am effektivsten war ihr Einsatz im Gegenkursangriffsverfahren. Hier betrug die Einsatzentfernung etwa 15 km.

R-27T. (Foto George Chernilevsky)

Nachteilig bei der R-23R war, das es recht lange dauerte, bis die Rakete einsatzbereit war. Es dauerte mehrere Sekunden, ehe die Rakete schussbereit war und in der Praxis zeigte sich mehrfach, dass die Frist zur Abgabe eines gezielten Schusses damit vergeben war.

Die infrarotgelenkte Rakete R-23T besaß einen wärmesuchenden Suchkopf. Sie sollte angewendet werden, wenn die Möglichkeit bestand ein Luftziel zu überraschen. Beide Raketenversionen waren für den Manöverluftkampf eher ungeeignet. Das startende Flugzeug durfte Kurven mit einer maximalen Belastung von 4 g fliegen, die Rakete selber konnte mit maximal 5 g manövrieren. Die tote Zone der R-23 lag bei etwa 1.500 m.

Die MiG-23 konnte zunächst nur »typenreine« R-23 mitführen. D.h. nur zwei R-23T oder zwei R-23R. Eine Mischbewaffnung war wegen den verwendeten Waffensteuergeräten erst ab der MiG-23ML möglich.

Die R-24 war die Weiterentwicklung der R-23. Sie wurde als Übergangsmodell angesehen, um die Zeit bis zur Verfügbarkeit der R-27 zu überbrücken. Die R-24 hatte eine größere Reichweite, eine höhere Störfestigkeit, eine auf 500 m reduzierte tote Zone und eine bessere Manövrierfähigkeit.

---

277 Continuous Rod.

278 Im Libanonkrieg gelang es einer MiG-21 eine F-15A mit einer R-60 zu treffen. Die F-15 wurde zwar schwer beschädigt, schaffte aber den Weg zur Heimatbasis und landete dort sicher.

Luft-Boden-Raketen

Cha-23 Grom

Die Luft-Boden-Lenkrakete Cha-23 entstand als Weiterentwicklung der Cha-66. Beide Raketen sind sich äußerlich sehr ähnlich und unterscheiden sich durch das eingesetzte Lenkverfahren.

Die Cha-66 entstand, weil die sowjetischen Frontfliegerkräfte in den 1960er-Jahren eine Luft-Boden-Rakete benötigten, die in der Lage war kleinere statische Bodenziele punktgenau zu vernichten. Versuche aus der Luft-Luft-Rakete RS-2US (NATO-Code: AA-1 Alkai) eine Luft-Boden-Lenkwaffe abzuleiten scheiterten, weil der Sprengkopf dieser Rakete viel zu klein war, um ausreichend Schaden anzurichten. Das Grundprinzip dieser Waffe schien aber erfolgversprechend, weshalb man nun auf die deutlich größere Luft-Luft-Rakete R-8 (NATO-Code: AA-3 Anab) zurückgriff und diese mit dem Leitstrahl-Lenkverfahren der RS-2US ausrüstete. Weitere Änderungen betrafen die Anbringung zusätzlicher Steuerflächen am Kopfteil der Rakete, sowie die Verwendung eines kumulativen Gefechtsteils mit gerichtetem Splittermantel. 1966 war die Rakete Cha-66 einsatzbereit und wurde in die Serienfertigung übernommen. Haupteinsatzflugzeug war die MiG-21, wobei die Einschränkung galt, dass nur MiG-21 mit dem Radar RP-21 in der Lage waren die Cha-66 zu verwenden. Der Grund dafür lag darin, dass die Rakete mit dem für die RS-2US Rakete bestimmten Feuerleitstrahl des Radars RP-21 ins Ziel gelenkt wurde.

Das Problem war, dass dieses Lenkverfahren 1966 de facto bereits veraltet war und die modernen Radargeräte RP-22 und das in Entwicklung befindliche Saphir-23 nicht mehr in der Lage waren die RS-2US zu steuern, und damit die Cha-66 auch nicht verwenden konnten.

Deshalb wurde das Waffensystem Cha-23 Grom[279] entwickelt. Herzstück war das überarbeitete Lenksystem. Es bestand nun aus einem Sender Delta-N und einem Empfänger Delta R-1M. Delta-N wurde am Flugzeug montiert und sandte einen codierten und gebündelten Leitstrahl in Richtung der gestarteten Rakete. Diese besaß im Heckkonus ein Empfangsteil, das die vom Piloten gesendeten Steuerbefehle aufnahm und diese an die Steuerflächen der Rakete weiterleitete.

Der Pilot steuerte die Rakete mit Hilfe eines Steuerknopfes, der sich auf der linken Seite des Steuerknüppels befand.

Das Lenkverfahren der Cha-23-Rakete war bereits damals antiquiert, denn es handelte sich um das sogenannte Dreipunkt-Lenkverfahren. Bei diesem Verfahren muss der Pilot seine eigene Position, die Position des Ziels und die Position der Lenkwaffe beachten, um die Rakete in ihr Ziel zu steuern.[280] Das war sehr schwierig, weshalb die Trefferwahrscheinlichkeit nicht sonderlich hoch war. Hinzu kam, dass das Flugzeug während der Lenkphase der Rakete keine oder nur geringe Kursmanöver ausführen konnte, weil sonst die Gefahr bestand, dass die Rakete außerhalb des Lenkstrahls geriet und damit verloren ging. Angriffe auf stark verteidigte Ziele, bei denen Ausweichmanöver des Flugzeugs notwendig waren, versprachen deshalb kaum Erfolg zu haben.[281]

Dennoch wurde die Cha-23 in den Waffenbestand der Fliegerkräfte aufgenommen und ab 1974 im Herstellerwerk Kaliningrad bei Moskau[282] in Großserie gebaut. Diese Rakete wurde die primäre Luft-Boden-Lenkwaffe der MiG-23 und kam sowohl bei den sowjetischen Streitkräften zum Einsatz, als auch bei den Streitkräften der Verbündeten.

Die Cha-23 wurde beim Zielanflug in einem leichten Sinkflug[283] auf Distanzen zwischen vier und 10 km eingesetzt. Die Fluggeschwindigkeit des Trägerflugzeugs durfte 1.000 km/h nicht überschreiten und 600 km/h nicht unterschreiten. Die Rakete wurde während des gesamten Fluges durch den Piloten ferngelenkt. Zeitgleich konnten zwei Raketen auf ein und dasselbe Ziel abgefeuert werden.

Traf die Rakete ihr Ziel wurde der 108 kg schwe-

279 Grom ... russ.: Donner

280 Dieses Verfahren wurde auch bei den Panzerabwehrlenkraketen der ersten Generation verwendet. Es galt als schwer zu erlernen, weil es viel Erfahrung benötigte. Die Trefferwahrscheinlichkeit bei den frühen PALR lag bei etwa einem Drittel. Das Verfahren wurde bei den PALR durch das Zweipunktlenkverfahren abgelöst, bei dem es nur noch notwendig war das Zielkreuz auf dem Ziel zu halten. Den Rest machte die Elektronik.

281 Für das Pilotentraining gab es für die Cha-23 einen Cockpitsimulator. Der Pilot musste viele Stunden im Simulator verbringen, ehe er in der Lage war eine echte Cha-23 erfolgreich ins Ziel zu bringen.

282 Bitte nicht mit Kaliningrad, dem früheren Königsberg, in Ostpreußen verwechseln. In Kaliningrad bei Moskau wurden Raketen entwickelt und gebaut. Dort war auch der Sitz des OBK Koroljow, das die sowjetischen Trägerraketen der R-7 Familie entwickelt hat. Diese Raketen werden bis zum heutigen Tag in der Weltraumfahrt eingesetzt. Zu Sowjetzeiten war es üblich die Stadt *Kaliningrad bei Moskau* zu nennen, um eine Verwechslung mit dem ostpreussischen Kaliningrad zu vermeiden. Heute gibt es dieses Problem nicht mehr, denn 1996 wurde die Stadt zu Ehren Koroljows von Kaliningrad in Koroljow umbenannt.

283 Maximaler Sinkflugwinkel 40°. Mindestflughöhe des Flugzeugs 50 m, maximale Flughöhe 5.000 m.

re Gefechtskopf aktiviert. Er setzte 1.500 vorgefertigte Splitter frei, die im Umkreis von 50 m leichte Technik und weiche Ziele zerstören konnten. Der kumulative Gefechtskopf war in der Lage eine Panzerung von 250 mm Stahl zu durchdringen und konnte damit alle damals existierenden Panzer vernichten.

Die Cha-23 wurde zur Cha-23M weiterentwickelt und führte zur Nachfolgegeneration Cha-25.

Ch-23-Raketen werden an eine MiG-23BN der NVA angehängt. (Foto: Fotosammlung JBG-37)

Cha-25

Die Cha-25 war die Weiterentwicklung der Cha-23 Grom. Sie wurde ursprünglich Cha-23ML genannt, weil sie mit einem Laserzielsuchkopf ausgestattet werden sollte. Als es aber Forderungen gab die Reichweite der Waffe weiter zu erhöhen, wurde das Antriebssystem der Rakete überarbeitet. Die Änderungen waren nun so groß, dass eine neue Typenbezeichnung vergeben wurde.

Neu war bei der Cha-25, dass die Rakete modular aufgebaut ist und somit am Flugplatz mit unterschiedlichen Suchköpfen ausgerüstet werden kann. Als Lenkverfahren können die Laserlenkung, die Funkleitstrahllenkung und die Anti-Radar-Lenkung verwendet werden. Die Typenbezeichnung der Rakete lautet dann Cha-25ML, Cha-25MR oder Cha-25MP.

Vor dem Start kontrolliert der Pilot die Ch-23. (Foto: Fotosammlung JBG-37)

Die Laserlenkung ist die genaueste Lenkmethode. Sie ermöglicht eine Treffergenauigkeit von +/- 3 m. Sie hat aber den Nachteil, dass sie nur bei guten Sichtbedingungen zum Erfolg führen kann. Deshalb gibt es bei der Cha-25 auch noch die antiquiert wirkende Leitstrahllenkung.

Mit Hilfe einer modernen Steuerelektronik, die mit der MiG-27 Einzug hielt, konnte das Lenkverfahren der Zweipunktlenkung zur Anwendung gebracht werden. Dabei muss der Pilot nur noch das Zielzeichen mit dem Ziel in Deckung bringen. Den Rest macht die Elektronik. Für den Einsatz als Anti-Radar-Rakete Cha-25MP muss das Trägerflugzeug mit einem Sensorbehälter Wjuga ausgerüstet sein. Mit dessen Hilfe wird die Rakete aufs Ziel ausgerichtet, das sie nach dem Start vollautomatisch ansteuert und vernichtet.

569

Die MiG-23 im Einsatz

MiG-23ML bei einem Übungsflug. (Foto: Stefan Petersen)

NVA

Es muss im Jahre 1977 gewesen sein, als sowjetische Vertreter ihren Verbündeten Waffen einer neuen Generation vorstellten, die in Kürze für den Warschauer Vertrag verfügbar würden. Dazu zählten neben dem Kampfpanzer T-72 auch die Flugzeuge MiG-23MF, MiG-23BN und MiG-23UB.

Diese Waffensysteme verfügten über deutlich gesteigerte Fähigkeiten, waren aber auch erheblich teurer als die Vorgängermodelle. So kostete eine MiG-23 etwa 30 Millionen Mark, was in etwa ein Verdreifachung des Preises im Vergleich zur MiG-21 darstellte. Schon aus ökonomischen Gründen war es für die DDR nicht darstellbar alle Fliegergeschwader mit der MiG-23 auszustatten. Deshalb wurde beschlossen die MiG-23 zunächst nur in zwei Geschwadern in Dienst zu stellen, und zwar im Jagdfliegergeschwader 9 und im Jagdbombenfliegergeschwader 31.[284]

Das in Peenemünde beheimatete JG-9 wurde auserkoren als erste Einheit mit der MiG-23 ausgestattet zu werden und zwar mit den Versionen MiG-23UB und MiG-23MF. Weil es die wirtschaftliche Lage der DDR nicht anders hergab, wurde zudem beschlossen zunächst nur eine Staffel von der MiG-21 auf die MiG-23 umzurüsten.

Daraufhin begannen die Vorbereitungen auf die neue Technik.

Bald wurde eine Gruppe von Technikern und Piloten in die Sowjetunion geschickt, um sich mit dem neuen Waffensystem vertraut zu machen. Für die Piloten ging

284 Mit dem für die MiG-23 benötigten Budget hätte man in den Jahren zuvor alle sechs Jagdfliegergeschwader mit neuen MiG-21 ausrüsten können.

die Reise zu einem Flugplatz in der Nähe von Frunse. So hieß damals die Hauptstadt Kirgisiens.[285] Wobei der Begriff Nähe mit sowjetischen Maßstäben zu messen ist und nicht mit deutschen.

Die Piloten sollten sich mit dem Flugzeug vertraut machen und später, in die Heimat zurückgekehrt, als Multiplikatoren ihre gesammelten Erfahrungen an ihre Genossen[286] weitergeben.

Als die Flieger und Techniker von ihrer Reise ins »große Land« zurückkehrten, waren die ersten beiden MiG-23UB bereits ausgeliefert worden. Im April und Juni 1978 hatten sowjetische Piloten die Flugzeuge nach Peenemünde überführt. Im Juli und August desselben Jahres erfolgte die Zuführung der MiG-23MF. Damit war die erste Etappe der Umstellung auf die MiG-23 abgeschlossen.

Im JG-9 wurde die MiG-23MF mit gemischten Gefühlen aufgenommen. Sie war sicherlich ein fortschrittliches Waffensystem und hinsichtlich ihres Sensorsystems und der Bewaffnung den Jagdflugzeugen der Bundesluftwaffe deutlich überlegen. Außerdem war sie schneller als jedes andere Flugzeug, das die NVA bisher besessen hatte. Doch wurde unter der Hand bemängelt, dass die MiG-23MF als Kurvenkämpfer nicht zu gebrauchen war. Mancher Pilot war der festen Überzeugung, dass die MiG-21bis, die man vorher geflogen hatte, das bessere Jagdflugzeug sei. Offen sagte das natürlich niemand, denn Kritik an sowjetischen Waffensystemen war tabu. Doch hinter vorgehaltener Hand war man sich einig, dass die MiG-23MF kein großer Wurf wäre.

Wie immer, wenn in den Luftstreitkräften der Nationalen Volksarmee neue Technik einzog, wurde ein großes Geheimnis daraus gemacht. Es durfte nur ausgewähltes Personal an die neue Technik heran. Dazu war eine Sondergenehmigung notwendig. Wer diese nicht vorzeigen konnte war außen vor. Wehrpflichtige mit Westverwandtschaft wurden zum Dienst am neuen Flugzeug gar nicht erst zugelassen. Geheimhaltung war oberstes Gebot.

MiG-23ML-Paar im Jahre 1990 fotografiert aus einer MiG-23UB des JG-9. (Foto: Stefan Petersen)

MiG-23ML-Flug mit vollem Nachbrenner vor dem allmählich dunkler werdenden Abendhimmel. (Foto: Stefan Petersen)

Man ging sogar soweit, dass man plante einen Sichtschutzzaun um die Teile des Flugplatzes Peenemünde zu ziehen, die von außen einsehbar waren. Diese Idee verlief wegen mangelnder Baukapazitäten im Sande.

Die MiG-23 war ein deutlich komplexeres Flugzeug, als die bisher betriebene MiG-21 und sie verlangte von den Piloten einiges ab. Deshalb blieben Pannen und Unfälle nicht aus.

So landete am 2. August 1978 die MiG-23MF, mit der taktischen Nummer 564, etwa 20 m vor der Landebahn. Als Grund wurde später festgestellt, dass der Pilot vergessen hatte die Landeklappen auf die Landestellung zu fahren. Das Heck der Maschine bekam Bodenberührung und wurde so schwer beschädigt, dass es gegen ein neues Heckteil ausgetauscht werden musste. Bis das neue Rumpfhinterteil geliefert wurde verging mehr als ein Jahr. Nach der Lieferung machte das technische Personal die MiG innerhalb von zwei Tagen wieder einsatzbereit.

Am 7. Juli 1980 überschoss die MiG-23MF, Nr. 574, die Landebahn und rollte in den MiG-Fänger, wo sie soweit beschädigt wurde, dass sie für den Flugbetrieb nicht mehr einsetzbar war. Der Grund für den Unfall war Starkregen, der die Landebahn rutschig gemacht hatte. Das Flugzeug wurde an die Offiziershochschule Kamenz abgegeben und dort als Lehrmittel weiterverwendet.

Dass die DDR zunächst nur zwölf MiG-23MF beschaffte lag einerseits an ökonomischen Zwängen, andererseits wusste man, dass die Sowjetunion mit der MiG-23ML ein deutlich verbessertes Modell im Dienst stehen hatte. Und auf dieses Flugzeug spekulierte die NVA-Führung. 1982 war es dann soweit: die MiG-23ML wurde von der Sowjetunion für den Export freigegeben. Die DDR beschaffte daraufhin 32 Maschinen dieser Version, mit denen die anderen beiden Staffeln des JG-9 ausgerüstet werden sollten. Die Flugzeuge wurden im Zeitraum Juni 1982 bis März 1983 geliefert.

285 Die Stadt heißt heute Bischkek. Damals, zur Sowjetzeit, war Frunse eine Ansammlung von Holzhäusern, die sich um einen Stadtkern mit monumentalen Sowjetbauten angesiedelt hatte.

286 Der Begriff »Genosse« war damals die gebräuchliche Anrede in den Streitkräften der DDR. Das änderte sich erst in den letzten Tagen der DDR, wo zur Anrede »Herr« übergegangen wurde.

MiG-23ML 475 des JG-9 dreht im Flug ab und zeigt ihre Unterseite. (Foto: Stefan Petersen)

MiG-23ML-Paar mit Schreiberraketen für R-60 und R-23. (Foto: Stefan Petersen)

Die MiG-23ML war deutlich leistungsfähiger als die MiG-23MF. Außerdem eignete sich dieses Muster für den Manöverluftkampf.

Der Fortschritt war so offensichtlich, dass die Klagen über die Flugeigenschaften der MiG-23 der Geschichte angehörten. Nun sprachen ihre Piloten und Techniker von der MiG-23ML als einem ausgereiften und leistungsfähigen Waffensystem.

In Vorbereitung auf das eintreffend der MiG-23ML wurden weitere Schulflugzeuge MiG-23UB ans JG-9 geliefert, so dass sich die Zahl auf fünf erhöhte.

Am 21. Februar 1983 erlitt die MiG-23MF, Nr. 564, einen Brennkammerschaden. Dieser löste ein Feuer aus, das das Flugzeug soweit beschädigte, dass es nicht mehr flugtauglich war. Das Flugzeug wurde soweit instandgesetzt, dass es als Lehrmittel an der Offiziershochschule

Eine MiG-23ML vor einer Wolkenbank. (Foto: Stefan Petersen)

MiG-23BN-Paar im Jahre 1988. (© MBD - W. Fröbus)

MiG-23ML bunte Kuh aus Peenemünde im Verwahrlager Laage. (Foto: Archiv Jentzen)

Kamenz weiterverwendet werden konnte.

Den ersten tödlichen Unfall mit einer MiG-23 ereignete sich am 9. März 1983. Die 598, eine MiG-23ML, stürzte bei einer nächtlicher Abfangübung in der Nähe von Heringsdorf in die Ostsee. Die Ursache konnte nie ermittelt werden.[287]

Am 03. Oktober 1983 stürzte die 108, eine MiG-23UB, beim Anflug auf Peenemünde ab. Die Piloten, beides äußerst erfahrene Flieger, kamen dabei zu Tode. Als Unglücksursache wurde festgestellt, dass die Landeklappe nicht in die Landestellung gefahren war.[288]

Am 12. März 1984 erlitt die MiG-23ML, Nr. 599, einen Verdichterschaden am Triebwerk. Ihm folgte ein Triebwerksbrand, der auf einen oder mehrere Treibstofftanks übergriff. Das Flugzeug war nicht zu retten. Der Pilot katapultierte sich erfolgreich, ertrank aber vor dem Eintreffen der Rettungskräfte in der Ostsee.

Am 21. Mai 1986 stürzte die MiG-23UB, taktische Nummer 110, bei Hahnsberg, Kreis Greifswald in einem Waldstück ab. Beide Piloten konnten sich katapultieren. Als Ursache wurde festgestellt, dass sich der Pilot bei der Ausführung eines in Bodennähe durchgeführten Kunstflugmanövers in der Höhe verschätzt hatte.

Im Sommer 1987 erlitt die MiG-23MF mit der Nr. 596 einen Riss in der Brennkammer des Triebwerks. Der Pilot konnte das Flugzeug trotzdem sicher landen. Das Flugzeug war danach nicht mehr flugtauglich. Es wurde im August 1987 an die Flugzeugwerft Dresden übergeben und sollte dort wieder einsatzbereit gemacht werden. Dazu kam es aber bis zum Ende der DDR nicht mehr.

Am 4. November 1988 riss eine Öl- oder Treibstoffleitung der MiG-23ML Nr. 332, während des Rollens zur Startbahn. Das Flugzeugheck fing Feuer. Der Brand

287 Man hat das Wrack des Flugzeugs niemals gefunden. Polnische Fischer holten ein paar Tage später einige Trümmerreste aus ihren Netzen. Wo das Wrack liegt ist bis zum heutigen Tag unbekannt.

288 Entgegen der ersten Vermutungen waren die Tragflächen der Maschine nicht auf 45°, sondern auf die korrekte 16° Einstellung gefahren. Bei der 45°-Stellung und gleichzeitigem Ausfahren des Fahrwerkes hätte das SORZ-Warnsystem Alarm geschlagen. Bei einer Tragflächenstellung von 16° unterblieb diese Warnung. Weil die Piloten die Landeklappen nicht in Landestellung brachten blieben auch die Nasenklappen eingefahren. Der so zur Verfügung stehende Auftrieb reichte für den Landeanflug nicht aus. Das Flugzeug kam zu flach herein und bekam etwa 800 m vor dem Beginn der Landebahn Baumberührung und stürzte ab. Besonders tragisch war der Unfall deshalb, weil der Flug der »goldene Einsatz« der Piloten sein sollte, also der letzte Flug vor dem fliegerischen Ruhestand. Als Lehre aus diesem Unfall wurde das Warnsystem SORZ überarbeitet, so dass es nun auch Alarm gab, wenn im Landeanflug die Landeklappen nicht auf Landestellung gefahren waren.

MiG-23BN-Quartett im Jahre 1988. (© MBD - W. Fröbus)

Ein NVA-Werbeplakat von 1989. (Foto: Sammlung Normann)

konnte aber durch die herbeieilende Feuerwehr schnell erstickt werden. Der Pilot kam mit dem Schrecken davon. Das Flugzeug wurde wieder repariert, aber bis zum Ende der DDR nicht wieder eingesetzt.

Der letzte Verlust eines NVA-Flugzeugs fand am 13. September 1990 statt. Die MiG-23ML, Bordnummer 519, wurde von einem äußerst erfahrenen Piloten gesteuert, der den Mitgliedern des bundesdeutschen Verteidigungsausschusses die Leistungsfähigkeit der MiG-23ML demonstrieren sollte. Bei der Kunstflugvorführung stieg das Flugzeug senkrecht in eine Wolke und kam aus dieser zu steil und zu tief wieder heraus. Das Abfangen des Flugzeugs misslang, weshalb es im Greifswalder Bodden aufschlug. Der Pilot verlor dabei sein Leben.[289]

Die Flieger und Techniker der NVA hatten zunächst mit den MiG-23 Jagdflugzeugen gefremdelt. Die Vorteile der MiG-23MF schienen deren Nachteile nicht wettzumachen. Mit dem Eintreffen der Mig-23ML änderten sich die Ansichten. Mit der MiG-23ML waren die Kinderkrankheiten der MiG-23 Jagdflugzeuge beseitigt. Das Flugzeug war leistungsstark und zuverlässig. Im Allgemeinen war man mit der MiG-23 zufrieden, wenngleich man sie nur als Übergangsmuster zur MiG-29 ansah.

Als zweites Geschwader der Luftstreitkräfte der NVA erhielt das Jagdbombenfliegergeschwader, kurz JBG-31,[290] die MiG-23 und zwar in den Versionen MiG-23UB und MiG-23BN. Das Geschwader wurde 1971 gegründet, weil die Sowjetunion von der DDR verstärkte Anstrengungen im Bereich Luftunterstützung der Bodentruppen verlangte. Zuvor hatte es keine Jagdbombenfliegerkräfte in der NVA gegeben. Luftnahunterstützung wurde in der Regel von den zweiten Staffeln der Jagdfliegergeschwader gegeben.[291] Mit der Gründung des JBG-31 stand erstmalig ein Verband zur Verfügung dessen Fokus sich ausschließlich auf die Bekämpfung von Bodenzielen ausrichtete. Zur Grundausstattung des Geschwaders gehörten MiG-17F Flugzeuge, die man so modifiziert hatte, dass sie an zwei zusätzlichen Aufhängepunkten ungelenkte Raketen oder Bomben mitführen konnten.

In der Praxis zeigte sich, dass die MiG-17F ihre Aufgabe als Jagdbomber sehr gut machten. Allerdings war ihre Tragkraft eingeschränkt. Außerdem fehlte ihnen jeglicher Panzerschutz.

Weil sie sich auch langsam dem Ende der Lebensdauer näherten wurde beschlossen sie durch ein moderneres Jagdbombenflugzeug zu ersetzen. Zur Wahl standen die MiG-23BN und frühe Modelle der Su-22. Die Wahl fiel auf die MiG, weil etwa gleichzeitig beschlossen wurde MiG-23 Jagdflugzeuge zu beschaffen. Logis-

---

289 Auf der Internetseite https://Home.SNAFU.de/Veith/verluste9.htm ist folgendes zu lesen (sic): *Die Aufgabe dieses Fluges war die Demonstration der Leistungsfähigkeit der Technik und der Piloten. Am 12.09.1990 fand die Generalprobe noch bei strahlend blauem Himmel statt. Es wurden Flugmanöver mit maximaler Nachbrennerleistung in Bodennähe mit verschiedenen Tragflächenpfeilungen demonstriert. Als Abschluß war ein Vorbeiflug an der Tribüne mit 72°-Pfeilung und maximaler Nachbrennerleistung vorgesehen. Auf der Höhe der Tribüne überführte Major Syrbe die Maschine in einen Steigflug mit 60° Steigwinkel. Das Flugzeug steigt dabei wie eine Rakete in den Himmel. Während des Steigfluges war die Durchführung einer Rolle geplant. Diese Rolle sollte bei schwierigen Wetterbedin gungen entfallen.*
Die Bewölkung war an dem Tag sehr unterschiedlich. Es gab einige Wolkenfelder in ausreichend großer Höhe mit ca. 3/8, unter denen die Flugmanöver alle möglich waren. Das Problem waren einzelne Wolkenfetzen, deren Untergrenze teilweise bei ca. 200m lag. Diese Wolkenfetzen waren schwer kalkulierbar, weshalb das Flugprogramm reduziert wurde. Wie geplant wurden die Rollen bei dem betroffenen Steigflug gestrichen. Eine ganz normale Entscheidung unter den gegeben Bedingungen. Der Flug verlief bis zum Steigflug wie geplant. Noch vor dem Einflug in die Wolkendecke leitete Mj. Syrbe jedoch die Rolle ein und verschwand dann in der Bewölkung. Offensichtlich verlor er in den Wolken die Raumorientierung und überführte die Maschine unbewußt in den Sturzflug. Nachdem er die Wolken in einem Sturzwinkel von etwa 80° nach unten verließ und die Situation erkannte, gab es keine Rettung mehr.

290 In der NVA-Terminologie sprach man vom Jagdbombenfliegergeschwader und nicht vom Jagdbombergeschwader. Hier unterschied sich der Sprachgebrauch Ost von Sprachgebrauch West.

291 Die 1. Staffel eines Geschwaders war auf den Luftkampf spezialisiert, die 2. Staffel auf Luftkampf und Luftnahunterstützung und die 3. Staffel diente der Heran- und Weiterbildung von Pilotennachwuchs.

MiG-23UB der NVA. (Foto: Rob Schleiffert)

Der MiG-23UB-Pilot steigt aus dem hinteren Cockpit während Techniker dem Piloten im vorderen Cockpit beim Abschnallen helfen. (Foto: Archiv Jentzen)

MiG-23ML bei einer nächtlichen Übung in Jahre 1988. (© MBD - W. Fröbus)

tisch schien es vorteilhaft zwei sehr ähnliche Flugzeugtypen zu betreiben.

Im Januar 1979 wurde eine Gruppe von Piloten des JBG-31 zur Umschulung auf die MiG-23BN in die Sowjetunion entsandt. Der Lehrgang dauerte bis April desselben Jahres.

Im Mai 1979[292] trafen die ersten MiG-23BN beim JBG-31 ein. Die Ausbildung auf dem neuen Flugzeug begann. Dabei stellte sich heraus, dass das Flugzeug mitunter schwer zu beherrschen war. Das galt vor allem bei Flügen im Grenzbereich. Deshalb wurde den Piloten ans Herz gelegt die Leistungsgrenzen des Flugzeugs penibel einzuhalten. Andernfalls drohte das Eintreten in das gefürchtete Flachtrudeln, aus dem sich eine MiG-23BN nur sehr schwer wieder herausbringen ließ.

Das erste Flugzeug, das durch Flachtrudeln verloren ging war die 705. Sie geriet am 5. Juni 1980, während des Trainings von Luftkampfmanövern, in diesen gefährlichen Flugzustand und stürzte in der Nähe von Beeskow in ein Maisfeld. Der Pilot verlor dabei sein Leben

Im Oktober 1980 war die Umschulung auf die MiG-23BN abgeschlossen. Bis März 1981 wurden insgesamt 22 MiG-23BN beschafft. Am 1.12.1981 erhielt das Geschwader eine neue Bezeichnung. Aus dem JBG-31 wurde das JBG-37 »Klement Gottwald«.

Am 22. Juni 1982 kam es zum nächsten Zwischenfall mit einer MiG-23BN. Die 718 geriet in einen Vogelschwarm. Dabei wurden Tragflächen und Rumpf beschädigt. Das Flugzeug wurde repariert und flog wieder.

Wenige Tage später, am 29. Juli 1982, geriet die 699 nahe Eisenhüttenstadt in ein Flachtrudeln und stürzte ab. Der Pilot konnte sich katapultieren, verletzte sich aber dabei, so dass er fluguntauglich wurde.

Am 1.11.1982 wurde das JBG-37 dem FO FAFK, dem Führungsorgan der Front- und Armeefliegerkräfte, unterstellt. Ziel dieser Unterstellung war es die Handlungen von Land- und Luftstreitkräften bei der Luftnahunterstützung besser zu koordinieren. Aus diesem Führungsorgan wurden später die Armeefliegerkräfte der NVA gebildet. Im Gegensatz zu den Kampfhubschraubergeschwadern, die Mitte der 1980er-Jahre den Landstreitkräfte unterstellt wurden, verblieben die Jagdbombenflieger in den Luftstreitkräften.

In der Praxis des Fliegeralltags zeigte sich, dass die MiG-23BN nicht das leistete, was man sich vorgestellt

1990: Die letzte Landung einer MiG-23UB (Foto: Stefan Petersen)

hatte. Sie war zwar solide, zuverlässig und robust, doch waren ihre Fähigkeiten zur präzisen Vernichtung von kleinen Bodenzielen eher unterdurchschnittlich ausgeprägt. Unter der Hand sprach man auch despektierlich vom *»Dummeisenschmeißer«*. Außerdem stellte sie an die Piloten sehr hohe Anforderungen und war nicht dafür bekannt Flugfehler zu verzeihen. Die Bewaffnung der MiG-23BN entsprach auch nicht mehr den Anforderungen an das moderne Gefecht. Sie konnte keine Luft-Luft-Raketen zur Selbstverteidigung tragen, besaß keine Störkörperwerfer und als einzige Luft-Boden-Lenkrakete war die Cha-23 vorhanden, die ebenfalls nicht mehr auf der Höhe der Zeit war.

Deshalb sah sich die NVA-Führung bereits Anfang der 1980er Jahre nach einem Ersatz um. Und dieser Ersatz war die Su-22M4. Am 2. Juni 1984 begann die Umschulung auf das neue Flugzeug. Die 3. Staffel war für den Erhalt dieses Flugzeugs vorgesehen und sollte ihre MiG-17F gegen die »Susi« tauschen.

Doch die Führung hatte andere Pläne. Die 3. Staffel wurde zur Keimzelle eines neuen Jagdbombenfliegergeschwaders. Das JBG-77 wurde am 1. November 1984 aufgestellt und auf dem neu angelegten Flugplatz Laage stationiert.

Am 28.12.1984 wurden die letzten MiG-17F außer Dienst gestellt. Damit war das JBG-37 ausschließlich mit MiG-23BN und Trainern MiG-23UB ausgerüstet.

292 Nach anderer Quelle im Juli 1979.

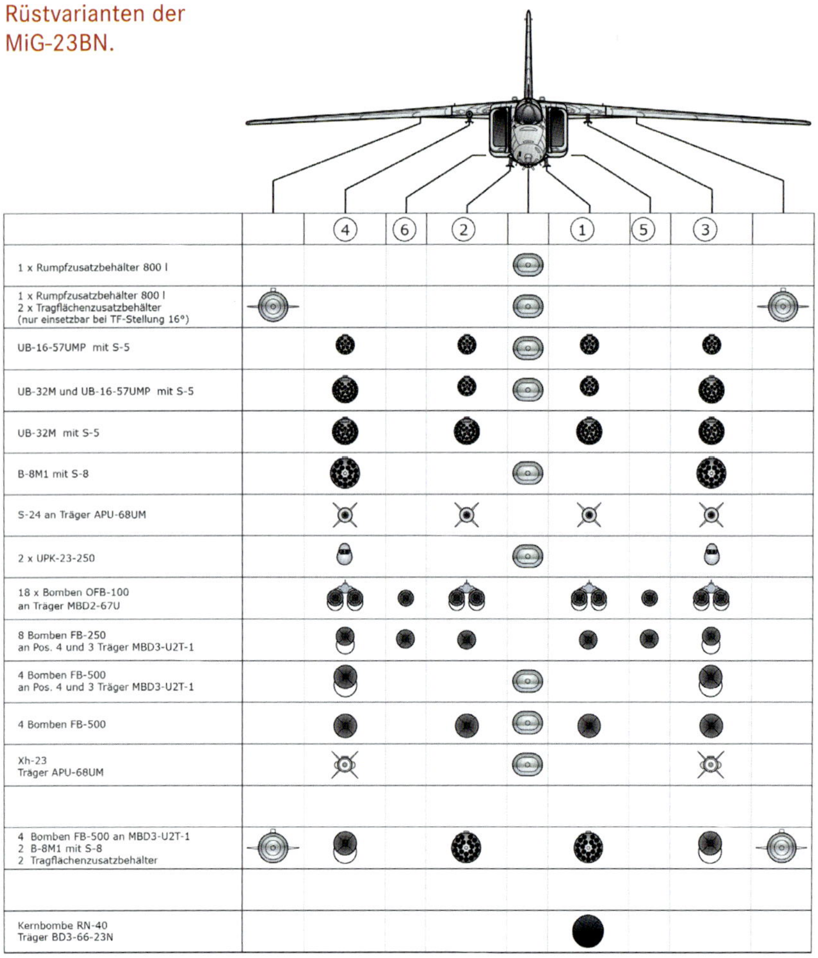

Rüstvarianten der MiG-23BN.

Am 04. Dezember 1985 kam es zum nächsten Verlust. Die 731 ging bei einem Flugunfall verloren, als der Pilot beim Einfliegen in eine tiefhängende Wolkendecke die Lageorientierung verlor und im Bereich des Flugplatzes Drewitz auf dem Boden aufschlug.[293] Am 11. Juni 1986 ging die 719 verloren. Grund war ein Fehler in der Flugsteuerung des Flugzeugs. Die MiG-23BN stürzte in der Nähe des vom JG-3 genutzten Flugplatz Preschen, in der Nähe der Autobahn ab. Der Pilot katapultierte sich erfolgreich in 200 m Höhe und lief nach seiner Landung am Fallschirm bis zum Flugplatz Preschen, um das »besondere Vorkommnis«[294] zu melden.

In der NVA-Führung gab es nun Stimmen, die der Meinung waren man solle auf die MiG-23BN verzichten und sie durch ein anderes Flugzeugmodell ersetzen. Im Gespräch waren die Su-22M4, aber auch das Schlachtflugzeug Su-25. Um den Erwerb der neuen Flugzeuge finanzieren zu können sollten die verbliebenen MiG-23BN verkauft werden. Es fand sich aber kein Abnehmer für dieses Flugzeug.

Alternativ war vorgesehen das MiG-23BN Geschwader ganz aufzulösen. Das dieser bittere Kelch am JBG-37 vorbeiging hatte mit einem Fehler Erich Honeckers zu tun. In einer Rede verkündete der Staats- und Parteichef die Auflösung eines Jagdfliegergeschwaders. Im Manuskript hatte noch Jagdbombenfliegergeschwader gestanden. Weil man diesen sprachlichen Fehler des »großen Chefs« nicht publik werden lassen wollte traf es statt

293 Auf der Internetseite https://home.snafu.de/veith/JBG-37htm ist dazu folgendes zu lesen (sic): *Am 04. Dezember 1985 Die 731, eine MiG-23BN (Werksnummer 2963222831, Nutzungsbeginn 14.01.1984) der 2. Staffel, Absturz gegen Mittag, ca.13.10-13.15 Uhr in das »Millionenloch« von Drewitz.*
Es wurde eine Tagflugschicht geflogen. Das Wetter war bewölkt, die Wolkenuntergrenze lag bei ca. 600 m. Nach dem Start der Maschinen verschlechtete sich das Wetter stark und die Wolkenuntergrenze sank auf ca. 300 m. Geplant waren Übungsflüge als Angriff des Flugplatzes unterhalb der Wolkenuntergrenze!
Anschließend sollten die Maschinen hochziehen und weg. Solche Flüge waren nichts ungewöhnliches und fanden meist im Bereich der Start- und Landebahn (SLB) statt. Diese lag ca. 300 m nördlich der Vorstartlinie (VSL), etwa 100 m südlich war die Kontroll- und Reperaturstaffel (KRS). Durch die relativ schlechte Sicht nach oben konnten vom Boden die Anflüge nicht richtig beobachtet werden, es war aber nicht zu überhören, die SLB wird überflogen. Dann flog der Pilot der 731 seinen automatischen Bombenwurfangriff. Allerdings kam die Maschine nicht über der SLB, sondern flog etwa Höhe KRS an und vor allem war sie sehr Tief. Der Pilot durchstieß die Wolkenuntergrenze erst bei ca. 300 m. Normalerweise fliegt der Autopilot nach dem »Abwurf« der Bombe automatisch ein Manöver Hochziehen mit ca. 30° Steigwinkel (Nr. 1-3), welches der Pilot dann ausleitet in dem er in einer bestimmten Höhe den Autopiloten ausschaltet, das Flugzeug durch eine halbe Rolle in die Rückenlage bringt (Nr.4) und anschließend an den Horizont führt (Rückenlage deshalb, weil der Mensch positive Lastvielfache besser verträgt). In dem Augenblick der Drehung flog der Pilot in die Wolken hinein und verlor die Raumorientierung. Weil das ganze nicht allzu hoch war (ca. 900 m) machte er das, was ein Flieger instinktiv macht, wenn es abwärts geht - er zieht am Knüppel. Nun hatte das Flugzeug noch Schräglage und die Überbelastung war auch zu hoch (lt. Flugschreiber ca. 7G) - jedenfalls fiel das Flugzeug in´s Trudeln und war verloren (Nr. 5). Bruchteile später stand über dem "Millionenloch" eine schwarze Rauchsäule.
Der Pilot, Leutnant Hänschke, kommt ums Leben, er wird posthum zum Oberleutnant befördert und hinterließ seine schwangere Frau und ein Kind. Er wurde vom technischen Personal besonders geschätzt, da er auch schon einmal eine vollbewaffnete MiG-23BN (mit18 Bomben) wieder recht sauber gelandet und diesen viel Arbeit erspart hat. Nach diesem Absturz wurde das Loch dann zuplaniert.Die herausgerissene Verdichterscheibe und die GScha-23 wurde erst in 4-5 Meter Tiefe »gefunden«. An der Bordkonone waren beide Läufe um ca. 40° durch die Wucht des Aufschlages »verbogen«.

294 Ein besonderes Vorkommnis konnte im Sprachgebrauch der NVA alles sein, was sich außerhalb der Norm ereignete.

295 Ein ähnliches Unglück hatte es 1989 mit einer sowjetischen MiG-23M gegeben. Bei dieser hatte sich der Bremsschirm geöffnet, als sich das Flugzeug beim Start bereits in der Luft befand. Der Pilot katapultierte sich und das Flugzeug setzte seinen Flug unbeirrt fort. Es flog bis nach Belgien, wo ihm der Treibstoff ausging und es abstürzte. Leider fiel die Maschine auf ein Einfamilienhaus und tötete einen Bewohner.

296 Heute in den Medien als »Belarus« bezeichnet. Angeblich weil die Weißrussen ihr Land so nennen. Nur tun sie das nicht. Sie nennen es »Bjelarus«, was wortwörtlich übersetzt »Weißrussland« bedeutet.

297 Hatten sich die US-Elitepiloten der Aggressorstaffel stets über die MiG-23 beschwert, so endete die Kritik an der MiG mit dem Eintreffen der MiG-23ML. In den Händen fähiger Piloten erwies sich die MiG-23ML als durchaus ernstzunehmender Gegner. Nach Ablauf ihrer Nutzungsdauer wurden einige MiG-23ML verschrottet, andere wurden an Museen abgegeben.

des JBG-37 nun das Jagdfliegergeschwader-7, das Mitte 1989 aufgelöst wurde. Deshalb blieb die MiG-23BN bis zum Ende der DDR im Einsatz.

Der letzte Verlust im JBG-37 war der Flugunfall der MiG-23UB mit der taktischen Nummer 101. Am 17. Juni 1987 aktivierte sich beim Start der Bremsschirm. Die Vorschrift besagte, dass sich die Piloten in solch einem Fall katapultieren mussten.[295] Dies wurde auch getan, weshalb die 101, ohne Piloten an Bord, in die MiG-Fänger genannte Flugzeugfanganlage raste und dort Feuer fing.

Kurz vor Ende der DDR erlebte das JBG-37 noch einen Höhepunkt. Die 1.Staffel wurde 1989 zum Raketenschießen in die Sowjetunion verlegt. Ziel des Einsatzes war der Flugplatz Luninez in Weißrussland.[296] In Luninez wurde mit gelenkten und ungelenkten Raketen geschossen. Die Ergebnisse wurden mit »Gut« bewertet.

Nach dem Ende der DDR wurden die MiG-23 aller Versionen von der Bundeswehr übernommen, jedoch nicht weiter betrieben. Jeweils eine MiG-23BN, MF und ML sind zur Begutachtung an die WTD 61 in Manching übergeben worden. Andere Maschinen wurden an Verbündete verschenkt. Der größte Abnehmer waren die USA, die eine MiG-23BN, sowie zwölf MiG-23ML erhielten. Die MiG-23ML wurden von ehemaligen NVA-Piloten zur Ramstein Air Base überführt und dort den Amerikanern übergeben. Diese verschifften die Flugzeuge in die USA, wo sie im Rahmen der Red Flag Manöver bei der Aggressorstaffel der USAF zum Einsatz kamen.[297]

Die restlichen MiG-23 wurden entweder verschrottet oder an Museen abgegeben.

MiG-23BN »720« des Jagdbomberfliegergeschwaders 37. (© Udo Jaschke)

Im Nahen Osten

Der Oktoberkrieg 1973[298] war gerade vorbei, als die arabischen Staaten von der Sowjetunion modernere Kampfflugzeuge forderten. Die Sowjetunion reagierte auf diese Forderungen mit der Lieferung von MiG-23MS, MiG-23BN und MiG-23UB an Ägypten und Syrien.

Die MiG-23MS erlebte ihre Feuertaufe im Dienste der syrischen Luftstreitkräfte. Auch nach dem de facto Waffenstillstand im Nachgang des Oktoberkrieges drangen israelische Flugzeuge weit nach Syrien ein und bombardierten jedes Ziel, das ihnen in den Sinn kam. Die Hauptlast dieser Angriffe trugen F-4E Phantom, die im Tiefstflug ihre Ziele anflogen. Die Phantom war im Tiefstflug schneller als die MiG-21, so dass es für die Syrer schwer war sich gegen die israelischen Attacken zu verteidigen. Mit dem Auftauchen der MiG-23MS änderte sich die Lage. Die MiG-23MS war schnell genug, um eine F-4E Phantom einzuholen und das zeigte sich, als es mehrfach gelang israelische Angreifer abzuschießen. Die Israelis stellten daraufhin ihre Angriffe für eine Zeitlang ein.

Trotzdem wurden die Syrer nicht richtig froh mit der MiG-23. Die ihnen gelieferten Maschinen trugen noch die Kinderkrankheiten des Flugzeugs in sich, was sich in einer hohen Absturzrate niederschlug. Teilweise waren die syrischen Piloten an den Abstürzen selber schuld, weil sie sich partout weigerten die von den Sowjets aufgestellten Flugparametergrenzen einzuhalten. 1981 erhielten die Syrer eine begrenzte Zahl an MiG-23MF. Die Umschulung auf diese neue Version war noch nicht abgeschlossen, als 1982 der Libanonkrieg ausgefochten wurde.

In diesem Krieg lagen alle Vorteile auf Seiten der Israelis. Diese hatten nicht nur moderne Jagdflugzeuge, die der MiG-23MF eine ganze Generation voraus waren, sondern auch noch eine deutlich größere Zahl an modernen Jagdflugzeugen[299]. Hinzu kamen noch die geografischen Gegebenheiten. Bedingt durch die hohe Gebirgskette des Anti-Libanon-Gebirges war es den Syrern nicht möglich den Luftraum des Libanon von Syrien aus zu überwachen. Eine bodengebundene Jägerleitung war damit nur durchführbar, solange syrische Radarstationen im Libanon aktiv waren. Die Israelis hatten dagegen Radarflugzeuge E-2 Hawkeye, die den gesamten Luftraum des Libanons überblickten und bis weit nach Syrien hinein Luftziele aufklären konnten. Damit waren sie stets über die Position der syrischen Flugzeuge informiert und konnten ihre eigenen Jagdflugzeuge in vorteilhafte Ausgangspositionen leiten.

Als es den Israelis gelang das syrische Radarnetz im Libanon zu zerschlagen mussten die syrischen Piloten quasi blind ins Gefecht ziehen, während die Israelis vollen Überblick über das Gefechtsfeld hatten. So waren die Gefechtsergebnisse. Die Israelis wollen 82 syrische Flugzeuge abgeschossen und im Gegenzug nur zwei eigene Maschinen eingebüßt haben. Syrische Quellen sprechen von anderen Zahlen. Sie berichten von mehreren Luftgefechten zwischen MiG-23MF und F-16A, bei denen die syrischen Maschinen ihre Raketen im Gegenkursabfangmanöver starteten und mindestens sechs Abschüsse erzielten.[300] Beweisen konnten sie ihre Behauptungen allerdings nicht, weil jede einzelne MiG-23MF, die einen Abschuss für sich reklamieren konnte, selber im nachfolgenden Gefecht abgeschossen wurde. Die syrischen Piloten hatten versucht, nach der erfolgreichen ersten Attacke, die überlebende Maschine des F-16-Paares in einen Nahluftkampf zu zwingen. Im Duell zweier MiG-23MF gegen eine F-16A sahen sie eine gute Gelegenheit einen weiteren Luftsieg zu erringen. Allerdings gingen diese Versuche stets nach hinten los. Vor allem dann, wenn die israelischen Jägerleitoffiziere an Bord der Hawkeye weitere Jäger in das Luftgefecht schickten. Es gibt auch Berichte von einem anderen taktischen Verhalten einiger syrischer Piloten. Diese hielten stets das Tempo hoch und verweigerten dem Gegner somit einen gezielten Waffeneinsatz.[301]

Trotz dieser, wenn auch beschränkten Erfolge, erlitten die Syrer im Luftkrieg über dem Libanon eine bittere Niederlage. Sie verloren zwölf MiG-23 und schossen, wenn man ihnen glauben mag, sechs F-16A der Israelis ab. Hinzu kommen noch die Zerstörung von zwei Aufklärungsdrohnen und ein Jagdbomber des Typs Kfir C7.[302]

298 Im Westen als Yom-Kippur-Krieg bezeichnet und in den arabischen Staaten als Ramadankrieg.

299 Die Syrer besaßen 24 MiG-23MF, die Israelis die fünffache Menge an F-16 und F-15.

300 Interessant ist die Aussage, dass die israelischen F-16A Störsender mitführten, die das Radar der MiG-23MF auf kurze Distanz stören konnten. Die Syrer sollen dies durch einen Trick überwunden haben. Dabei stimmten sie die Suchköpfe der R-23R Raketen des Führungsflugzeugs eines Paares mit dem Radar des Geführten ab. Im Gefecht startete der Führende die Rakete, sobald er in Reichweite war und der deutlich weiter hinten fliegende Geführte lenkte sie ins Ziel. Ehemalige NVA-Spezialisten bezeichneten dieses Vorgehen als »innovative Notfallmaßnahme für den Fall, dass sonst gar nichts mehr geht.«

301 Sie brachen, sobald sie vom Radar der der F-15A oder F-16A erfasst wurden seitlich weg, gingen in einen Sinkflug und beschleunigten auf Höchstgeschwindigkeit. Die Radargeräte der israelischen Jäger verloren durch das abrupte Kursmanöver die Zielaufschaltung und mussten auf einen anderen Suchmodus umgeschaltet werden. Bis dies geschehen war, war die MiG-23 schon längst verschwunden.

302 Nach anderer Quelle wurde die Kfir von einer MiG-21 abgeschossen.

MiG-23 nahmen an den Kämpfen zwischen Ägypten und Libyen teil und auch am ersten Golfkrieg zwischen dem Iran und dem Irak. Die Ergebnisse waren durchwachsen. Interessant war, dass die Iraker ihre MiG-23 deutlich modifizierten. So gaben sie den Jagdversionen die Fähigkeit französische Luft-Luft-Raketen des Typs Magic zu tragen. Die Jagdbomber bekamen die Fähigkeit den Luft-Schiff-Flugkörper Exocet einzusetzen. Jäger und Jagdbomber wurden in die Lage versetzt zusätzliche aktive Störbehälter mitführen zu können. Einige Flugzeuge rüstete man mit einer Lufttanksonde aus.

In den Golfkriegen gegen die Amerikaner waren die MiG-23 der Iraker veraltet und konnten keine Erfolge erzielen. Interessant ist die Beschreibung eines Luftkampfes zwischen einer libyschen MiG-23MLD und einem Paar F-14 der US-Navy aus dem Jahr 1989. Der Libyer überlebte nicht nur das Gefecht, sondern konnte es so gestalten, dass die Amerikaner unverrichteter Dinge abziehen mussten. Das war für die Amerikaner sicherlich unbefriedigend, hatten Navy-Piloten doch ein paar Tage zuvor zwei libysche MiG-23MS vom Himmel geholt.

Syrische und libysche MiG-23 nahmen an der Bekämpfung des arabischen Frühlings teil, wobei vor allem die syrischen Maschinen massiv eingesetzt wurden.

In sowjetischen Diensten und der Feldzug in Afghanistan

Als die MiG-23 in den sowjetischen Jagdfliegereinheiten ankam wurde sie mit gemischten Gefühlen aufgenommen. Und zwar deshalb, weil sich schnell herausstellte, dass sie im Kurvenkampf der älteren MiG-21 deutlich unterlegen war. Nicht wenige Piloten waren der Meinung, die MiG-21 sei, wegen ihrer höheren Wendigkeit, das bessere Jagdflugzeug.

Solch eine Situation war für die sowjetischen Fliegerkräfte nicht neu. So etwas hatte es bereits Mitte/Ende der 1930er-Jahre gegeben, als der Umstieg vom Doppeldecker auf den Eindecker erfolgte und auch noch einmal im Jahr 1950 als der Umstieg vom Propellerantrieb zur reaktiven Fliegerei[303] durchgezogen wurde. In beiden Fällen hatte die sowjetische Militärführung einen Sonderverband aus Testpiloten zusammengestellt. Dieser

Techniker transportieren Bomben einer MiG-23MLD. (Foto: Sammlung Normann)

303 Sowjetischer Ausdruck für den Flug mit Strahltriebwerken.

MiG-23MLD in Bagram, 1988. (Foto: Sammlung Scheffler)

war von Einheit zu Einheit getingelt, hatte die Vor- und Nachteile des neuen Konzepts durch Flugvorführungen vorgestellt und Lösungsansätze für die Nutzung der neuen Technik aufgezeigt. Und genau diesem Vorgehen folgte man auch, als die Flieger der neuen MiG-23 skeptisch gegenüberstanden.

Wieder wurde eine Sondereinheit aufgestellt, die den Einsatzpiloten zeigen sollte, wie man mit der MiG-23 in der Praxis umgehen sollte. Doch trotz aller Bemühungen konnte die Skepsis nicht vollständig ausgeräumt werden. Das hing auch damit zusammen, dass die ersten MiG-23-Versionen noch nicht vollständig ausgereift waren und im Flugbetrieb starken Einschränkungen unterlagen. Hinzu kam, dass es in der Anfangszeit zu einer Serie von Abstürzen kam, die vor allem auf technische Fehler des Flugzeugs zurückzuführen waren. Die Absturzrate war so hoch, dass man die MiG-23 unter der Hand mit der F-104 Starfighter[304] verglich. Allerdings mit der Einschränkung, dass das Rettungssystem der MiG-23 hervorragend funktionierte und sich die Zahl der Toten im überschaubaren Rahmen hielt.

Das Vertrauen der Piloten in die MiG-23 wurde auch dadurch beeinträchtigt, dass das Flugzeug bei hohen Belastungen dazu tendierte einen Flügel abzumontieren. Der Grund war das Versagen des zentralen, kraftaufnehmenden Bauteils wegen Fertigungsmängeln. Deshalb wagten es viele Piloten nicht das Flugzeug bis zur Leistungsgrenze auszufliegen. Der Mythos, dass die MiG-23 nicht zum Kurvenkämpfer tauge, war geboren und wurde auch dadurch genährt, dass viele Vorgesetzte, um Unfälle zu vermeiden, an der alten Doktrin der reinen Abfangjagd festhielten.

Techniker schieben eine MiG-23MLD auf eine Parkposition. (Foto: Sammlung Normann)

Diese Doktrin war aber bereits Anfang der 1970er-Jahre ins Wanken geraten, als der Einsatz sowjetischer Jagdflieger in Ägypten mit einem Debakel endete und deshalb eine neue Jagdfliegertaktik erarbeitet wurde. Diese sah die Rückkehr zum Manöverluftkampf vor und für den schien die MiG-23 nicht geeignet zu sein.

MiG-23UB mit Störkörperwerfern. (Foto: Sammlung Scheffler)

Trotz aller Problem und Widerstände wurde die MiG-23 in großer Zahl in die Truppe eingeführt und avancierte zum neuen sowjetischen Standardjagdflugzeug. Zu Hochzeiten sollen 70 Jagdfliegerregimenter mit MiG-23 unterschiedlichster Versionen ausgerüstet gewesen sein. Die MiG-23 wurde bei den Frontfliegerkräften und der Luftverteidigung geflogen. Sie diente in allen Zeit- und Klimazonen der Sowjetunion und wurde auch von den Einheiten der 16. Luftarmee der Gruppe der Sowjetischen Streitkräfte in Deutschland eingesetzt.[305]

MiG-23MLD in einer offenen Flugzeugdeckung. (Foto: Sammlung Scheffler)

Das Vertrauen in die MiG-23 wuchs im Laufe der Jahre, als modernere Versionen des Flugzeugs zur Verfügung standen und die Kinderkrankheiten überwunden waren. Dann zeigte sich, dass moderne MiG-23 durchaus zum Kurvenkämpfer taugten. Man musste bloß genau wissen, was das Flugzeug konnte und was man tunlichst vermeiden sollte. Die sowjetischen Piloten lernten die Stärken der MiG-23, wie eine exzellente Beschleunigung und eine hervorragende Steigfähigkeit, voll auszunutzen, den Kampf aus der Distanz zu führen und den Nahluftkampf, soweit es ging, zu vermeiden.[306]

Der längste militärische Konflikt, den die MiG-23 in sowjetischen Diensten durchzufechten hatte, war der Afghanistanfeldzug. In den ersten beiden Jahren des Krieges war die MiG-23 so gut wie nie in Afghanistan im Einsatz. Die Hauptlast der Kämpfe lastete auf den Schultern der MiG-21bis. Erst ab 1982 wurden gelegentlich MiG-23M herangezogen, wenn es darum ging grenznahe Operationen der sowjetischen Streitkräfte aus der Luft abzusichern. Solche Einsätze gab es sowohl an der iranischen, als auch an der pakistanischen Grenze, wobei sich zeigte, dass die Verweildauer der, von sowjetischen Flugplätzen aus operierenden, MiG-23M im Einsatzgebiet zu knapp bemessen war.

1984 nahmen die Kämpfe in Afghanistan immer heftigere Formen an, weshalb nun MiG-23ML direkt nach Afghanistan entsandt wurden. Diese Flugzeuge galten als ausgereift und wurden intensiv im Kampf eingesetzt. Dabei flogen die MiG-23ML sowohl in der Rolle als

304 Die amerikanische F-104 Starfighter litt unter einer hohen Absturzrate, die ihr den wenige schmeichelhaften Beinamen »Widowmaker«, »Witwenmacher« eintrug.

305 Übrigens auch noch, als die Verbände der 16.Luftarmee vollständig auf die MiG-29 umgerüstet waren. Es wurden dennoch einige MiG-23 im Dienst gehalten, die dazu dienten hochrangigen Stabsoffizieren, die noch nicht auf die MiG-29 umgeschult hatten, die notwendigen Flugstunden zu verschaffen, um den Pilotenschein zu behalten.

306 Wenn sich ein Luftnahkampf nicht vermeiden ließ sollte die hohe Steiggeschwindigkeit der MiG-23 ausgenutzt und der Kampf in der Vertikalen gesucht werden. Der horizontale Kurvenkampf war möglichst zu vermeiden. Wichtig war die Geschwindigkeit hoch zu halten. Im Fall, dass die MiG-23 zu unterliegen drohte, sollte man versuchen die exzellente Beschleunigungsfähigkeit der MiG-23 auszunutzen, um das Gefecht abzubrechen. Getreu dem Motto: *»Lieber einen Moment zu feige, als ein Leben lang zu tot.«*

Bomben werden angehängt. (Foto: Sammlung Scheffler)[307]

Jagdflieger, als auch in der Angriffsrolle. Die Jagdeinsätze beschränkten sich auf Patrouillenflüge entlang der Grenze Afghanistans und auf Geleiteinsätze für Angriffsmaschinen. Dabei kam es zu einigen Scharmützeln mit pakistanischen und iranischen Jagdflugzeugen.[308]

In der Rolle als Jagdbomber setzten die MiG-23ML vorranging konventionelle Bomben zwischen 100 und 500 kg ein,[309] sowie ungelenkte Raketen und Schüttwaffensysteme. Als der Gegner mit tragbaren Luftabwehrraketen ausgerüstet wurde, antwortete die sowjetische Seite mit dem Einbau von Störkörperwerfern in die MiG-23ML. Dazu wurde der Unterrumpfpylon durch ein neueres Modell ersetzt, das einen Störkörperwerfer in sich trug. Als sich dieser Schutz als nicht ausreichend herausstellte, wurde die MiG-23ML durch die MiG-23MLD ersetzt. Diese war bereits vom Werk mit neuen Störkörperwerfern ausgestattet.[310] Die Zahl der im Einsatz verlorenen MiG-23 ging mit dieser Neuerung auf null zurück.[311]

Die MiG-23MLD wurde 1989 aus Afghanistan abgezogen. In den Fliegerkräften, vor allem bei Einheiten, die in Richtung der erwarteten Hauptkampflinie operierten, war in der Zwischenzeit der Übergang auf die neue Jagdflugzeuggeneration in vollem Gange. Die Zahl der MiG-23 nahm kontinuierlich ab.

Dann kam die politische Wende und er Zusammenbruch der Sowjetunion. Die MiG-23 gingen in die Fliegerkräfte der Nachfolgestaaten über, wo sie bis Ende der 1990er-Jahre im Einsatz gehalten wurden.

---

307 Auf den ersten Blick scheint es, als ob die Bomben verkehrt herum angehängt werden. Das trifft aber nicht zu. Sie werden nur mit engegengesetzter Richtung auf dem Hublader platziert. Eine Bombe zeigt nach links, die andere nach rechts. Nach der Montage der ersten Bombe fährt der Hublader um das Flugzeug herum und die zweite Bombe liegt nun genau in der richtigen Richtung."

308 Im Internet gibt es verschiedene Berichte über solche Vorkommnisse. Über den Wahrheitsgehalt kann man nur spekulieren. Fakt ist, dass in einem Fall, bei dem die Pakistaner den Abschuss einer MiG-23ML für sich beanspruchen, eine MiG tatsächlich mit einem Splitterschaden heim kam. Splitter einer explodierenden AIM-9L perforierten das linke Höhenleitwerk, die linke Tragfläche und den Tank Nr. 1. Doch entgegen der im Westen weit verbreiteten Meinung, dass die heißen Splitter einer Sidewinder ausreichen würden eine MiG-23 in einen Feuerball zu verwandeln, lief dem getroffenen Flugzeug lediglich der Treibstoff aus.

309 Oftmals wurden Mehrfachbombenträger verwendet, so dass bis zu 20 Bomben pro Flugzeug mitgeführt werden konnten.

310 Es wurden auch neue Leuchtköder verwendet. Man ging von den Magnesiumfackeln ab und ersetzte sie durch Leuchtköder auf Basis Thermit. Diese waren etwa 1 kg schwer und brannten länger und heißer.

311 Russische Quellen schlüsseln die Verlustzahlen zwischen MiG-21 und 23 nicht explizit auf. Sie geben den Verlust von 20 Maschinen beider Flugzeugtypen an, wo bei das Jahr 1982 mit 6 verlorenen Maschinen am verlustreichsten war. 1988 und 89 gingen keine MiG-23 durch Kampfhandlungen verloren.

Exkurs: Luftbasis 1521 Marij

Seit erscheinen des Filmes TOP GUN im Jahr 1987 ist allgemein bekannt, dass es für die Marineflieger der US Navy eine Luftkampfschule gibt. Hier lernen die besten Piloten der Navy von den allerbesten, wie sie ihr Flugzeug handhaben müssen, um im Luftkampf bestehen zu können. Weniger bekannt ist, dass auch die US Air Force ein ähnliches Programm betreibt. Und zwar ist es die Aggressor-Staffel, die auf der Nellis Air Force Base in Nevada stationiert ist. Hier trainieren Piloten der US Air Force den Luftkampf, wobei sie lange Zeit den Vorteil hatten gegen von US-Piloten geflogene echte sowjetische Flugzeugtypen antreten zu können. Dieses Ausbildungsmaßnahme lief und läuft unter dem Titel »Rod Flag«.

Im Westen nahezu unbekannt ist jedoch die Tatsache, dass auch die Sowjetunion ihr eigenes Luftkampfzentrum hatte. Es war in der südlichen Sowjetrepublik Turkmenistan beheimatet und auf der dortigen Fliegerbasis Marij-1[312] angesiedelt.

Die Wurzeln des Trainingsprogramms gehen auf den Nahostkonflikt zurück. Die Sowjetunion unterstützte Ägypten und Syrien materiell in ihrem Kampf gegen Israel. Und die Araber waren nicht unbedingt glücklich mit den sowjetischen Jagdflugzeugen. Vor allem die Ägypter beschwerten sich. Von sowjetischer Seite wurden die Klagen aber beiseite gewischt. Auch wenn man es nicht laut sagte, so war man sich doch in der Sowjetunion sicher, dass die MiG's erstklassig waren und die Ägypter nur zu inkompetent wären, die volle Leistungsfähigkeit aus den Flugzeugen herauszukitzeln. Doch die Klagen hörten nicht auf. Deshalb entschloss sich die sowjetische Führung im Jahr 1970 dazu mit eigenen Piloten in den Kampf einzugreifen.

Geeignete Kandidaten gab es zuhauf, weshalb es nicht schwierig war genügend Personal zusammenzubekommen. Um die Fliegergruppe auf den zukünftigen Einsatz vorzubereiten wurde sie nach Turkmenistan geschickt und zwar deshalb, weil das dortige Klima dem ägyptischen Klima sehr ähnlich war. Es gab Wüsten und Oasen. Es gab Sand und große Hitze. Ein perfekter Ort,

Die MiG-23MLD der Aggressorstaffel trugen zur besseren Unterscheidbarkeit ein Band aus Sternen am Seitenleitwerk. (Foto: Sammlung Scheffler)

312 Marij-1 deshalb, weil es in der Nähe des Städtchens Marij zwei Flugplätze gab, die Marij-1 und -2 genannt wurden.

Ein Haifischmaul und ein Wikinger waren die Erkennungszeichen der 2ten Staffel. (Foto: Sammlung Scheffler)

um sich auf Ägypten vorzubereiten.

Die fliegerische Ausbildung dauerte etwa einen Monat. Sie entsprach der damaligen Doktrin der sowjetischen Streitkräfte. Den Piloten wurde beigebracht sich von ihren Jägerleitoffizieren an ein Luftziel heranleiten zu lassen, zum Ziel aufzuschließen, um es dann mit Lenkraketen vom Himmel zu holen. Zum Abschluss des Lehrgangs wurde auf Zieldrohnen geschossen. Auch diese flogen schön geradeaus. Das Ergebnis der Ausbildung wurde als hervorragend beschrieben und die Einheit für kampftauglich erklärt.

Am Himmel über Ägypten zeigte sich dann, dass die Israelis keine Lust hatten, sich an das von der sowjetischen Doktrin vorgegebene Szenarium zu halten. Statt schön geradeaus zu fliegen, sich abfangen und dann abschießen zu lassen, gingen sie beim Auftauchen von MiG's in den manöverreichen Nahluftkampf. Und dafür waren die sowjetischen Piloten nicht ausgebildet. Gleich beim ersten größeren Aufeinandertreffen verloren die sowjetischen Flieger vier Maschinen, ohne einen einzigen Abschuss erzielt zu haben. Schlimmer noch. Drei Elitepiloten verloren bei diesem Einsatz ihr Leben. Der Schock saß tief. Und die sowjetischen Piloten erkannten, dass nicht die Ägypter von ihnen, sondern sie von den Ägypter zu lernen hatten.

Und die sowjetischen Piloten lernten. Und zwar sehr gut und sehr schnell.[313] Die Erfahrungen, die sie in die Heimat mitnahmen, besagten, dass die Luftkampfausbildung der Jagdflieger komplett überarbeitet werden musste. Die Zeit der stupiden, bodengeleiteten Abfangjagd war vorbei. Die Zeit des Luftnahkampfs war zurück.

Deshalb wurde das Programm »Kawkas«[314] aufgelegt. Hierbei ging es darum den Piloten wieder die grundle-

313 Es ist im Westen ein weitverbreitetes Vorurteil, dass sich die Russen schematisch verhalten und lernunfähig seien. Das mag für die Anfangsphase eines Krieges zutreffen. Danach beginnen sie aber sehr schnell zu lernen und sehr kreativ zu werden.

314 Kawkas ... russ.: Kaukasus

315 Paar ... sowjetischer Begriff für eine Formation aus zwei Maschinen. Sie wird vom Paarführer angeführt. Sein Kamerad wird als Geführter bezeichnet.

316 Kette ... sowjetischer Begriff für eine Formation aus vier Maschinen. Sie besteht aus zwei Paaren. Der Paarführer des ersten Paares ist gleichzeitig der Kettenkommandeur.

genden Fähigkeiten zum Bestehen eines Luftgefechts zu vermitteln. Dazu waren größere Umwälzungen vonnöten. Zum einen ging es darum die Piloten physisch zu ertüchtigen. In den 1960er-Jahren, der hohen Zeit der Abfangjagd, waren die physischen Belastungen für die Piloten recht gering. Im Flug wurden 2 oder 3 g so gut wie nie überschritten, weil es bei höheren Belastungen unmöglich war eine Lenkrakete zu starten. Also wieso für etwas trainieren, was man eh nicht braucht? Dachte man. Und dementsprechend sahen die Piloten auch aus. Aus den kernigen und durchtrainierten Helden des Koreakriegs waren in den 1960er-Jahren behäbige und bierbäuchige Männer geworden. Männer, die sich perfekt dazu eigneten geradeaus zu fliegen und auf Befehl eine Rakete zu starten.

Das Debakel in Ägypten hatte gezeigt, dass der eingeschlagene Weg falsch war und man zurück zu den Grundtugenden der Jagdfliegerei kommen musste. Man brauchte durchtrainierte Piloten, die problemlos einen länger andauernden Luftkampf durchstehen konnten. Und man brauchte einen Ort, an dem man länger andauernde Luftkämpfe üben konnte.

Und dieser Ort war Marij-1. Der Vorteil dieser Basis war ihr konstant gutes Wetter. An weit über 300 Tagen war Flugwetter. Und das war ideal. Gesagt getan. Das Ausbildungszentrum wurde gegründet. Zur Grundausstattung gehörten MiG-21bis und Piloten, die in Ägypten Pulverdampf gerochen hatten. Weil deren Zahl aber zu gering war, um zwei Staffeln zur Feinddarstellung zu betreiben, wurden Elitepiloten aus der ganzen Sowjetunion herbeizitiert und auf die Aufgabe als Feinddarsteller vorbereitet. Diese Piloten lernten von den Veteranen des Ägyptenabenteuers ihre MiG's so zu fliegen, wie die Israelis ihre Flugzeuge zu fliegen gewohnt waren. Nämlich hochgradig agil und innovativ.

Als die beiden Staffeln einsatzbereit waren wurde begonnen einzelne Jagdfliegereinheiten der sowjetischen Luftstreitkräfte nach Marij zu verlegen, um deren Leistungsfähigkeit zu testen. Dazu wurden die fliegerischen Fähigkeiten eines jeden Piloten überprüft. Er musste seine Fähigkeiten im fliegen von Figuren des höheren Kunstflugs unter Beweis stellen und in der Lage sein unter komplexen Kampfbedingungen *»zu funktionieren«*. Und das in allen Höhenbereichen, von der Gipfelhöhe, bis tief hinunter zu den Graswurzeln. In Marij gab es, im Gegensatz zu den amerikanischen Fightertowns, keine Mindestflughöhe. Es wurde so tief geflogen, dass *»selbst die Maulwürfe in ihren Gängen die Köpfe einzogen«*. Natürlich ging das nicht immer gut aus. Etliche MiG's bohrten sich, über die Jahre hinweg, bei den Trainingsflügen in den Boden.

Wenn die Piloten ihre Einzeltrainingsflüge hinter sich hatten standen Luftkämpfe im Paar[315] und in der Kette[316] auf dem Plan. Nach Absolvierung dieser Einsätze wurden die Staffeln und dann das gesamte Regiment abgeprüft.

Die MiG-23MLD wurde ab Mitte der 1980er-Jahre geflogen. (Foto: Sammlung Scheffler)

Die Ausbildungseinsätze waren sehr fordernd. So wurde unter anderem verlangt, dass mindestens die Hälfte der Flugzeit mit einer Mindestbelastung von 4 g zu absolvieren sei. Sollte dieser Wert nicht erreicht werden galt die Übung als nicht bestanden.

Der Höhepunkt des Aufenthalts in Marij war das Schießen auf Zieldrohnen. Dabei flogen die Zieldrohnen nicht mehr, wie in den 1960er-Jahren, schön gerade aus, sondern agierten wie echte Jagdflugzeuge.

Alle erzielten Ergebnisse flossen in die Bewertung der jeweiligen Jagdfliegereinheit ein. Piloten, die an diesen Übungen teilgenommen hatten, sagten, dass es extrem schwer gewesen sei die Bestnote zu erreichen. Die Piloten der Feinddarsteller, unter der Hand Aggressoren genannt, waren schwer zu besiegen und jeder Flug gegen sie war eine große Herausforderung.

Im Herbst 1975 gaben die Aggressoren ihre MiG-21bis ab und ersetzten sie durch die MiG-23M. Mit diesem Flugzeug waren nun ganz andere Einsatztaktiken nötig und möglich. Trotzdem blieb der Einsatzschwerpunkt auf den Manöverluftkampf erhalten.

Weil immer mehr sowjetische Fliegerregimenter auf die MiG-23 umgerüstet wurden, wurde es bei den Luftkämpfen in Marij schwierig Freund und Feind zu unterscheiden. Deshalb wurde den Aggressorpiloten erlaubt ihre Maschinen mit Schnellidentifikationszeichen zu versehen. Die Wahl fiel auf das *»Cognacband«*. Dieses Band war eine Aneinanderreihung fünfzackiger Sterne, die von Linien eingefasst wurde. Ein solches Band war auf den Flaschen einer in der Sowjetunion beliebten Alkoholmarke zu sehen. Bei den MiG-23 wurde das Band quer über dem Seitenleitwerk angebracht. Ein weiteres Erkennungsmerkmal war, dass an der Spitze des Seitenleitwerks die taktische Nummer des Flugzeugs mit weißer Farbe kenntlich gemacht wurde. Zudem bekamen die Maschinen ein großes Staffelwappen auf die Lufteinläufe gemalt. Für die Flugzeuge der Ersten Staffel war das Wappen ein laufender Gepard, die Maschinen der Zweiten Staffel hatten die Comicfigur eines Wikingers mit Helm, Bart und Keule als Wappen. Zusätzlich bekam jedes Flugzeug ein Haifischmaul verpasst.

Die Zeit der MiG-23M endete 1984. Dann wurde sie durch die MiG-23MLD ersetzt. Dieses Flugzeug war aber nur als Übergangsmodell bis zum Eintreffen von MiG-29 und Su-27 vorgesehen. Die ersten MiG-29 trafen 1987 ein, die Su-27 kam aber nie in Marij an.

Interessant ist die Episode des ersten Aufeinandertreffens von MiG-29 und MiG-23MLD in Marij. Die MiG-29 kamen mit Piloten der in Lipezk beheimateten Akademie der Luftstreitkräfte nach Turkmenien. Die Akademie war ein weiterer Eliteverband der sowjetischen Streitkräfte. Hier wurden neue taktische Verfahren für die Fliegerkräfte erdacht und erprobt. Der Ausflug nach Marij sollte nun die Richtigkeit der für die MiG-29 erdachten Taktiken »im scharfen Schuss« überprüfen. Und der Schuss ging nach hinten los. Die Aggressorpiloten lehrten den MiG-29 das fürchten. Im Nachhinein beschwerten sich die Piloten der Akademie darüber, dass die Aggressoren geschummelt hätten. Daraufhin wurde ein erneuter Einsatz in Marij befohlen, bei dem dieselben Ergebnisse herauskamen. Die MiG-23MLD konnte sich gegen die frühe Version der MiG-29 durchaus behaupten. Es zeigte sich, dass der Wärmesucher TP-26 der MiG-23MLD eine größere Reichweite hatte, als das vergleichbare Gerät der MiG-29A. Wegen der deutlich größeren Radarreflexionsfläche der MiG-29A bekam die MiG-23MLD die 29er eher ins Visier. Außerdem beschleunigte die MiG-23MLD besser. In den Händen eines gewieften Piloten konnte eine MiG-23MLD einer MiG-29A durchaus das Leben schwer machen.

Die MiG-23MLD blieb, als Flugzeug der Zweiten Staffel, bis zum Ende der Sowjetunion im Bestand der Fliegerbasis 1521 Marij-1. Das Ende der UdSSR war auch das Ende der sowjetischen Aggressoreinheit.

Angola

In Angola tobte in den 1970er- und 80er-Jahren ein Stellvertreterkrieg. Eine sich sozialistisch gebende Zentralregierung kämpfte gegen mehrere pro-westliche Aufstandsbewegungen. Diese Aufstandsbewegungen erhielten tatkräftige Unterstützung durch südafrikanische Truppen, die auch auf angolanischem Gebiet kämpften. Luftunterstützung erhielten die Südafrikaner durch ihre durchaus leistungsfähige Luftwaffe, die mit Mirage-Kampfflugzeugen ausgerüstet war.

Weil angolanische Piloten sich nicht gegen die südafrikanischen Maschinen durchsetzen konnten intervenierte Kuba mit eigenen Fliegerkräften. Die Kubaner traten mit ihren MiG-23ML gegen die südafrikanischen

Mirage III und Mirage F1 an. Dabei konnten sie mehrere Vorteile auf ihrer Seite verbuchen. Die MiG-23ML besaß ein weitreichenderes Radar und konnte deshalb den Feind als erste erkennen. Das gab den kubanischen Piloten den Vorteil zu entscheiden ob ein Gefecht aufgenommen wurde oder ob man es besser vermied. Hinzu kam die Möglichkeit sich dank des Wärmesuchgerätes einem südafrikanischen Flugzeug unerkannt nähern zu können.

Die MiG-23ML hatte die weitreichendere Bewaffnung. Sie konnte radargelenkte Raketen R-23 und hochagile Kurzstreckenraketen R-60 einsetzen, während die Südafrikaner nur infrarotgelenkte Kurzstreckenraketen besaßen.

Die Beschleunigung der MiG-23ML war deutlich besser, genau wie die Steiggeschwindigkeit.

Es kam zu mehreren Luftgefechten zwischen MiG-23ML und Mirage F-1, die allesamt zugunsten der MiG ausgingen.

Die Südafrikaner gaben allerdings nur den Verlust einer einzelnen Mirage F1 zu. Die angeschossene Mirage machte in der Nähe eines südafrikanischen Flugplatzes Bruch. Der Absturz wurde dadurch publik und ließ sich nicht verleugnen.[317]

Verluste gab es für die MiG-23ML in Angola nur, wenn sie als Jagdbomber eingesetzt und von bodengebundenem Abwehrfeuer erfasst wurde.

Nutzerländer

Die MiG-23 ist ein in großer Stückzahl gebautes Flugzeug. Sie wurde in drei Flugzeugwerken hergestellt und insgesamt liefen etwa 4.000 Maschinen vom Band. Zunächst wurde die MiG-23 nur für die sowjetischen Streitkräfte gebaut. Später, als modernere Versionen für die sowjetischen Verbände verfügbar waren, wurde die MiG-23 auch exportiert. Hierzu baute man in der Sowjetunion spezielle Exportmodelle, die sich zudem noch darin unterschieden, ob sie für enge Verbündete im Warschauer Vertrag oder für befreundete Länder im Rest der Welt bestimmt waren.

Zu den Nutzern der MiG-23 gehörten in Europa neben der Sowjetunion: Bulgarien, die DDR, Polen, Rumänien, Ungarn und die Tschechoslowakei. Im Nahen Osten flog man sie in Ägypten, dem Irak, Libyen und Syrien. 1991 wurden mehrere MiG-23 von irakischen Piloten in den Iran geflogen und dort eingelagert. Eine syrische MiG-23 gelangte in die Hände Israels. Sie wurde dort für Vergleichstests verwendet.

In Asien wurde die MiG-23 in Indien in Lizenz gebaut, sowie in der Mongolei und Nordkorea geflogen. Die Chinesen beschafften sich Einzelexemplare, um sie als Anschauungsobjekte für eigene Flugzeugprojekte zu verwenden. Nach dem politischen Umbruch kaufte Sri Lanka ein paar MiG-27, die von ukrainischen Piloten geflogen wurden.

Auf dem amerikanischen Kontinent war Kuba der einzige offizielle Nutzer der MiG-23. In den 1980er Jahren war angedacht Nikaragua mit MiG-23 auszustatten, doch wurde dieser Plan nicht in die Realität umgesetzt.

Ab 1980 besaß die US Air Force eigene MiG-23, die die USA Ägypten abgekauft hatte. Sie wurden als YF-113 in der 4477th Test and Evaluation Squadron »Red Eagles« im Rahmen der Red Flag Manöver zur Feinddarstellung genutzt. Nach 1990 flog man dort auch die MiG-23ML aus deutschen Beständen. Darüber hinaus gibt es eine Handvoll private amerikanische Nutzer, die die MiG-23 »just for fun« fliegen.

In Afrika wurde die MiG-23 in Angola, Äthiopien, dem Sudan, der Elfenbeinküste, der Demokratischen Republik Kongo, Namibia, Simbabwe und Uganda geflogen.

Von den Nachfolgestaaten der Sowjetunion nutzen Russland, Turkmenistan, die Ukraine, Usbekistan und Weißrussland bis Ende der 1990er-Jahre. In Kasachstan stehen einzelne MiG-23 bis heute im Dienst.

---

317 Ansonsten schrieb man den Verlust eigener Flugzeuge lieber einem Vogelschlag zu, als einzugestehen sie im Luftkampf gegen eine MiG verloren zu haben. Damit standen die Südafrikaner in einer Linie mit den Amerikanern, die es ebenso hielten.

Ein paar Worte zum Schluss

Die MiG-23 war ein Flugzeug, das einen großen Veränderungsprozess durchmachen musste. Ursprünglich war es als Gegenstück zur amerikanischen F-111 gedacht und im Vergleich mit dieser Maschine musste sich die MiG-23 nicht verstecken. Als die F-111 im Vietnamkrieg zum Totalausfall wurde begannen die Amerikaner eine völlig neue Flugzeuggeneration zu entwickeln. Die Sowjetunion folgte dieser Entwicklung mit einigen Jahren Verzug. Das führte dazu, dass sich die MiG-23 eine Zeitlang mit den Vertretern dieser neuen Flugzeuggeneration messen musste. Das konnte auf die Dauer nicht gut gehen. Deshalb wurde sie soweit modernisiert, dass sie wenigstens in Teilaspekten eine gewisse Chance hatte dem Gegner Paroli zu bieten. Und dieses Minimalziel wurde erreicht.

Dennoch können die moderneren Varianten der MiG-23 nur als Übergangsmuster angesehen werden, die die Zeit bis zum eintreffen der modernen sowjetischen Jägergeneration irgendwie überbrücken mussten.

Noch ein paar Worte in eigener Sache:

Ich weiß, dass meine Art Bücher zu schreiben nicht jedermann gefällt. Und das hat einen Grund: mein Schreibstil weicht von dem ab, was man in Deutschland von einem Fachbuch gewohnt ist.

Einer meiner Professoren sagte einmal: deutsche Fachbücher seien technisch gesehen hervorragend. Sie stecken voller Daten und Fakten, haben aber den Nachteil, dass sie sehr schwer zu lesen sind. Sie seien so dröge, sagte er, (ich glaube er verwendete den Ausdruck *»furztrocken«*), dass dem Leser bereits nach wenigen Seiten die Augen zufallen. Und das sei nicht gut. Seiner Ansicht nach sollten Fachbücher wie Romane geschrieben werden, flüssig und spannend zu lesen sein.

Diesem Anspruch will ich mit meiner Art Bücher zu schreiben gerecht werden. Deshalb schreibe ich in einem lockeren, bewusst populärwissenschaftlichen Ton. Dieses Buch soll sich nicht nur an den Fachmann wenden, sondern auch, und vor allem, an den interessierten Laien. Und es soll sich leicht und flüssig lesen lassen.

Damit der Laie dem Plot des Buches folgen kann sind gewisse Abstriche bei der technischen Genauigkeit unvermeidlich. Ich kann nicht, wenn ich populärwissenschaftlich schreiben will, mit Fachbegriffen um mich werfen, sondern muss diese, wo sie unumgänglich sind, erklären oder umschreiben. Das gefällt dem Fachmann sicher nicht, macht aber für den Laien das Lesen einfacher.

Das trifft auch auf die russischen Termini zu, die in diesem Buch unweigerlich auftreten, schließlich handelt es sich um ein sowjetisches Flugzeug. Ich hätte es mir einfach machen können und Bezeichnungen in ihrer originalen kyrillischen Schreibweise verwenden können. Das wäre fachlich mehr als korrekt gewesen. Doch wie viele Leser hätte ich damit ausgeschlossen, sie vor den Kopf gestoßen? Die Zahl derjenigen, die in der Schule Russisch gelernt haben, nimmt von Jahr zu Jahr ab. Und der Rest hätte bei einer Anhäufung kyrillischer Buchstaben dagestanden *»wie die Kuh vor dem neuen Tor.«* Deshalb habe ich die kyrillisch geschriebenen Begriffe ins Deutsche übersetzt.

Und damit gibt es ein Problem. Es gibt in unserem Land zwei Wege Wörter vom kyrillischen ins lateinische Alphabet zu übertragen. Eine deutsche Transkriptionsmethode und eine internationale. Leider hat sich in Deutschland die internationale Transkription durchgesetzt. Leider deshalb, weil sie im Prinzip nichts weiter ist als die englische Umsetzung der Buchstaben.

Und wie wir wissen sprechen die Anglophonen die Buchstaben anders aus als wir Deutschsprachigen. Ein»A« ist bei ihnen ein »Äh«, ein »I« ein »Ei«, ein »U« ein»Ju« und so weiter. Erschwerend kommt hinzu, dass es im kyrillischen Alphabet Buchstaben gibt, die im lateinischen Alphabet nicht existieren. Diese werden in der internationalen Transkription natürlich ganz anders umgesetzt, als bei der deutschen Transkription. Das ist für deutsche Zungen oft irreführend.

Nehmen wir z.B. die Zischlaute, die wir mit der Buchstabenkombination »Sch« darstellen. Im kyrillischen Alphabet gibt es für diesen Zweck gleich vier Buchstaben, nämlich »ч«, »ж«, »ш« und »щ«. Unsere amerikanischen Freunde machen daraus: »ch«, »zh«, »sh« und »shch«.

Versuchen Sie nun mal, lieber Leser, aus diesem anglophonen Buchstabensalat Laute abzuleiten! Ich schätze, Sie scheitern.

Nach der deutschen Transkription sehen die Laute für die oben genannten kyrillischen Buchstaben so aus: »tsche«, wie bei Tscheche, »sche« wie bei schenken, »scha« wie bei Schal und »schtscha«, was wie eine Dampflok klingt. Mit den auf deutsche Weise umgesetzten kyrillischen Buchstaben kommen wir Deutschsprachigen recht gut zurecht und treffen auch in etwa den Klang der Worte, wie sie im Original ertönen.

Ein anderes schönes Beispiel ist der Buchstabe *»х«*, der wie unser Buchstabe »x« aussieht, lautmäßig aber mit ihm nichts gemein hat. Er kommt unter anderem im Wort»*Сухои*« vor. Aus dem kyrillischen *»Сухои«* macht die internationale Transkription *»Sukhoi«*. Ein deutscher Leser hat mit der Buchstabenkombination *»kh«* aber so seine Probleme, weshalb er das Wort falsch ausspricht. Und zwar nämlich so: *»Suk hoi«*. Das geht meilenweit am Original vorbei.

Bei der Verwendung der deutschen Transkription wird aus »Сухои« ein »Suchoi«. Das kann jeder Deutschsprachige problemlos lesen und wenn er das Wort ausspricht kommt er dem Klang des Originals auch recht nahe.

Um die Sprachverwirrung, die die Nutzung der internationalen Transkription kyrillischer Buchstaben bei uns Deutschen auslöst, zu vermeiden, verwende ich die deutsche Transkription. Deshalb heißt es bei mir GScha-23 und nicht GSh-23, Cha-25 und nicht Kh-25 und statt Khrushchev schreibe ich Chruschtschow. Damit der Leser den Klang der Worte und Buchstabenkombination erfühlen kann.

Denn über Erfühlen, Einfühlen kommt Verstehen. Und Verstehen ist wichtig. Gerade in unserer Zeit. Wer die Gegenseite verstehen kann, wem es möglich ist zu erfühlen wie die Gegenseite tickt, der ist in der Lage das Optimum für sich selber herauszuholen. Und gerade das fehlt unserem Land momentan, im Umgang mit den Russen und Ukrainern.

MiG-23UB abgestellt und die Tragflächen maximal geschwenkt, Finow 1992. (Foto: Hendrik van Broekhuizen)

Das Magazin für Luftfahrtgeschichte
Wo Historie lebendig wird
Klassiker der Luftfahrt bietet spannende Inhalte zur Luftfahrtgeschichte und der Klassikerszene in Deutschland, Europa und den USA. Acht Mal im Jahr liefert das Magazin detaillierte Flugzeugreports, packende Zeitzeugenberichte, aktuelle Luftfahrtfotografie fliegender Legenden und Neuigkeiten aus der Welt historischer Flugzeuge.
Museum in Indonesien | Neuigkeiten aus der Klassikerwelt | Luftwaffen-ABC
Klassiker der Luftfahrt
Das Magazin für Luftfahrtgeschichte
Traum der eigenen Huey
Condor im Liniendienst
Hawkeye im Detail
RACE 8
Reno
Rennpferde
Rekorde
BARDAHL Special
Nurflügler A.W.52
Britischer Misserfolg
Jetzt online!
Ausgabe als Heft oder E-Paper bestellen:
Telefon: 0781 6396659
Web: klassiker-der-luftfahrt.de/heft
E-Mail: mps-bestellungen@burdadirect.de